KB137491

C,R 확실 선형대수학

엄정국 著

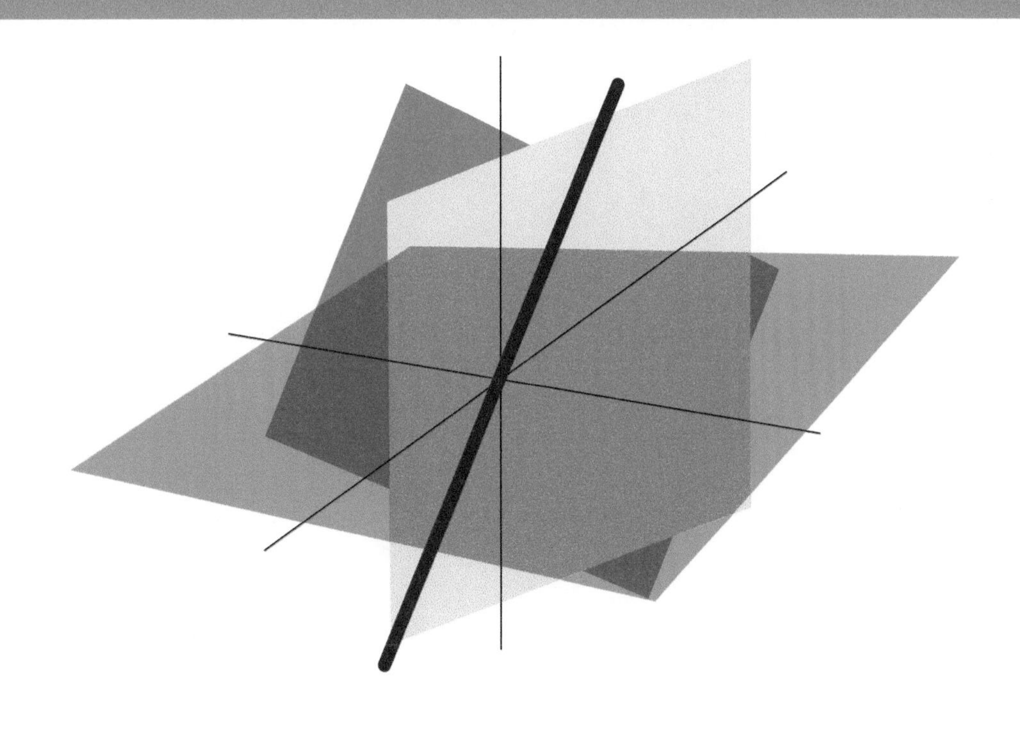

머리말

프톨레마이오스왕은 수학자인 유클리드에게 기하학을 배우고 있었는데, 왕은 기하학이 너무 어려워 유클리드에게 물었다. "기하학을 쉽게 배울 수 있는 방법이 없겠소?" 그러자 유클리드는 "왕이시여. 길에는 왕께서 다니시도록 만들어 놓은 왕도가 있지만, 기하학에는 왕도가 없습니다."라고 대답했다. (나무위키 중에서)

수학은 쉽게 해결할 수 있는 방법은 없고 오로지 논리적으로 접근해야만 결과를 얻을 수 있다. 결코 수학에 왕도는 없는 것이다.

수학을 포기한 사람을 수포인(數抛人)이라고 부르지 않고 수포자(數抛者)라고 부르는데, 이는 '수학 포기한 놈'이라고 비하하여 부르는 것이다. 어째서 수학을 포기하였다고 무시당하는 걸까?

초등학교 시절부터 수학이 어디에 사용되는지 조차 모른 채 일방적으로 손을 사용하여 직접 풀어야 했으므로 수학을 중도에 포기하는 사람이 많았다는 것은 주지의 사실이다.

여름철 갈증을 풀어줄 수박을 구입하는 예를 들어보기로 한다.

수박의 껍질두께는 1.5cm라고 하자. 지름이 25cm인 수박은 중간 크기이고 30cm이면 큰 수박으로 분류된다고 한다. 만일 중간 수박은 1만원, 큰 수박은 1만5천원이라고 하면, 대부분의 사람들은 수박의 부피 차이가 얼마인지 계산하지 않고 수박을 구입한다는 것이다.

두 개의 수박은 눈으로 볼 때, 크기 차이가 별로 없기 때문에 중간 수박 2개를 구입하는 것이 유리하다고 생각할 수 있지만, 실제로 큰 수박은 중간 수박보다 거의 2배가 더 큰 부피를 갖는다는 것이다.

논리적으로 부피를 계산하는 공식을 적용하여 결과를 예측하지 않고 직관적으로 답을 하면 오답을 선택할 수 있고, 이러한 것들이 쌓여 결과적으로 수학에 대한 흥미를 잃고 마는 것이다.

대학과정에서는 문제를 해결하는 방법을 찾는 것이 중요한 것이지, 계산 결과를 얻는 것은 사실상 중요하지 않다. 이유는 컴퓨터가 계산을 대신하여 주기 때문이다. 본 교재에서 전개된 내용과 예제는 C프로그램과 R 프로그램을 통해 확인할 수 있다. 특히 R 프로그램은 교재의 중간 중간에 넣었으므로 독자들이 실습을 수월하게 할 수 있도록 하였고 결과를 즉시 확인할 수 있도록 하였다.

선형대수학에서 다루고 있는 분야는 행렬과 벡터 및 선형변환이라고 보면 된다. 벡터는 16세기 네덜란드의 수학자 스테빈(S. Stevin)에 의하여 힘의 삼각형에 대한 문제가 제기되면서 등장하였다. 그러나 벡터에 관한 이론은 뉴턴(I. Newton)의 제1법칙인 작용-반작용의 법칙도 벡터와 밀접하게 연관되어 있다. 이후, 19세기에 들어와 수학자이며 물리학자인 영국의 해밀턴(W. R. Hamilton), 미국의 깁스(J. W. Gibbs) 등이 벡터를 수학적으로 다루기 시작하면서 벡터라는 것이 수학의 중심으로 등장하게 되는 것이다.(나무위키 중에서)

인문사회, 자연과학 및 공학 등 학문의 전 분야에서 선형대수학이 다양하게 활용되고 있음을 의심할 필요는 없다. 행렬과 벡터를 이용하여 경제 현상을 표현하고 해를 구하는 것은 계량경제학에서는 일반적인 과정이라 할 수 있다. 또한 게임프로그램을 개발할 때도 행렬과 벡터는 빠질 수 없는 필수분야라고 할 수 있다.

본 교재는 이공계 학생들이 선형대수학의 기초 개념을 쉽게 이해할 수 있게 구성하였고 가급적 쉬운 예제부터 시작하여 난이도를 높여가며 예제를 해결할 수 있도록 전개하였다.

통념상 '수학은 어렵다'라는 선입견을 품지 않고 꾸준히 노력한다면 온전히 책의 내용을 습득할 수 있을 것으로 기대하고 있다.

끝으로 교재 출판을 허락해주신 도서출판 21세기사의 이범만 대표님께도 감사의 마음을 전한다.

목차

제1장 선형방정식

1.1 선형방정식

먼저 선형(線型, linear)에 대한 설명부터 하기로 한다. 선형은 단순히 직선 형태의 성질을 갖는 것을 말한다. 일반적으로는 수식을 구성하는 미지수의 차수가 1차인 경우에 선형성을 갖는다고 말한다. 앞으로는 미지수를 변수라고 칭하기로 한다.

방정식은 실생활에서 흔하게 만들어진다. 예를 들어, 과자 4봉지를 2,400원에 구입하였다고 하자. 과자 1봉지의 값을 x라고 하면 $4x = 2400$ 이라는 관계식이 만들어지게 된다. 만일 물건을 3개 구입하고 5,000원을 내었더니 거스름돈 1,100원 받았다면 $3x + 1100 = 5000$ 이라는 관계식을 만들 수 있다. 방정식을 만족하는 값을 해(解) 또는 근(根)이라고 하며, 해를 구하는 것을 '방정식을 푼다'라고 한다.

일상생활에서 흔히 접할 수 있는 관계식으로는 1차 방정식을 꼽을 수 있는데, 수식을 표현하는 변수가 1차 항만 포함하는 방정식을 말한다. 예를 들어

$$2x_1 + 3x_2 = 7$$

은 변수가 2개인 1차 방정식이다. 하지만

$$3x^2 - 2y = 4$$

는 1차 방정식은 아니다. 왜냐하면 x항의 지수가 2이기 때문이다.

방정식의 선형성을 알아보기 위한 방법으로는 그림을 그려보는 것도 하나의 방법이다.

앞서 언급한 2개의 방정식인 $2x_1+3x_2=7$, $3x^2-2y=4$ 의 그림을 그리기 위한 R 프로그램과 실행결과는 다음과 같다.[1)]

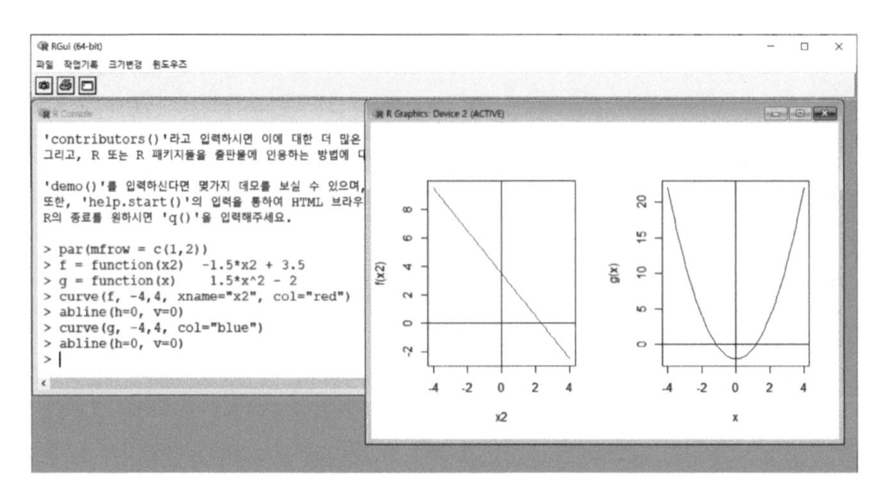

그림 1-1 방정식 프로그램과 그래프

그림 1-1에서 보듯이, 왼쪽 그림은 직선의 형태이므로 선형성을 가짐을 알 수 있다. 하지만 오른쪽 그림은 구부러진 곡선의 형태를 이루고 있으므로 선형성은 없다고 볼 수 있다.

일반적으로 방정식을 구성하는 변수들의 지수(exponent) 값이 1인 방정식을 선형방정식(linear equation)이라고 부른다. 가장 단순한 선형방정식은 변수가 1개인 방정식이라고 할 수 있다. 다음은 하나의 변수 x만을 포함한 일반 꼴의 방정식이다.

$$ax+b=c$$

방정식을 만족시키는 변수의 집합을 해(solution)라고 한다. 위의 1차 방정식에서 상수값 a, b, c가 어떠한 값을 갖는가에 따라 해를 갖기도 하고 부정(indeterminate) 또는 불능(inconsistent)인 방정식이 되기도 한다.

---

1) R 프로그램의 설치 및 사용법은 부록을 참조하라.

【정의 1-1】 방정식의 해가 존재하지 않는 것을 불능(不能, inconsistent)이라고 부르며, 해가 무수히 많이 존재하는 것을 부정(不定, indeterminent)이라고 한다.

방정식이 다음과 같은 형태를 취할 때, 부정, 불능 그리고 해가 존재하는 것을 표로 만들었다.

방정식의 형태	결과
$0 \times x = 0$	해가 무수히 많음(부정)
$0 \times x = a \;,\; a \neq 0$	해가 없음(불능)
$ax = b \;,\; a \neq 0$	해가 존재함

xy 좌표계에서의 직선은

$$ax + by = c$$

로 나타낼 수 있다. 이러한 방정식을 변수 x, y에 관한 1차 방정식이라고 부른다. 다음은 2개의 일차방정식 $y = x + 1$, $y = -x + 2$ 를 그린 것이다.

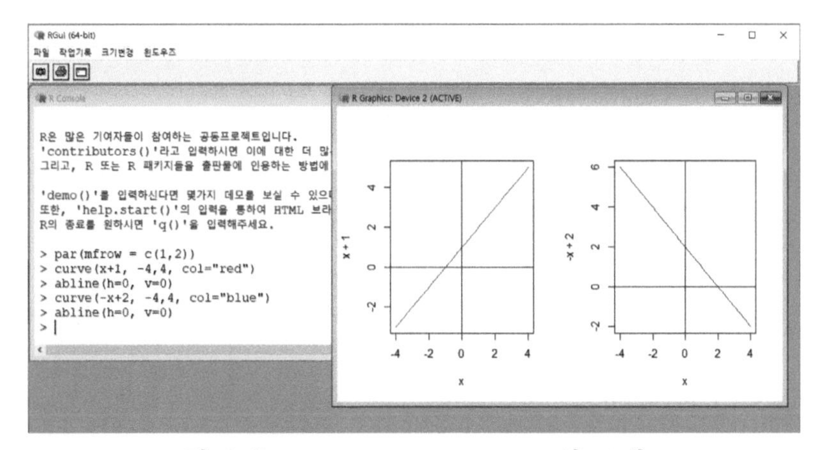

그림 1-2 $y = x + 1$, $y = -x + 2$ 의 그래프

【정의 1-2】 독립변수의 개수가 n개인 경우의 1차 방정식(또는 선형방정식)은 다음과 같이 정의한다. 여기서 $a_1, a_2, \ldots, a_n$과 b는 상수이다.

$$a_1x_1 + a_2x_2 + \cdots + a_nx_n = b$$

1차 방정식은 $\sin(x)$ 등과 같은 삼각함수, 지수함수, 변수의 지수가 1이 아닌 함수 등을 포함할 수 없다.

【예제 1-1】 다음 방정식 중에서 1차 방정식을 골라라. 여기서 x, y, z는 변수이다.

1) $x + 2.5y = 4$
2) $y = 0.5x + 4z^2 - 7$
3) $2x + 3y - z - 6 = 0$
4) $y = 1 + \sqrt{x}$
5) $x + y = \sqrt{r}$
6) $z = xy + 2$
7) $\sin(x) + y = 0.5$

◀ 풀이 ▶ 각 식을 살펴보면 z^2, $\sqrt{x}$, xy, $\sin(x)$는 1차식은 아니다. 하지만 $\sqrt{r}$은 상수이므로 1), 3), 5)번은 1차 방정식이다.

변수가 2개인 선형방정식은 평면상에 그림을 그릴 수 있음을 알아보았다. 그런데 【예제 1-1】에서 3)번의 경우는 변수가 3개인 선형방정식이다. 이것을 그림으로 그리면 3차원의 형태를 갖게 된다.

이제 3)번의 그림을 그리는 과정을 살펴보자. R 프로그램으로 그림을 그릴 수는 있지만 프로그램 작성이 복잡할 뿐만 아니라 그림의 형태도 매끄럽지가 않다.[2)]
먼저 z에 관하여 식을 정리하면

$$z = 2x + 3y - 6$$

2) 독자들의 이해를 높이기 위해 mathematica 프로그램을 사용하였다.

이므로, 우변의 식을 다음과 같이 mathematica 편집기에 입력하여 실행시키면 된다.

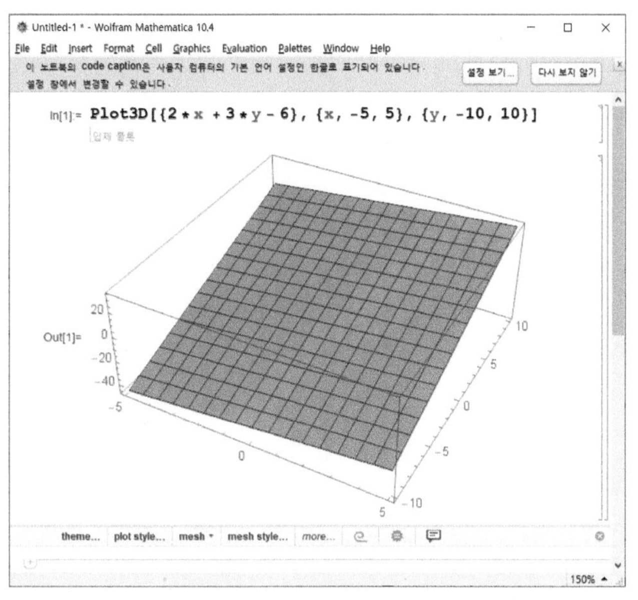

그림 1-3 $2x+3y-z-6=0$의 그래프

중학교에서 방정식을 처음 접한 이후부터 지금까지는 변수의 개수와 방정식의 개수가 같은 경우의 해를 구하였다. 예를 들어,

$$(1)\ 3x+1100=5000 \qquad (2)\ \begin{cases} 2x - y + 2z = 5 \\ 3x + 4y - 3z = 1 \\ -x + 2y + z = 3 \end{cases}$$

의 해를 구하는 등의 연습을 하였다. 하지만 변수의 개수와 방정식의 개수가 다른 경우라면 “해를 구할 수 있을까?”라는 의문을 가질 수 있다. 이제까지는 ‘해를 구할 수 없다’라고 답을 하였을 텐데, 실제로는 해를 구할 수 있다.

【정의 1-2】 방정식의 개수보다 독립변수의 개수가 많은 경우의 방정식을 부정방정식(Underdetermined system)이라고 한다.

【예제 1-2】 다음 방정식의 해를 구하여라.

$$x-2y=4$$

◖ 풀이 ◗ 미지수는 2개이고 방정식은 하나뿐인 부정방정식이다. 따라서 주어진 문제의 수식을 다음과 같이 바꾸는 과정이 필요하다.[3]

$$\begin{cases} x=2y+4 \\ y=y \end{cases}$$

여기서 두 번째의 수식 $y=y$ 가 생소하지만 틀린 수식은 아니다. 이제 우변의 y를 t로 치환하면 방정식의 해가 된다. 즉

$$\begin{cases} x=2t+4 \\ y=t \end{cases} \text{, 모든 실수값 } t\text{에 대하여}$$

부정방정식은 명칭 그대로 무수히 많은 해를 갖는 방정식이라고 할 수 있다. 앞의 【예제 1-2】를 보면 모든 실수값에 대응하는 해가 존재하는 것을 알 수 있다.

여러 개의 방정식으로 구성된 것을 연립방정식(simultaneous equation)이라고 부른다.[4] 연립방정식은 유일한 해를 갖든지, 아니면 해를 구할 수 없든지, 아니면 무한개의 해를 갖는 경우 중의 하나가 된다.[5]

다음과 같은 3개의 2원1차 연립방정식의 그림을 그려보고 해의 존재여부를 알아보자.

$$\text{(1)}\ \begin{aligned} x+y&=3 \\ x-y&=1 \end{aligned} \qquad \text{(2)}\ \begin{aligned} 2x-y&=-2 \\ -2x+y&=\ \ \,2 \end{aligned} \qquad \text{(3)}\ \begin{aligned} 2x-y&=-2 \\ -2x+y&=\ \ \,4 \end{aligned}$$

---

3) $x=x$, $y=\frac{1}{2}(x-4)$로 만들고, 우변의 x를 t로 치환해도 된다.

4) 연립방정식에서 변수의 개수와 방정식의 개수가 다른 경우는 제8장에서 다루고 있다.

5) 제1장에서는 특별한 언급이 없는 한, 방정식은 선형방정식을 의미한다.

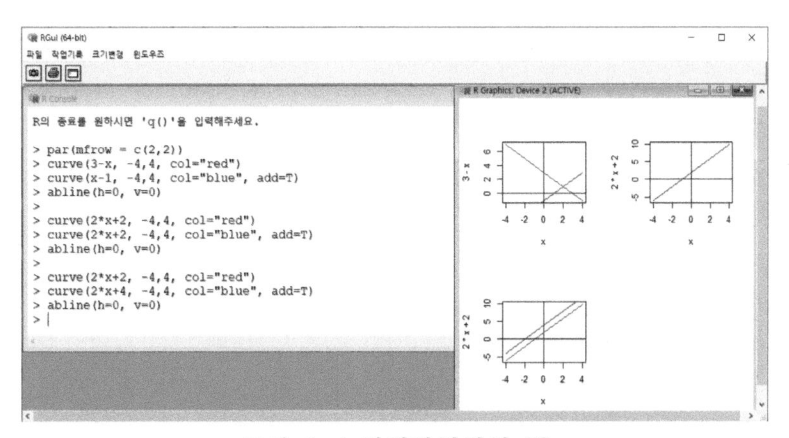

그림 1-4 연립방정식의 해

(1)번의 경우는 유일한 해를 갖는다. (2)번의 경우는 두 직선이 일치하므로 무수히 많은 해를 갖는다. (3)번의 경우는 해가 존재하지 않는 것을 볼 수 있다.

【예제 1-3】 다음과 같이 주어진 연립방정식의 해를 그래프를 이용하여 구하고 해의 개수를 구하여라.

$$\begin{cases} x - 2y = 3 \\ 2x - 3y = 7 \end{cases}$$

◀ 풀이 ▶ 먼저 다음의 R 프로그램을 사용하여 그래프를 그려보았다.

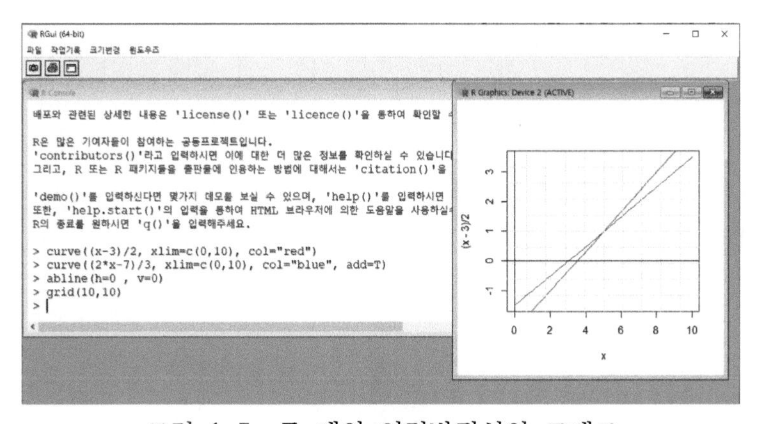

그림 1-5 두 개의 연립방정식의 그래프

교점의 좌표는 (5,1)이므로 연립방정식은 유일한 해 $x=5, y=1$을 얻게 된다.

1.2 행렬[6)]

이인석(2009)에 의하면 행렬(matrix)은 '근원적인 고향'의 뜻을 갖고 있으며, 어원은 라틴어의 mater(어머니)라고 한다. 따라서 어떤 수학적인 대상을 만나더라도 우리는 행렬부터 생각한다는 뜻이라고 한다. 이제부터는 행렬에 대해 논의해보고자 한다.

일반적으로, 여러 개의 숫자, 변수, 함수 등을 직사각형 모양으로 배열하고 괄호로 묶은 것을 행렬이라 한다. 예를 들면

$$\text{(a)}\ \begin{bmatrix} 3 & -2 & 0 \\ 7 & 5 & 1 \end{bmatrix} \qquad \text{(b)}\ \begin{bmatrix} a \\ b \\ c \end{bmatrix} \qquad \text{(c)}\ \begin{bmatrix} \sin(x) & \cos(x) \\ -\cos(x) & \sin(x) \end{bmatrix}$$

등은 행렬이다.[7)] 행렬에서 가로줄을 행(row), 세로줄을 열(column)이라 한다.

행렬과 연립방정식과의 관계는 '나무위키'의 문장을 살펴보면 알 수 있다.

> 행렬은 아서 케일리와 윌리엄 로원 해밀턴이 발명했으며, 역사적으로 본다면 행렬은 '연립일차방정식의 풀이를 어떻게 하면 될까?'라고 고민한 데서 시작했다. 아서 케일리가 연구하던 중에 행렬식의 값에 따라 연립방정식의 해가 다르게 나오는 것을 보고 이것이 해의 존재 여부를 판별한다는 관점에서 Determinant 라고 부른 데서 행렬식이 탄생했고, 윌리엄 로원 해밀턴이 '그러면 연립방정식의 계수랑 변수를 따로 떼어내서 쓰면 어떨까?'라는 생각에서 행렬이 탄생했다.

6) 행렬과 관련된 사항은 제2장에서 구체적으로 논하기로 한다.

7) 행렬 (a)는 $\begin{pmatrix} 3 & -2 & 0 \\ 7 & 5 & 1 \end{pmatrix}$로 표시하기도 한다.

일반적으로 모든 선형방정식은 행렬로 표현할 수 있고, 그 역도 성립한다는 것이다.

이제 n개의 변수를 가진 m개의 선형연립방정식

$$\begin{cases} a_{11}x_1 + a_{12}x_2 + \cdots + a_{1n}x_n = b_1 \\ a_{21}x_1 + a_{22}x_2 + \cdots + a_{2n}x_n = b_2 \\ \vdots \qquad \vdots \qquad \vdots \\ a_{m1}x_1 + a_{m2}x_2 + \cdots + a_{mn}x_n = b_m \end{cases}$$

을 고려해보자. 여기서 변수 $x_i(i=1,2,...,n)$는 제외하고 단순히 계수와 상수만을 이용하여 직사각형의 모양으로 간단히 표현하면

$$\begin{bmatrix} a_{11} & a_{12} & \cdots & a_{1n} & b_1 \\ a_{21} & a_{22} & \cdots & a_{2n} & b_2 \\ \vdots & \vdots & & \vdots & \vdots \\ a_{m1} & a_{m2} & \cdots & a_{mn} & b_m \end{bmatrix}$$

이며 확대행렬(또는 증대행렬 : augmented matrix)이라고 부른다. 특히

$$\begin{bmatrix} a_{11} & a_{12} & \cdots & a_{1n} \\ a_{21} & a_{22} & \cdots & a_{2n} \\ \vdots & \vdots & & \vdots \\ a_{m1} & a_{m2} & \cdots & a_{mn} \end{bmatrix}, \quad \begin{bmatrix} b_1 \\ b_2 \\ \vdots \\ b_m \end{bmatrix}$$

을 계수행렬(coefficient matrix)과 상수행렬(constant matrix)이라고 부른다.

이러한 증대행렬의 행(또는 열)의 값을 연산을 통해 변형시키는 과정을 통해 연립방정식의 해를 구할 수 있다는 것이다.

【예제 1-4】 다음 연립방정식의 증대행렬을 구하여라.

$$\begin{cases} 3x_1 - x_2 = 1 \\ 2x_1 + x_2 = 5 \\ 5x_1 - x_2 = 3 \end{cases}$$

◖ 풀이 ◗ $\begin{bmatrix} 3 & -1 & 1 \\ 2 & 1 & 5 \\ 5 & -1 & 3 \end{bmatrix}$

1.3 가우스 소거법(Gauss elimination)

가우스 소거법은 연립방정식의 해를 구하는 가장 간단한 방법이며, 이미 중학교 과정부터 연마해 온 연립방정식의 해를 구하는 방법을 구체화한 것이라고 할 수 있다.

【예제 1-3】의 경우에는 첫째 식을 2배하여 둘째 식을 빼는 방식을 통해 하나의 미지수인 x를 제거하는 방식으로 해를 구할 수 있다.

연립방정식을 구성하고 있는 특정한 방정식에 임의의 수를 곱하여 다른 방정식에 더하거나 빼더라도 연립방정식의 해는 변함이 없다는 사실을 이용하면 가우스 소거법을 만들어 낼 수 있다.

【정리 1-1】 주어진 방정식과 동치인 선형방정식을 만드는 방법은 다음과 같다.

1) 연립방정식은 방정식의 순서를 바꿀 수 있고
2) 특정한 방정식에 영(0)이 아닌 임의의 수를 곱할 수 있으며
3) 이러한 방정식을 다른 방정식에 더하거나 뺄 수 있다.

가우스 소거법은 주어진 행렬에 일련의 기본행연산을 통하여 상삼각행렬(upper triangle matrix)[8]로 만드는 것이다. 상삼각행렬을 만들기 위해서는 피벗팅(pivoting)을 하여야 하는데, 여기서 피벗[9] 성분(pivot element)은 각각의 행의 성분 중에서 영이 아닌 수를 택하는 것이 일반적이다.

이제 다음과 같은 2원 1차 연립방정식을 이용하여 가우스 소거법에 관해 설명을 하여본다.

8) 행렬의 주대각성분의 아래쪽의 성분은 모두 영(0)인 행렬을 말한다.
9) 사전적 의미는 '중심이 되는 수'

【예제 1-5】 다음의 연립방정식에 대하여 가우스 소거법으로 상삼각행렬로 만들어라.

$$\begin{cases} 2x - 3y = 7 & \cdots ① \\ x \ - 2y = 3 & \cdots ② \end{cases}$$

◖ 풀이 ◗ ②′ = ① - ②×2 의 연산을 수행한 연립방정식을 다시 쓰면

$$\begin{cases} 2x - 3y = 7 & \cdots ① \\ \quad\ \ y = 1 & \cdots ②' \end{cases}$$

이며, 증대행렬이 상삼각행렬로 변환된 것을 알 수 있다.

$$\begin{bmatrix} 2 & -3 & 7 \\ 1 & -2 & 3 \end{bmatrix} \quad \rightarrow \quad \begin{bmatrix} 2 & -3 & 7 \\ 0 & 1 & 1 \end{bmatrix}$$

앞의 【예제 1-5】는 방정식을 풀기 위한 방법 중의 하나일 뿐이다. 만일 미지수가 여러 개인 다음의 연립방정식

$$\begin{cases} a_{11}x_1 + a_{12}x_2 + \cdots + a_{1n}x_n = b_1 \\ a_{21}x_1 + a_{22}x_2 + \cdots + a_{2n}x_n = b_2 \\ \vdots \qquad\quad \vdots \qquad\qquad\qquad\qquad \vdots \\ a_{m1}x_1 + a_{m2}x_2 + \cdots + a_{mn}x_n = b_m \end{cases}$$

은 다음과 같은 가우스 소거법(Gauss elimination) 알고리즘을 사용하여 계수행렬을 상삼각행렬인 형태로 변형시킬 수 있다.

1) 증대행렬의 i행, j열의 성분을 a_{ij}라고 하자. 다음 수식은 $a_{11}(\neq 0)$을 제외한 1열의 모든 성분 a_{k1} $(k=2,3,...,n)$을 0으로 만드는 방법이다.

$$k\text{행} \leftarrow k\text{행} - \frac{a_{k1}}{a_{11}} \times (\text{행렬 } A\text{의 제1 행}) \qquad k = 2,3,4,...,n$$

2) 변환된 행렬의 1행, 1열을 제외한 행렬을 B라 하고, 행렬 B의 i행, j열의 성분을 b_{ij}라 할 때, 다음 수식은 $b_{11}(\neq 0)$을 제외한 1열의 모든 성분 $b_{k1}\ (k=3,4,...,n)$을 0으로 만드는 방법이다.

$$k\text{행} \leftarrow k\text{행} - \frac{b_{k1}}{b_{11}} \times (\text{행렬 } B\text{의 제1 행}) \qquad k=3,4,...,n$$

3) 이러한 방법을 연속적으로 수행한다.

가우스 소거법 알고리즘은 굉장히 복잡해 보이지만 컴퓨터 프로그래밍을 하기 위한 것이고, 실제로 계수행렬을 만드는 절차는 절대적이 아니라 개인별로 약간의 차이가 발생할 수 있다는 것이다.

【예제 1-6】 다음 연립방정식의 계수행렬을 상삼각행렬로 변환하라.

$$\begin{cases} 2x_1 + 3x_2 + x_3 = 1 \\ 4x_1 + x_2 - 3x_3 = 2 \\ -x_1 + 2x_2 + 2x_3 = 3 \end{cases}$$

◖ 풀이 ◗ 증대행렬을 만들고 우측에 행번호를 R로 구분한 행렬(행벡터라고 부름)을 C라고 하면

$$C = \begin{bmatrix} 2 & 3 & 1 & 1 \\ 4 & 1 & -3 & 2 \\ -1 & 2 & 2 & 3 \end{bmatrix} \begin{matrix} R_1 \\ R_2 \\ R_3 \end{matrix}$$

가 된다.

1단계에서는 R_1은 그대로 둔 채, 나머지 행에 대한 계산을 수행한다. 이제 행벡터의 1열 성분의 값을 영(0)으로 만들기 위해 $R_2 - 2R_1$, $2R_3 + R_1$을 계산하여 새로이 R_2 , R_3로 만들어보자.[10)]

10) 2행의 1열 성분을 영(0)으로 만들기 위해 반드시 (2행-1행의 변형) 방법을 사용해야 한다.

$$R_2 - 2R_1 = [4,1,-3,2] - 2 \times [2,3,1,1] = [0,-5,-5,0] \rightarrow R_2$$
$$2R_3 + R_1 = 2 \times [-1,2,2,3] + [2,3,1,1] = [0,7,5,7] \rightarrow R_3$$ 11)

이상의 변형과정을 행렬로 다시 나타내면 다음과 같으며, 1열의 성분이 영(0)인 새로운 계수행렬이 만들어진 것을 확인할 수 있다.

$$C = \begin{bmatrix} 2 & 3 & 1 & 1 \\ 0 & -5 & -5 & 0 \\ 0 & 7 & 5 & 7 \end{bmatrix} \begin{matrix} R_1 \leftarrow R_1 \\ R_2 \leftarrow R_2 - 2R_1 \\ R_3 \leftarrow 2R_3 + R_1 \end{matrix}$$

2단계에서는 R_2는 그대로 둔 채, 나머지 행에 대한 계산을 수행한다. 마찬가지 방법으로 $5R_3 + 7R_2$를 계산하여 새로이 R_3을 만들어보자.12)

$$5R_3 + 7R_2 = 5 \times [0,7,5,7] + 7 \times [0,-5,-5,0] = [0,0,-10,35] \rightarrow R_3$$

따라서 만들어진 상삼각행렬은 다음과 같다.

$$C = \begin{bmatrix} 2 & 3 & 1 & 1 \\ 0 & -5 & -5 & 0 \\ 0 & 0 & -10 & 35 \end{bmatrix} \begin{matrix} R_1 \leftarrow R_1 \\ R_2 \leftarrow R_2 \\ R_3 \leftarrow 5R_3 + 7R_2 \end{matrix}$$

이상의 상삼각행렬을 연립방정식의 형태로 재구성 해보면 다음과 같다.

$$\begin{cases} 2x_1 + 3x_2 + x_3 = 1 \\ \quad -5x_2 - 5x_3 = 0 \\ \quad\quad -10x_3 = 35 \end{cases}$$

따라서 방정식의 해 $x_1 = -3$, $x_2 = 3.5$, $x_3 = -3.5$ 를 얻을 수 있다.

11) 가우스 소거법 알고리즘에 따르면 제3행은 $R_3 + 0.5 \times R_1$ 으로 연산을 해야 한다. 이렇게 계산하면 소수점의 수가 나타나기 때문에 편의상 $2R_3 + R_1$ 의 연산을 한 것이다.

12) 가우스 소거법 알고리즘에 따르면 제3행은 $R_3 + \frac{7}{5} \times R_2$ 로 연산을 해야 하지만, 편의상 $5R_3 + 7R_2$ 로 계산한 것이다.

【정의 1-3】 주어진 행벡터가 영벡터(null vector)가 아닌 경우, 행벡터에서 처음으로 영이 아닌 수를 선두수(leading coefficient)[13] 라고 부른다.

【정의 1-3】 의 선두수를 이해하기 위해 다음과 같은 행렬의 선두수를 찾아보기로 한다.

$$\begin{bmatrix} 0 & -1 & 0 & 1 \\ 2 & 0 & 0 & 0 \\ 0 & 0 & 0 & 3 \end{bmatrix}$$

각각의 행을 살펴보면 영벡터는 존재하지 않음을 알 수 있다. 제1행의 선두수는 -1, 제2행의 선두 수는 2, 제3행의 선두 수는 3 이다.

【예제 1-7】 다음 행렬의 선두수를 구하여라.

(1) $\begin{bmatrix} 2 & 3 & 0 \\ 0 & 0 & 5 \end{bmatrix}$ (2) $\begin{bmatrix} 2 & 4 & -1 & 2 \\ 0 & 5 & 3 & 2 \\ 1 & 3 & 3 & 5 \end{bmatrix}$ (3) $\begin{bmatrix} 1 & 0 & 2 & 0 & 1 & 5 \\ 0 & 0 & 2 & 3 & 1 & 2 \\ 0 & 0 & 0 & 5 & 3 & 0 \\ 0 & 4 & 0 & 0 & 1 & 1 \end{bmatrix}$

◀ 풀이 ▶ 각각의 행렬에 관하여 선두수를 차례로 나열하기로 한다.

(1)번의 선두 수는 2, 5
(2)번의 선두 수는 2, 5, 1
(3)번의 선두 수는 1, 2, 5, 4

선두수를 찾는 것은 육안으로는 쉽지만, 이것을 프로그램으로 만드는 것은 결코 쉬운 것은 아니다.

---

13) 일반적으로는 피벗(pivot)이라고 부르며, 사전적 의미는 '중심이 되는 수'로 해석되지만 가우스 소거법과 관련지어 선두수라고 칭하였다.

이제 다음 행렬 A의 선두수를 프로그램을 이용하여 출력하여보자.

$$A = \begin{bmatrix} 1 & 0 & 2 & 0 & 1 & 5 \\ 0 & 0 & 2 & 3 & 1 & 2 \\ 0 & 0 & 0 & 5 & 3 & 0 \\ 0 & 4 & 0 & 0 & 1 & 1 \end{bmatrix}$$

다음은 <<프로그램 1-1>>을 실행시킨 결과이며, 행과 열의 크기를 정하면 d:/mat_1.txt 파일에서 행렬의 성분(entry)을 불러와 그림처럼 원행렬을 표시하고 선두수를 출력하도록 만들었다.

```
C:\WINDOWS\system32\cmd.exe
주어진 행렬의 행의 크기, 열의 크기를 입력하시오 : 4 6

                행 렬
------------------------------------------
   1.0000    0.0000    2.0000    0.0000    1.0000    5.0000
   0.0000    0.0000    2.0000    3.0000    1.0000    2.0000
   0.0000    0.0000    0.0000    5.0000    3.0000    0.0000
   0.0000    4.0000    0.0000    0.0000    1.0000    1.0000
------------------------------------------

 선두수 :    1.0000    2.0000    5.0000    4.0000
계속하려면 아무 키나 누르십시오 . . .
```

그림 1-6 선두수 찾기

참고로, d:/mat_1.txt 파일에 저장된 자료를 화면 출력한 것은 다음과 같다.

```
mat_1 - Windows 메모장
파일(F) 편집(E) 서식(O) 보기(V) 도움말(H)
1 0 2 0 1 5
0 0 2 3 1 2
0 0 0 5 3 0
0 4 0 0 1 1
Ln 1, Col 1   100%   Windows (CRLF)   UTF-8
```

그림 1-7 mat_1.txt

【정의 1-4】 선두수의 아래 성분이 모두 0 인 행렬을 가우스 행렬(또는 사다리꼴행렬, echelon matrix)이라고 부른다.

다음의 행렬들은 선두수의 아랫부분이 모두 0 이므로 가우스 행렬이다.

$$\begin{bmatrix} 2 & 3 & -3 \\ & & \\ 0 & 2 & 5 \end{bmatrix} \quad \begin{bmatrix} 5 & -1 & 4 \\ 0 & 2 & 1 \\ 0 & 0 & 3 \end{bmatrix} \quad \begin{bmatrix} 1 & 0 & 2 & 0 & 1 & 5 \\ 0 & 0 & 2 & 3 & 1 & 2 \\ 0 & 0 & 0 & 5 & 3 & 0 \\ 0 & 0 & 0 & 0 & 1 & 1 \end{bmatrix}$$

【예제 1-8】 다음의 행렬을 선두수가 1인 가우스 행렬로 만들어라.

$$\begin{bmatrix} 2 & 3 & 1 & 1 \\ 4 & 1 & -3 & 2 \\ -1 & 2 & 2 & 3 \end{bmatrix}$$

◖ 풀이 ◗ 【예제 1-6】에서는 주어진 행렬을 상삼각행렬로 만드는 일련의 과정을 보인 바 있다. 즉,

$$\begin{bmatrix} 2 & 3 & 1 & 1 \\ 4 & 1 & -3 & 2 \\ -1 & 2 & 2 & 3 \end{bmatrix} \rightarrow \begin{bmatrix} 2 & 3 & 1 & 1 \\ 0 & -5 & -5 & 0 \\ 0 & 0 & -10 & 35 \end{bmatrix}$$

인 상삼각행렬로 만들어진 것을 확인할 수 있다. 이번 예제는 생성된 상삼각행렬에서 각 행의 선두수인 2, -5, -10으로 행벡터를 나누는 문제이므로

$$\begin{bmatrix} 2 & 3 & 1 & 1 \\ 0 & -5 & -5 & 0 \\ 0 & 0 & -10 & 35 \end{bmatrix} \rightarrow \begin{bmatrix} 1 & 1.5 & 0.5 & 0.5 \\ 0 & 1 & 1 & 0 \\ 0 & 0 & 1 & -3.5 \end{bmatrix}$$

【예제 1-8】에서는 선형연립방정식을 가우스 소거법 알고리즘으로 상삼각행렬을 만드는 과정을 살펴본 바 있다. 즉,

$$\begin{cases} 2x_1 + 3x_2 + x_3 = 1 \\ 4x_1 + x_2 - 3x_3 = 2 \\ -x_1 + 2x_2 + 2x_3 = 3 \end{cases} \rightarrow \begin{bmatrix} 1 & 1.5 & 0.5 & 0.5 \\ 0 & 1 & 1 & 0 \\ 0 & 0 & 1 & -3.5 \end{bmatrix}$$

이며, 만들어진 가우스 행렬을 연립방정식으로 환원시키면

$$\begin{cases} x_1 + 1.5x_2 + \ 0.5x_3 = \ 0.5 \\ \qquad\ \ x_2 + \quad\ x_3 = \quad 0 \\ \qquad\qquad\qquad x_3 = -3.5 \end{cases}$$

이다. 따라서 가우스 행렬로는 직접 해를 구할 수 없다는 단점이 있다.

다음은 <<프로그램 1-2>>를 사용하여 단계별 출력이 되게 표시한 그림이며, 최종적으로는 선두수가 1인 가우스 행렬이 만들어진 것을 볼 수 있다.[14]

```
C:\WINDOWS\system32\cmd.exe
주어진 행렬의 행의 크기, 열의 크기를 입력하시오 : 3 4

              행 렬
------------------------------------------------
    2.0000     3.0000     1.0000     1.0000
    4.0000     1.0000    -3.0000     2.0000
   -1.0000     2.0000     2.0000     3.0000
------------------------------------------------

1 단계
------------------------------------------------
    2.0000     3.0000     1.0000     1.0000
    0.0000    -5.0000    -5.0000     0.0000
    0.0000     3.5000     2.5000     3.5000
------------------------------------------------

2 단계
------------------------------------------------
    2.0000     3.0000     1.0000     1.0000
    0.0000    -5.0000    -5.0000     0.0000
    0.0000     0.0000    -1.0000     3.5000
------------------------------------------------

3 단계
------------------------------------------------
    2.0000     3.0000     1.0000     1.0000
    0.0000    -5.0000    -5.0000     0.0000
    0.0000     0.0000    -1.0000     3.5000
------------------------------------------------

Gauss소거법(또는 Gauss-Jordan 소거법) 수행 결과
------------------------------------------------
    1.0000     1.5000     0.5000     0.5000
   -0.0000     1.0000     1.0000    -0.0000
   -0.0000    -0.0000     1.0000    -3.5000
------------------------------------------------
계속하려면 아무 키나 누르십시오 . . .
```

그림 1-8 가우스 소거법

14) 최종 결과에 음수(-0.000)으로 표현되어 있으나 이것은 0으로 간주하면 된다.

참고로, d:/mat_2.txt 파일에 저장된 자료를 화면 출력한 것은 다음과 같다.

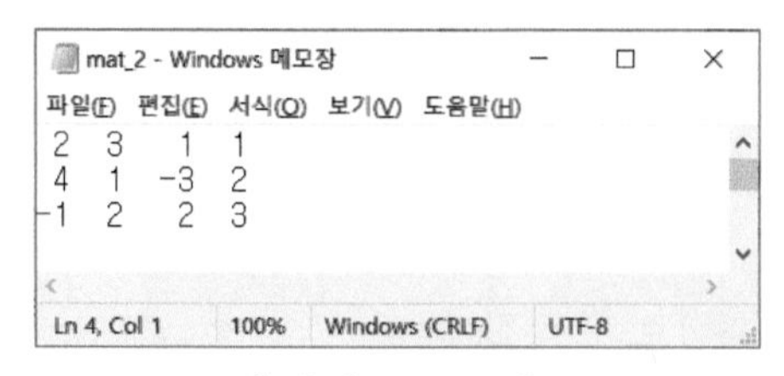

그림 1-9 mat_2.txt

【정의 1-5】 선두수의 아래-위의 성분이 모두 0 인 행렬을 기약 가우스 행렬(또는 기약행사다리꼴행렬, reduced row echelon matrix)이라고 부른다.

계산을 통해 기약 가우스 행렬을 만드는 것은 복잡하지만 기약 가우스 행렬은 선형연립방정식의 해를 직접 구하기 위해 고안되었다.

다음의 행렬들은 선두수의 아래위가 모두 0 인 기약 가우스 행렬이다.

$$\begin{bmatrix} 2 & 3 & 0 \\ & & \\ 0 & 0 & 5 \end{bmatrix} \qquad \begin{bmatrix} 5 & 0 & 0 \\ 0 & 2 & 0 \\ 0 & 0 & 3 \end{bmatrix} \qquad \begin{bmatrix} 1 & 0 & 0 & 0 & 0 & 5 \\ 0 & 0 & 2 & 0 & 0 & 2 \\ 0 & 0 & 0 & 5 & 0 & 0 \\ 0 & 0 & 0 & 0 & 1 & 1 \end{bmatrix}$$

【예제 1-9】 가우스 소거법을 사용하여 다음 연립방정식을 풀어라.

$$\begin{cases} x_1 - 2x_2 + x_3 = 3 \\ -x_1 + 4x_2 = -1 \\ 2x_1 + 4x_3 = 12 \end{cases}$$

◖ 풀이 ◗ 증대행렬을 C 라고 하자.

$$C=\begin{bmatrix} 1 & -2 & 1 & 3 \\ -1 & 4 & 0 & -1 \\ 2 & 0 & 4 & 12 \end{bmatrix}\begin{matrix} R_1 \\ R_2 \\ R_3 \end{matrix}$$

1단계 : $R_2 \leftarrow R_2 + R_1, R_3 \leftarrow R_3 - 2R_1$ 연산을 수행한다.

$$C=\begin{bmatrix} 1 & -2 & 1 & 3 \\ 0 & 2 & 1 & 2 \\ 0 & 4 & 2 & 6 \end{bmatrix}\begin{matrix} R_1 \\ R_2 \\ R_3 \end{matrix}$$

2단계 : $R_3 \leftarrow R_3 - 2R_2$ 연산을 수행한다.

$$C=\begin{bmatrix} 1 & -2 & 1 & 3 \\ 0 & 2 & 1 & 2 \\ 0 & 0 & 0 & 2 \end{bmatrix}\begin{matrix} R_1 \\ R_2 \\ R_3 \end{matrix}$$

이므로 가우스 행렬이 만들어졌다. 이것을 연립방정식으로 환원하면

$$\begin{cases} x_1 - 2x_2 + x_3 = 3 \\ \qquad 2x_2 + x_3 = 2 \\ 0x_1 + 0x_2 + 0x_3 = 2 \end{cases}$$

가 되므로 방정식의 해는 존재하지 않는다.[15]

이를 확인하기 위해 << 프로그램 1-2 >>를 실행시킨 결과, 2단계까지는 동일한 것을 확인할 수 있다. 프로그램은 최종적으로 선두수를 1로 만드는 과정을 수행하도록 만들었다.

1행과 2행의 선두 수는 각각 1, 2이므로 행벡터를 선두수로 나눌 때 아무런 문제가 발생하지 않는다. 하지만 제3행의 경우는 선두수가 c_{33} 성분이므로 0임을 알 수 있고, 0으로 행벡터를 나눌 때는 문제가 발생하게 된다.[16]

프로그램 실행결과의 마지막 부분을 살펴보면 -1.#IND 또는 1.#INF라는 값

15) 세 번째 수식의 x_1, x_2, x_3에 어떠한 값을 넣더라도 우변의 값 2는 만들 수 없다.

16) 임의의 실수값을 0으로 나눈 것을 불능(不能)이라고 하며, 만족하는 값을 구할 수 없다.

이 출력되어 있는데, 이는 계산결과에 범람(overflow)이 발생하였다는 것을 의미한다.

```
C:\WINDOWS\system32\cmd.exe
주어진 행렬의 행의 크기, 열의 크기를 입력하시오 : 3 4

행렬의 성분 A(i,j)의 값을 입력하시오 :
 1 -2  1  3
-1  4  0 -1
 2  0  4 12

                행 렬
------------------------------------------
    1.0000  -2.0000   1.0000   3.0000
   -1.0000   4.0000   0.0000  -1.0000
    2.0000   0.0000   4.0000  12.0000
------------------------------------------

1 단계
------------------------------------------
    1.0000  -2.0000   1.0000   3.0000
    0.0000   2.0000   1.0000   2.0000
    0.0000   4.0000   2.0000   6.0000
------------------------------------------

2 단계
------------------------------------------
    1.0000  -2.0000   1.0000   3.0000
    0.0000   2.0000   1.0000   2.0000
    0.0000   0.0000   0.0000   2.0000
------------------------------------------

Gauss소거법(또는 Gauss-Jordan 소거법) 수행 결과
------------------------------------------
    1.0000  -2.0000   1.0000   3.0000
    0.0000   1.0000   0.5000   1.0000
   -1.#IND  -1.#IND  -1.#IND   1.#INF
------------------------------------------
계속하려면 아무 키나 누르십시오 . . .
```

그림 1-10 가우스 소거법

1.4 가우스-조던 소거법(Gauss-Jordan elimination)

가우스-조던 소거법은 증대행렬을 기약 가우스 행렬로 바꾸는 방법이다. 가우스 소거법보다 복잡하지만, 해를 직접 구할 수 있다는 장점이 있다.[17]

아무런 기준 없이 기약 가우스 행렬을 만들다보면 원행렬의 값이 다시 나타나기도 한다. 따라서 다음과 같은 방식으로 기약 가우스 행렬을 만들어야한다.

17) 가우스 행렬을 만드는 R 프로그램은 없지만, 기약 가우스 행렬로 만드는 R 프로그램은 존재한다.

> 제k행 벡터가 R_k일 때, 기약 가우스 행렬을 만드는 방법
> 1) 1 단계에서는 R_1 을 기준으로 연산을 수행하며
> 2) k 단계에서 R_k 는 그대로 두고 나머지 행은 R_k 중심으로 연산을 수행

예를 들어, 크기가 (3×4)인 증대행렬 C의 2단계에서는 R_2를 기준으로

$$
\begin{aligned}
&R_1 \leftarrow aR_2 + bR_1 \\
&R_2 \leftarrow R_2 \\
&R_3 \leftarrow cR_2 + dR_3
\end{aligned}
$$

인 행렬 연산을 하면 된다. 여기서 a,b,c,d는 c_{12}, c_{32} 의 성분을 영(0)으로 만드는 상수값이다.

가우스-조던 소거법은 해를 직접 구할 수 있음을 확인하여 보기로 한다. 만일 행렬 연산을 통해 선두수의 아래위가 모두 0인 기약 가우스 행렬을 만들었다고 하자.

$$
\begin{bmatrix} 2 & 0 & 0 & 4 \\ 0 & 3 & 0 & 3 \\ 0 & 0 & 1 & -2 \end{bmatrix}
$$

이것을 연립방정식으로 환원하면 다음과 같으므로 해를 직접 구할 수 있다.

$$
\begin{cases} 2x_1 & & & = 4 \\ & 3x_2 & & = 3 \\ & & x_3 & = -2 \end{cases}
$$

【예제 1-10】 다음 연립방정식을 가우스-조던 소거법으로 풀어라.

$$
\begin{cases} 2x_1 + 3x_2 - x_3 = 5 \\ 4x_1 + 4x_2 - 3x_3 = 3 \\ -2x_1 + 3x_2 - x_3 = 1 \end{cases}
$$

◖ 풀이 ◗ 먼저 증대행렬을 만들면 다음과 같다.

$$C=\begin{bmatrix} 2 & 3 & -1 & 5 \\ 4 & 4 & -3 & 3 \\ -2 & 3 & -1 & 1 \end{bmatrix}\begin{matrix} R_1 \\ R_2 \\ R_3 \end{matrix}$$

1단계 : 제1행벡터 R_1은 그대로 놓고, R_1을 이용하여 행벡터 R_2, R_3 에 다음과 같은 연산을 수행한다.

$$R_1 \leftarrow R_1 \quad , \; R_2 \leftarrow R_2 - 2R_1 \quad , \; R_3 \leftarrow R_3 + R_1$$

$$C=\begin{bmatrix} 2 & 3 & -1 & 5 \\ 0 & -2 & -1 & -7 \\ 0 & 6 & -2 & 6 \end{bmatrix}\begin{matrix} R_1 \\ R_2 \\ R_3 \end{matrix}$$

1단계에서는 제1열의 선두수 아래위의 값은 모두 0으로 바뀐 것을 알 수 있다. 계속하여 제2열의 선두수 아래위의 값을 0으로 만들어보기로 한다.

2단계 : 제2행벡터 R_2는 그대로 놓고, R_2를 이용하여 행벡터 R_1, R_3 에 다음과 같은 연산을 수행한다.

$$R_1 \leftarrow R_1 + \frac{3}{2}R_2,\; R_2 \leftarrow R_2,\; R_3 \leftarrow R_3 + 2R_2$$

$$C=\begin{bmatrix} 2 & 0 & -2.5 & -5.5 \\ 0 & -2 & -1.0 & -7.0 \\ 0 & 0 & -5.0 & -15.0 \end{bmatrix}\begin{matrix} R_1 \\ R_2 \\ R_3 \end{matrix}$$

3단계 : 제3행벡터 R_3은 그대로 놓고, R_3를 이용하여 행벡터 R_1, R_2 에 다음과 같은 연산을 수행한다.

$$R_1 \leftarrow R_1 - \frac{1}{2}R_3,\; R_2 \leftarrow R_2 - \frac{1}{5}R_3,\; R_3 \leftarrow R_3$$

$$C=\begin{bmatrix} 2 & 0 & 0 & 2 \\ 0 & -2 & 0 & -4 \\ 0 & 0 & -5 & -15 \end{bmatrix}\begin{matrix} R_1 \\ R_2 \\ R_3 \end{matrix}$$

그림 1-11은 <<프로그램 1-2>>를 실행하여 얻은 결과이다.[18] 직접 푼 결과와 동일하다. 따라서 최종적으로 만들어진 행렬을 연립방정식으로 환원하여 해를 구하면 $x_1 = 1$, $x_2 = 2$, $x_3 = 3$ 이다.

```
C:\WINDOWS\system32\cmd.exe
주어진 행렬의 행의 크기, 열의 크기를 입력하시오 : 3 4

행렬의 성분 A(i,j)의 값을 입력하시오 :
 2  3 -1  5
 4  4 -3  3
-2  3 -1  1

                 행 렬
-------------------------------------------------
     2.0000     3.0000    -1.0000     5.0000
     4.0000     4.0000    -3.0000     3.0000
    -2.0000     3.0000    -1.0000     1.0000
-------------------------------------------------

1 단계
-------------------------------------------------
     2.0000     3.0000    -1.0000     5.0000
     0.0000    -2.0000    -1.0000    -7.0000
     0.0000     6.0000    -2.0000     6.0000
-------------------------------------------------

2 단계
-------------------------------------------------
     2.0000     0.0000    -2.5000    -5.5000
     0.0000    -2.0000    -1.0000    -7.0000
     0.0000     0.0000    -5.0000   -15.0000
-------------------------------------------------

3 단계
-------------------------------------------------
     2.0000     0.0000     0.0000     2.0000
     0.0000    -2.0000     0.0000    -4.0000
     0.0000     0.0000    -5.0000   -15.0000
-------------------------------------------------

Gauss소거법(또는 Gauss-Jordan 소거법) 수행 결과
-------------------------------------------------
     1.0000     0.0000     0.0000     1.0000
    -0.0000     1.0000    -0.0000     2.0000
    -0.0000    -0.0000     1.0000     3.0000
-------------------------------------------------
계속하려면 아무 키나 누르십시오 . . .
```

그림 1-11 가우스-조던 소거법

이제 다음과 같은 연립방정식이 주어졌다고 하자.

$$\begin{cases} \quad\quad 10x_2 + x_3 = 15 \\ \quad\quad 3x_2 - x_3 = -2 \\ 2x_1 + 4x_2 + x_3 = 23 \end{cases}$$

18) 행렬의 값을 직접 입력하는 방식을 취하였다. 결과값 중의 -0.000은 0을 의미한다.

주어진 행렬의 증대행렬을 표시하면

$$\begin{bmatrix} 0 & 10 & 1 & 15 \\ 0 & 3 & -1 & -2 \\ 2 & 4 & 1 & 23 \end{bmatrix}$$

이며, 대부분의 선형대수학 교재는 제1행과 제3행을 교환하는 방식을 취한다. 이유는 제1열의 성분 중에서 0 이 아닌 행은 제3행이라는 것을 직관적으로 파악할 수 있기 때문이다. 하지만 컴퓨터는 인간처럼 성분의 값이 0 인가를 곧바로 확인할 수 없기 때문에 행벡터를 교환하는 특별한 방식을 만들어줘야 한다.

교재의 << 프로그램 1-3 >>은 제1행을 (1행 + 2행 + 3행)으로 계산하고, 제2행은 (2행 + 3행)으로 계산하였다. 주어진 증대행렬을 파일(d:/mat_3.txt)로 저장하였고, 이를 화면 출력한 것은 다음과 같다.

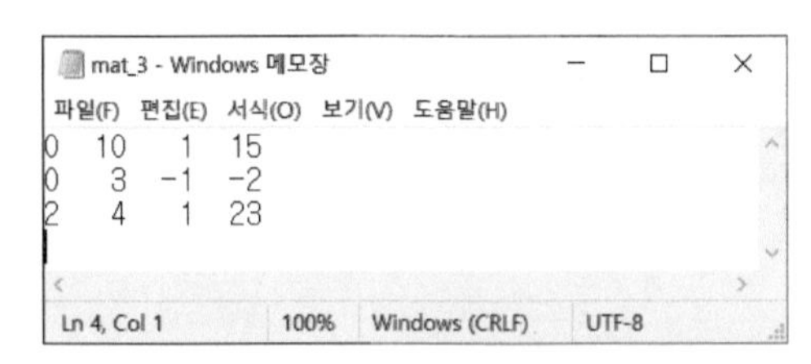
```
0 10  1 15
0  3 -1 -2
2  4  1 23
```

그림 1-12 mat_3.txt

이상의 자료에 << 프로그램 1-3 >>을 적용하면 교환행렬이 만들어진다.

```
C:\WINDOWS\system32\cmd.exe
주어진 행렬의 행의 크기, 열의 크기를 입력하시오 : 3 4
          원 행 렬
----------------------------------------------
   0.0000   10.0000    1.0000   15.0000
   0.0000    3.0000   -1.0000   -2.0000
   2.0000    4.0000    1.0000   23.0000
----------------------------------------------

          교 환 행 렬
----------------------------------------------
   2.0000   17.0000    1.0000   36.0000
   2.0000    7.0000    0.0000   21.0000
   2.0000    4.0000    1.0000   23.0000
----------------------------------------------
계속하려면 아무 키나 누르십시오 . . .
```

그림 1-13 $a_{11} = 0$을 $a_{11} \neq 0$으로 만들기

이렇게 바뀐 교환행렬에 가우스-조던 소거법 프로그램을 적용하면 해를 구할 수 있다. 다음은 $a_{11}=0$인 앞의 연립방정식의 해를 구한 것이다.

```
C:\WINDOWS\system32\cmd.exe
            행 렬
-----------------------------------------
    0.0000   10.0000    1.0000   15.0000
    0.0000    3.0000   -1.0000   -2.0000
    2.0000    4.0000    1.0000   23.0000
-----------------------------------------

          교 환 행 렬
-----------------------------------------
    2.0000   17.0000    1.0000   36.0000
    2.0000    7.0000    0.0000   21.0000
    2.0000    4.0000    1.0000   23.0000
-----------------------------------------

1 단계
-----------------------------------------
    2.0000   17.0000    1.0000   36.0000
    0.0000  -10.0000   -1.0000  -15.0000
    0.0000  -13.0000    0.0000  -13.0000
-----------------------------------------

2 단계
-----------------------------------------
    2.0000    0.0000   -0.7000   10.5000
    0.0000  -10.0000   -1.0000  -15.0000
    0.0000    0.0000    1.3000    6.5000
-----------------------------------------

3 단계
-----------------------------------------
    2.0000    0.0000    0.0000   14.0000
    0.0000  -10.0000    0.0000  -10.0000
    0.0000    0.0000    1.3000    6.5000
-----------------------------------------

Gauss소거법(또는 Gauss-Jordan 소거법) 수행 결과
-----------------------------------------
    1.0000    0.0000    0.0000    7.0000
   -0.0000    1.0000   -0.0000    1.0000
    0.0000    0.0000    1.0000    5.0000
-----------------------------------------
계속하려면 아무 키나 누르십시오 . . .
```

그림 1-14 가우스-조던 소거법

행 교환 과정을 거쳐 계산된 방정식의 해는 $x_1=7$, $x_2=1$, $x_3=5$ 이다.

1.5 선형방정식의 응용

평면상의 세 점 (x_0, y_0), (x_1, y_1), (x_2, y_2) 을 지나는 함수는 2차함수로 예상할 수 있다. 이 때의 2차함수를

$$y = a_0 + a_1 x + a_2 x^2$$

이라고 놓고, 세 점의 값을 대입하면 3개의 선형방정식을 얻을 수 있다. 이를 가우스-조던 소거법으로 풀면 미지수인 a_0 , a_1 , a_2를 구할 수 있다.

【예제 1-11】 다음의 세 점을 지나는 다항식을 구하여라.

x	2	3	5
y	-3	-3	3

◖ 풀이 ◗ 2차 함수에 세 점의 값을 입력하면 다음과 같은 관계식이 얻어지며, 가우스-조던 소거법을 적용하여 미지수인 a_0 , a_1 , a_2의 값을 구할 수 있다.

$$\begin{cases} -3 = a_0 + 2a_1 + \ \ 4a_2 \\ -3 = a_0 + 3a_1 + \ \ 9a_2 \\ \ \ \ 3 = a_0 + 5a_1 + 25a_2 \end{cases}$$

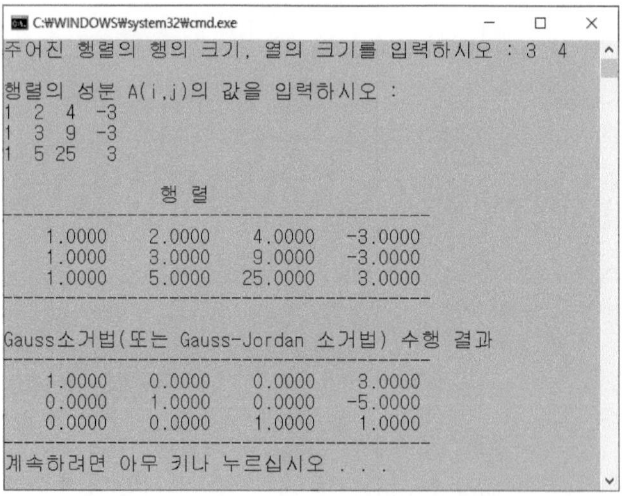

```
C:\WINDOWS\system32\cmd.exe
주어진 행렬의 행의 크기, 열의 크기를 입력하시오 : 3 4

행렬의 성분 A(i,j)의 값을 입력하시오 :
1 2 4 -3
1 3 9 -3
1 5 25 3
              행 렬
-------------------------------------------
    1.0000    2.0000    4.0000   -3.0000
    1.0000    3.0000    9.0000   -3.0000
    1.0000    5.0000   25.0000    3.0000
-------------------------------------------

Gauss소거법(또는 Gauss-Jordan 소거법) 수행 결과
-------------------------------------------
    1.0000    0.0000    0.0000    3.0000
    0.0000    1.0000    0.0000   -5.0000
    0.0000    0.0000    1.0000    1.0000
-------------------------------------------
계속하려면 아무 키나 누르십시오 . . .
```

그림 1-15 2차함수의 계수 구하기

따라서 $a_1 = 3 \cdot a_2 = -5$, $a_3 = 1$ 이므로 함수는 $y = 3 - 5x + x^2$ 가 된다.

참고로, 【예제 1-11】의 점좌표와 함수 $y = 3 - 5x + x^2$ 를 R 프로그램으로 하나의 화면에 그려보면 다음과 같다.

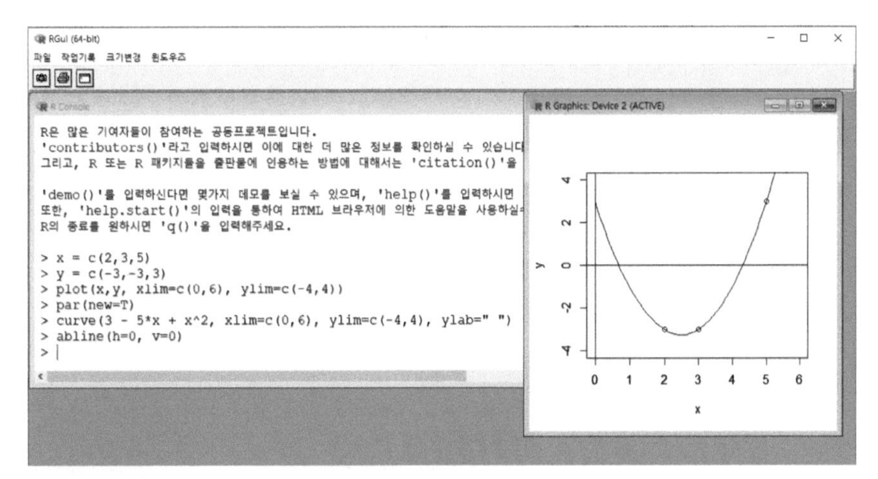

그림 1-16 점좌표를 지나는 함수

【예제 1-12】 다음과 같은 회로도에서 각 부분에 흐르는 전류의 방향이 그림과 같다고 하자. 각각의 전류의 크기를 x_1, x_2, x_3, x_4, x_5 라고 할 때, 각 전류의 크기를 구하여라.

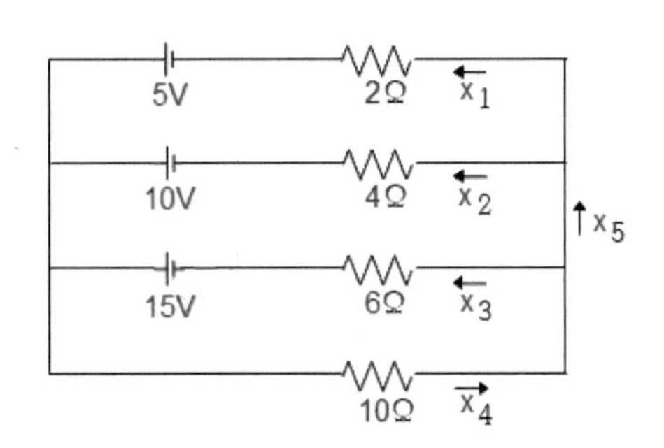

그림 1-17 회로도

◖ 풀이 ◗ 주어진 회로도에 키르히호프의 법칙을 적용하면 다음과 같은 2개의 관계식을 얻을 수 있다.

$$\begin{cases} x_1 + x_2 - x_5 = 0 \\ x_3 - x_4 + x_5 = 0 \end{cases}$$

$$\begin{cases} 4x_2 + 10x_4 = 10 \\ 6x_3 + 10x_4 = 15 \\ 2x_1 + 10x_4 = 5 \end{cases}$$

여기에 가우스-조던 소거법을 적용하면 전류의 크기를 구할 수 있다. 다음은 R 프로그램을 이용하여 전류의 크기를 계산한 그림이다.

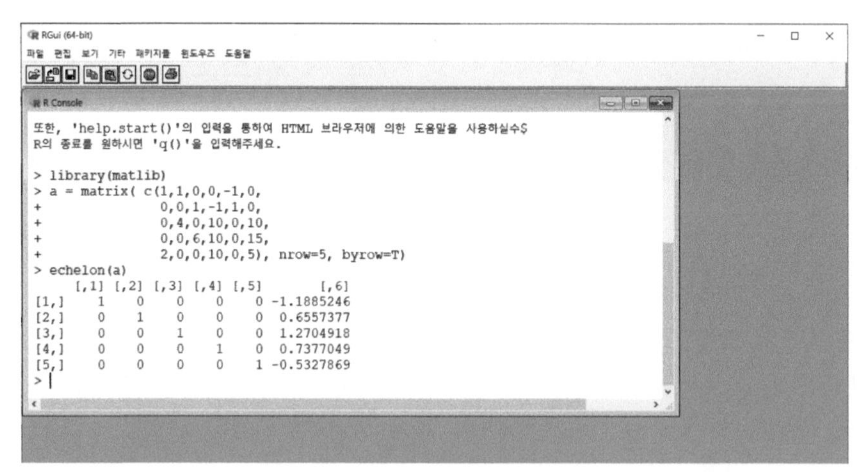

그림 1-18 가우스-조던 소거법으로 구한 전규의 크기

따라서 전류의 크기는

$$\begin{cases} x_1 = -1.1885246 \\ x_2 = 0.6557377 \\ x_3 = 1.2704918 \\ x_4 = 0.7377049 \\ x_5 = -0.5327869 \end{cases}$$

이다.[19]

---

19) << 프로그램 1-2 >>를 사용하려면 연립방정식의 둘째, 셋째식을 교환하여야 한다.

♣ 연습문제 ♣

1. 다음 1차 방정식에 대한 해를 구하여라.

(1) $x = 3y$ (2) $6x - 7y = 3$

(3) $2x + 4y - 7z = 8$ (4) $x + 2y = 0$

2. 다음 동차연립방정식의 해를 구하여라.

(1) $\begin{cases} x + 6y = 0 \\ 2x - y = 0 \end{cases}$ (2) $\begin{cases} x + 6y - 2z = 0 \\ 2x - y - z = 0 \end{cases}$

(3) $\begin{cases} 2x_1 + x_2 + 3x_3 = 0 \\ x_1 + 2x_2 = 0 \\ x_2 + x_3 = 0 \end{cases}$

3. 다음 행렬을 가우스 행렬로 만들어라.

(1) $\begin{bmatrix} 2 & 5 & -3 \\ 1 & 7 & 2 \end{bmatrix}$ (2) $\begin{bmatrix} 2 & 0 & -1 & 2 & 7 \\ 0 & 1 & 3 & 2 & -1 \\ 1 & 3 & 3 & 5 & 6 \end{bmatrix}$

4. 다음 연립방정식을 가우스 소거법으로 직접 풀어라.

(1) $\begin{cases} 2x + y - 3z = -1 \\ -x + 3y + 2z = 12 \\ 3x + y - 3z = 0 \end{cases}$ (2) $\begin{cases} 4x + y - z = 9 \\ 3x + 2y - 6z = -2 \\ x - 5y + 3z = 1 \end{cases}$

5. 다음 행렬을 기약 가우스 행렬로 만들어라.

(1) $\begin{bmatrix} 2 & 4 & -3 \\ 1 & 7 & 2 \end{bmatrix}$ (2) $\begin{bmatrix} 3 & -1 & 5 \\ 7 & 0 & 9 \\ -2 & 2 & 4 \end{bmatrix}$

(3) $\begin{bmatrix} 2 & 4 & -1 & 2 \\ 0 & 5 & 3 & 2 \\ 1 & 3 & 3 & 5 \end{bmatrix}$

6. 다음 연립방정식을 가우스-조던 소거법으로 직접 풀어라.

(1) $\begin{cases} 2x + y - 3z = -1 \\ -x + 3y + 2z = 12 \\ 3x + y - 3z = 0 \end{cases}$ (2) $\begin{cases} x + y + 2z = 8 \\ -x - 2y + 3z = 1 \\ 3x - 7y + 4z = 10 \end{cases}$

7. 다음 연립방정식을 가우스-조던 소거법으로 풀어라. 단, 행을 교환하는 방법은 사용할 수 없다.

$$\begin{cases} 10x_2 + x_3 = 2 \\ x_1 + 3x_2 - x_3 = 6 \\ 2x_1 + 4x_2 + x_3 = 5 \end{cases}$$

8. 다음은 변수가 5개인 연립방정식의 증대행렬이다. 가우스-조던 소거법으로 해를 구하여라.

$$\begin{bmatrix} 0 & 0 & -2 & 0 & 7 & 12 \\ 3 & 4 & 10 & 6 & 12 & 28 \\ 2 & 4 & -5 & 6 & -5 & -1 \end{bmatrix}$$

9. 다음의 4개의 점을 지나는 회귀직선의 함수를 구하고, 이를 R 프로그램으로 그림을 그려라.

x	-1	2	3	6
y	4	7	8	12

10. 다음과 같은 회로도에서 각 부분에 흐르는 전류의 방향이 그림과 같다고 하자. 각각의 전류의 크기를 x_1, x_2, x_3이라고 할 때, 각 전류의 크기를 구하여라.

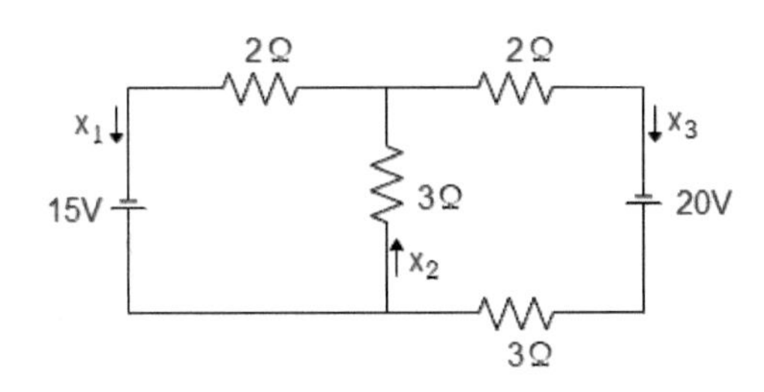

프로그램

<< 프로그램 1-1 >> 선두수 찾기

```
struct score
{
    float  e[10] ;
} c[50] ;

int main()
{
    FILE *pt ;  ;
    pt = fopen("d:/mat_1.txt", "r") ;
    int i, j, k, m, n ; float lead[10], temp  ;
    printf("주어진 행렬의 행의 크기, 열의 크기를 입력하시오 : ");
    scanf("%d %d", &m, &n) ;
    for(i=1; i<=m ; i++)
    for(j=1; j<=n; j++)
         fscanf(pt, "%f", &c[i].e[j] ) ;
    printf("\n                    행 렬                  \n");
    printf("----------------------------------------\n");
    for(i=1;i<=m;++i)
    {
        for(j=1;j<=n;j++)
            printf("%10.4f",c[i].e[j]);
        printf("\n");
    }
    printf("----------------------------------------\n");
    printf("\n 선두수 : ") ;
    for(i=1; i<=m ; i++)
    {
         for(j=1; j<=n; j++)
              if( c[i].e[j] != 0 ) { lead[i]=c[i].e[j] ; goto aa ; }
aa:      printf("%10.4f", lead[i] ) ;
    }
    printf("\n") ;
}
```

<< 프로그램 1-2 >> 가우스 소거법(가우스-조던 소거법)[20]

```
#include "stdafx.h"
#include "stdio.h"
int change(double a[10][10],int m,int n)
{
          int i; float temp, s ;
     for(i=1; i<=n; i++)
     {
          temp = a[m][i] ;
          a[m][i] = a[m+1][i] ;
          a[m+1][i] = temp ;
     }
     return 0 ;
}

int main()
{
//    FILE *pt ;
//    pt = fopen("d:/mat_5.txt", "r") ;
     double r,a[10][10], b[10][10], c[10][10],lead[10], element;
     int n,i,j,k,m,t, sol ;
     printf("주어진 행렬의 행의 크기, 열의 크기를 입력하시오 : ");
     scanf("%d %d",&m, &n);
     printf("행렬의 성분 A(i,j)의 값을 입력하시오 : \n");
     for(i=1;i<=m;i++)
     {
         for(j=1;j<=n;j++)
             scanf("%lf",&a[i][j]);
     }
     printf("\n                    행 렬                \n");
     printf("--------------------------------------\n");
     for(i=1;i<=m;++i)
     {
         for(j=1;j<=n;j++)
             printf("%10.4f",a[i][j]);
         printf("\n");
     }
     printf("----------------------------------------\n\n");
     for(i=1;i<=m;i++)
     {
                sol = 0 ;
```

20) 프로그램은 가우스 소거법을 적용하도록 만들어진 것이다. 만일 가우스-조던 소거법을 사용하려면 프로그램 중간부분의 주석문(//)을 바꿔주면 된다.

```
                    for(j=1; j<=n; j++)
                            sol = sol + a[i][j] ;
                    if( sol == 0 ) { change(a,i,n) ;        }
//  for(j=i;j<=m;j++){  // Gauss소거법
    for(j=1;j<=m;j++){  // Gauss-Jordan
         if( i==j ) { r=0 ; goto aa ; }
         r=a[j][i]/a[i][i] ;
aa:      for(k=1;k<=n;k++) {
              b[j][k] = a[j][k] - r*a[i][k];
              a[j][k] = b[j][k] ;
              }
         }
    printf("%d 단계\n",i);
    printf("-----------------------------------------\n");
         for(j=1;j<=m;j++)
         {
              for(k=1;k<=n;k++)
              {
                   element = a[j][k] ;
                   if( -1e-6< element && element<1e-6) element=0 ;
                   printf("%10.4f", element);
              }
         printf("\n");
         }
    printf("-----------------------------------------\n\n");
         }
}
```

<< 프로그램 1-3 >> 행교환 프로그램[21]

```
int main()
{
//     FILE *pt ;
//     pt = fopen("d:/mat_4.txt", "r") ;
    int i, j, k, m, n; float a[10][10], b[10][10], s ;
    printf("주어진 행렬의 행의 크기, 열의 크기를 입력하시오 : ");

    scanf("%d %d",&m, &n);
```

21) 프로그램은 file에 저장된 mat_4.txt를 읽어오는 방식을 취하였다. 만일 값을 직접 입력할 때는 8라인의 명령문을 주석(//) 처리할 수 없다, 이 때는 11라인의 입력문을 scanf()로 바꿔줘야 한다.

```
    printf("\n행렬의 성분 A(i,j)의 값을 입력하시오 : \n");
    for(i=1;i<=m;i++)
    for(j=1;j<=n;j++)
       scanf("%f",&a[i][j]);
aa: printf("\n                원 행 렬                \n");
    printf("----------------------------------------\n");
    for(i=1;i<=m;++i)
    {
        for(j=1;j<=n;j++)
            printf("%10.4f",a[i][j]);
        printf("\n");
    }
    printf("----------------------------------------\n");

    for(i=1; i<=n; i++)
    for(k=1; k<=n; k++)
    {
         s = 0 ;
         for(j=i;j<=m;j++)
             s = s + a[j][k] ;
         a[i][k] = s ;
    }
    printf("\n               교 환 행 렬               \n") ;
    printf("----------------------------------------\n");
    for(i=1;i<=m;i++)
    {
        for(j=1;j<=n;j++)
             printf("%10.4f", a[i][j]);
         printf("\n") ;
    }
    printf("----------------------------------------\n");
    if( a[1][1] == 0 ) goto aa ;
}
```

다음 그림은 첫 번째 교환행렬을 만들었지만 a_{11} 성분의 값이 0이므로 한번 더 교환행렬을 만든 예제이다.

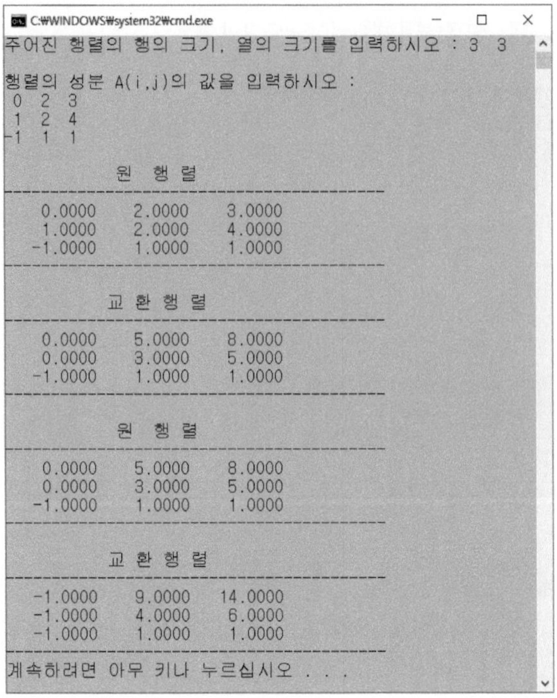

```
C:\WINDOWS\system32\cmd.exe
주어진 행렬의 행의 크기, 열의 크기를 입력하시오 : 3 3

행렬의 성분 A(i,j)의 값을 입력하시오 :
 0  2  3
 1  2  4
-1  1  1

           원 행 렬
------------------------------------------------
    0.0000     2.0000     3.0000
    1.0000     2.0000     4.0000
   -1.0000     1.0000     1.0000
------------------------------------------------

          교 환 행 렬
------------------------------------------------
    0.0000     5.0000     8.0000
    0.0000     3.0000     5.0000
   -1.0000     1.0000     1.0000
------------------------------------------------

           원 행 렬
------------------------------------------------
    0.0000     5.0000     8.0000
    0.0000     3.0000     5.0000
   -1.0000     1.0000     1.0000
------------------------------------------------

          교 환 행 렬
------------------------------------------------
   -1.0000     9.0000    14.0000
   -1.0000     4.0000     6.0000
   -1.0000     1.0000     1.0000
------------------------------------------------
계속하려면 아무 키나 누르십시오 . . .
```

제2장 행렬과 행렬식

제1장에서는 행렬을 사용하여 션형연립방정식의 해를 구하는 방법에 대하여 다루었다. 이 외에도 행렬은 다양한 부분에서 사용되고 있다.

2.1 행렬의 응용분야

2.1.1 쾨니히스베르크의 다리 문제

그림 2-1 2020년 11월의 쾨니히스베르크의 지도

쾨니히스베르크에는 프레겔 강이 흐르고 있고, 이 강에는 두 개의 큰 섬이 있다. 그리고 이 섬들과 도시의 나머지 부분을 연결하는 7개의 다리가 있다.

이때 7개의 다리들을 한 번만 건너면서 처음 시작한 위치로 돌아오는 길이 있는가 하는 것이 문제이다. (나무위키 중에서)

이러한 쾨니히스베르크의 다리 문제를 행렬로 만드는 과정을 살펴보자. 지도의 구역을 A,B,C,D로 구분하여 그림을 재구성하면 다음과 같다.

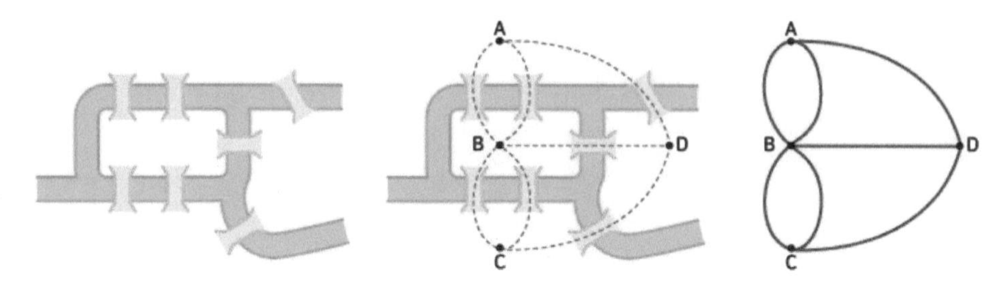

그림 2-2 LG Science Land 중에서 발췌

위의 그림 2-2에서, 오른쪽 그림은 가운데 그림을 선으로 연결한 것이다. 이제 선으로 직접 연결되면 1, 연결되지 않으면 0으로 표시한다고 할 때, 다음과 같은 행렬이 만들어진다.

$$\begin{array}{c} \\ A \\ B \\ C \\ D \end{array} \begin{array}{c} \begin{matrix} A & B & C & D \end{matrix} \\ \begin{bmatrix} 0 & 1 & 0 & 1 \\ 1 & 0 & 1 & 1 \\ 0 & 1 & 0 & 1 \\ 1 & 1 & 1 & 0 \end{bmatrix} \end{array}$$

2.1.2 상관계수

두 개의 특성치에 대한 자료에 존재하는 상호관계를 수치로 표시한 것을 상관계수(Correlation Coefficient)라고 한다. 두 개의 변량 $X=(x_1,x_2,\dots,x_n)$과 $Y=(y_1,y_2,\dots,y_n)$의 상관계수 r을 다음과 같이 정의한다.

$$r=\frac{\frac{1}{n}\sum(x_i-\overline{X})(y_i-\overline{Y})}{\sqrt{\frac{1}{n}\sum(x_i-\overline{X})^2}\sqrt{\frac{1}{n}\sum(y_i-\overline{Y})^2}}$$

상관계수를 구하는 수식은 복잡해 보이지만 변량의 값을 $(\overline{X}, \overline{Y})$만큼 평행이동하면[1)]

$$r = \frac{\sum_{i=1}^{n} x_i y_i}{\sqrt{\sum_{i=1}^{n} x_i^2}\ \sqrt{\sum_{i=1}^{n} y_i^2}}$$

라는 식으로 변형된다. 따라서 행렬의 곱을 사용하여 상관계수의 값을 구하는 것이 가능하다. 행렬의 곱은 2.4절에서 다룰 예정이다.

【예제 2-1】 다음 자료에서 키와 몸무게 간의 산점도와 상관계수를 구하여라.

Class 데이터[2)] (키 : inch, 몸무게 : pound)

이름	키	몸무게	나이	이름	키	몸무게	나이
Alfred	69.0	112.5	14	Joyce	51.3	50.5	11
Alice	56.5	84.0	13	Judy	64.3	90.0	14
Barbara	65.3	98.0	13	Louise	56.3	77.0	12
Carol	62.8	102.5	14	Mary	66.5	112.0	15
Henry	63.5	102.5	14	Philip	72.0	150.0	16
James	57.3	83.0	12	Robert	64.8	128.0	12
Jane	59.8	84.5	12	Ronald	67.0	133.0	15
Janet	62.5	112.5	15	Thomas	57.5	85.0	11
Jeffrey	62.5	84.0	13	William	66.5	112.0	15
John	59.0	99.5	12				

◖ 풀이 ◗ 키를 변량 X, 몸무게를 변량 Y에 저장한 후, R 프로그램을 사용하여 산점도(scatter diagram)를 그려보면 다음과 같다.[3)] 행렬을 이용하여 상관

1) $\overline{X}$는 변량 X의 평균을 나타낸 것이다. 자료를 평행이동 하였으므로 산점도의 모양은 변하지 않는다.
2) 통계패키지인 SAS에서 제공하고 있는 자료이다.
3) R 프로그램에서는 상관계수를 구하는 명령어로 cor( )을 사용한다.

계수를 구하는 것은 2.4절에서 다루기로 한다.

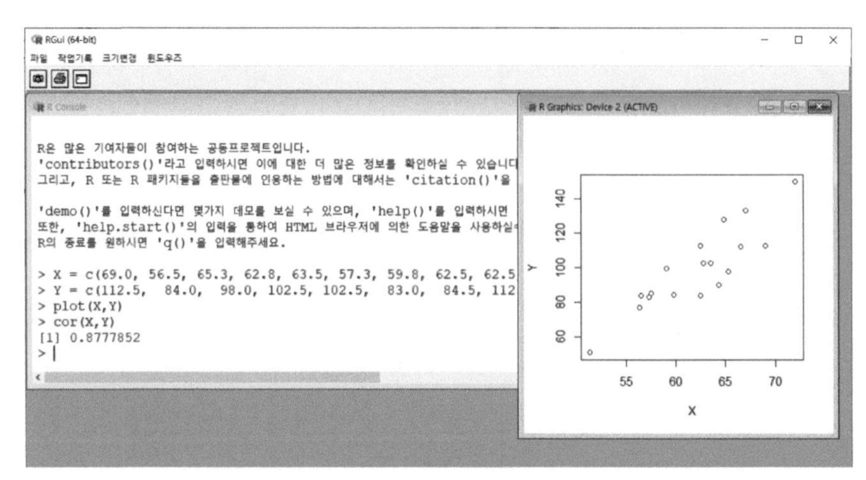

그림 2-3 키와 몸무게 사이의 산포도

2.1.3 컴퓨터 그래픽스

xy 평면 또는 3차원 공간에서 물체의 위치를 변경할 때는 행렬이 사용되며 이에 관한 자세한 내용은 제8장에서 다루기로 한다.

2차원의 좌표 $P(x,y)$가 새로운 좌표 $Q(x',y')$로 이동할 때 사용되는 행렬은 다음과 같다.

$$\begin{bmatrix} x' \\ y' \end{bmatrix} = \begin{bmatrix} \cos\theta & -\sin\theta \\ \sin\theta & \cos\theta \end{bmatrix}^{-1} \begin{bmatrix} x \\ y \end{bmatrix}$$

3차원 공간에서 물체의 이동과 회전을 할 때에도 행렬이 사용된다. 참고로 $P(x,y,z)$를 (dx,dy,dz)만큼 이동하여 $Q(x',y',z')$를 만드는 행렬은 다음과 같다.

$$\begin{bmatrix} x' \\ y' \\ z' \\ 1 \end{bmatrix} = \begin{bmatrix} 1 & 0 & 0 & dx \\ 0 & 1 & 0 & dy \\ 0 & 0 & 1 & dz \\ 0 & 0 & 0 & 1 \end{bmatrix} \begin{bmatrix} x \\ y \\ z \\ 1 \end{bmatrix}$$

2.1.4 그 외의 응용분야

그 외에도 선형대수학은 다양한 분야에서 응용되고 있으며, 이를 대략적으로 나열하면 경제학, 경영학, 통계학, 사회과학, 수학, 물리학, 화학, 지구과학, 천문학, 통신 네트워크, 암호학, 인공지능, 항공우주산업 등에서 사용되고 있다. 사실상 모든 학문 분야를 망라하고 있으며, 해를 구하는 방법으로는 행렬과 벡터가 사용된다.

2.2 행렬

행렬(matrix)은 선형대수학에서는 매우 중요한 부분이므로, 여기서는 이론적인 부분에 관한 설명과 R 프로그램을 사용하여 문제를 해결하는 것을 다루기로 한다.

1.2절에서 언급한 것처럼 여러 개의 숫자, 변수, 함수 등을 직사각형 모양으로 배열하고 괄호로 묶은 것을 행렬이라 한다. 행렬에서 가로줄을 행(row), 세로줄을 열(column)이라 한다. 예를 들면[4]

$$\text{a) } \begin{bmatrix} 3 & -2 & 0 \\ 7 & 5 & 1 \end{bmatrix} \qquad \text{b) } \begin{bmatrix} a \\ b \\ c \end{bmatrix} \qquad \text{c) } \begin{bmatrix} \sin(x) & \cos(x) \\ -\cos(x) & \sin(x) \end{bmatrix}$$

등은 행렬이다. 이제 다음과 같은 행렬 A를 고려해보자.

$$A = \begin{bmatrix} a_{11} & a_{12} & \cdots & a_{1n} \\ a_{21} & a_{22} & \cdots & a_{2n} \\ \vdots & \vdots & & \vdots \\ a_{m1} & a_{m2} & \cdots & a_{mn} \end{bmatrix}$$

흔히 행렬은 알파벳의 대문자로 표시하며 행렬의 성분(elements)는 소문자를 사용한다. 앞으로는 행렬 A의 제i행 , 제j열의 성분을 a_{ij}로 나타내기로 한다.

---

4) a)는 $\begin{pmatrix} 3 & -2 & 0 \\ 7 & 5 & 1 \end{pmatrix}$로 표현하기도 한다.

행의 성분으로 만들어진 것을 행벡터(row vectors) , 열의 성분으로 만들어진 것을 열벡터(column vectors)라고 부르기도 한다.5)

행렬 A의 i행벡터 R_i는

$$R_i = (a_{i1}, a_{i2}, \dots, a_{in})$$

이고 j열벡터 C_j는 다음과 같다.

$$C_j = \begin{bmatrix} a_{1j} \\ a_{2j} \\ \vdots \\ a_{mj} \end{bmatrix}$$

행렬 A의 성분 $a_{ii}\,(i=1,2,\dots)$를 주대각성분(diagonal element)이라고 한다. 이제부터는 행렬에서 많이 나타나는 정의를 몇가지 하도록 한다.

【예제 2-2】 다음 행렬의 2행벡터, 3열벡터 및 주대각성분을 구하여라.

$$\begin{bmatrix} 7 & -1 & 4 \\ 5 & 0 & 6 \\ 1 & 2 & 3 \end{bmatrix}$$

◀ 풀이 ▶ $R_2 = [5, 0, 6]$

$$C_3 = \begin{bmatrix} 4 \\ 6 \\ 3 \end{bmatrix}$$

이고, 주대각성분은 $(7, 0, 3)$ 이다.

5) i행벡터는 R_i, j열벡터는 C_j로 나타내기로 한다.

【정의 2-1】 $m \times n$개의 실수 $a_{ij}(i=1,2,...,n\,;\,j=1,2,...,m)$를 다음과 같이 배열한 것을 $(m \times n)$ 행렬이라 한다.

$$A = \begin{bmatrix} a_{11} & a_{12} \cdots & a_{1n} \\ a_{21} & a_{22} \cdots & a_{2n} \\ \vdots & \vdots & \vdots \\ a_{m1} & a_{m2} \cdots & a_{mn} \end{bmatrix}$$

다음 각각의 행렬에서 a)는 (2×3)행렬이고 b)는 (3×1)행렬이며 c)는 (2×2)행렬이다.

$$\text{a)} \begin{bmatrix} 3 & -2 & 0 \\ 7 & 5 & 1 \end{bmatrix} \quad \text{b)} \begin{bmatrix} a \\ b \\ c \end{bmatrix} \quad \text{c)} \begin{bmatrix} \sin(x) & \cos(x) \\ -\cos(x) & \sin(x) \end{bmatrix}$$

앞의 행렬 a)를 R 프로그램을 사용하여 행렬로 처리하고, 결과를 출력한 것은 다음과 같다.[6)]

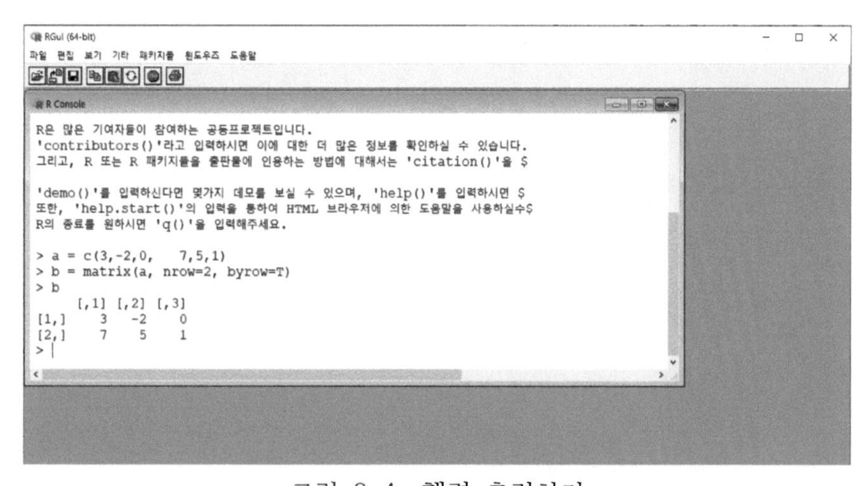

그림 2-4 행렬 출력하기

6) 프로그램에서 c( )는 자료를 직접 입력하는 방식이다. 행렬의 이름은 b로 하였고, nrow는 행의 개수를 지정하는 것이고, 자료를 열(column)로 읽어오기 때문에 byrow 명령어를 사용하였다.

【정의 2-2】 행과 열의 크기가 같은 행렬을 정방행렬(square matrix)이라 한다.

행렬의 연산에서 종종 등장하는 성분으로는 주대각성분을 꼽을 수 있다. 주대각성분은 행렬의 왼쪽 상단에서 오른쪽 하단으로 연결되는 성분을 의미한다. 다음의 행렬에서 박스로 표시된 a, e, i 가 주대각성분이다.

$$\begin{pmatrix} \boxed{a} & b & c \\ d & \boxed{e} & f \\ g & h & \boxed{i} \end{pmatrix}$$

【정의 2-3】 주대각성분을 제외한 나머지 성분이 모두 영(0)인 정방행렬을 대각행렬(diagonal matrix)이라 한다.

만일 정방행렬이 아니면 대각행렬은 만들어지지 않는다. 다음과 같은 행렬은 대각행렬이다.

$$\text{(a)} \begin{bmatrix} 3 & 0 \\ 0 & 2 \end{bmatrix} \qquad \text{(b)} \begin{bmatrix} 2 & 0 & 0 \\ 0 & 1 & 0 \\ 0 & 0 & 6 \end{bmatrix} \qquad \text{(c)} \begin{bmatrix} 1 & 0 & 0 & 0 \\ 0 & 1 & 0 & 0 \\ 0 & 0 & 1 & 0 \\ 0 & 0 & 0 & 1 \end{bmatrix}$$

【정의 2-4】 주대각선(principal diagonal)의 성분은 1 이고, 다른 성분이 모두 0 인 행렬을 단위행렬(unit matrix 또는 identity matrix)이라 하고 표기는 I로 한다.[7]

7) 행렬의 크기가 (4×4)인 단위행렬은 I_4 로 나타내기도 한다.

【정의 2-5】 행렬 A의 제i행을 제i열로 바꾸어 놓은 행렬을 전치행렬(transpose matrix)이라 한다. A의 전치행렬은 A^T 또는 A'로 표기한다.

【예제 2-3】 다음 행렬의 전치행렬을 구하는 R 프로그램을 작성하여라.

$$B = \begin{bmatrix} 1 & 2 \\ 3 & 4 \\ 5 & 6 \end{bmatrix}$$

◖ 풀이 ◗ 전치행렬을 구하는 프로그램은 다음과 같으며, 원행렬 B와 전치행렬 B^T를 출력한 것을 확인할 수 있다.

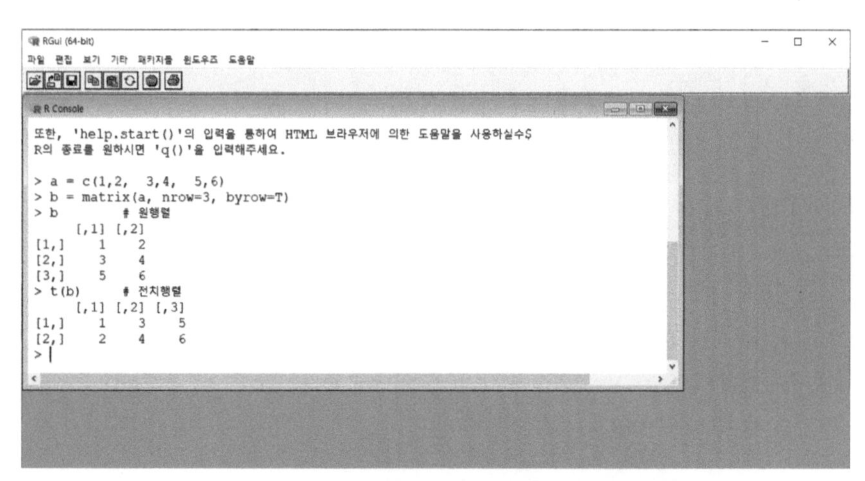

그림 2-5 원행렬과 전치행렬 출력하기

【정의 2-6】 원행렬 A에 대해, $A = A^T$인 행렬을 대칭행렬(symmetric matrix)이라 하고, $A = -A^T$이면 교대행렬(skew-symmetric matrix)이라 한다.

2.3 행렬의 합

크기가 $(m \times n)$인 행렬 A는 $A = [a_{ij}]_{m \times n}$으로 나타낼 수 있다. 크기가 같은 행렬 $A = [a_{ij}]_{m \times n}$, $B = [b_{ij}]_{m \times n}$, $C = [c_{ij}]_{m \times n}$에 대하여 행렬 A와 B의 합 C는 $A + B = C$ 로 쓰고, 행렬의 성분은 다음과 같은 관계가 성립한다.

$$a_{ij} + b_{ij} = c_{ij}$$

【예제 2-4】 행렬 X, Y, Z에 대하여 $X + Y$, $X + Z$ 계산을 하여라.

$$X = \begin{bmatrix} 1 & 2 \\ 3 & 4 \end{bmatrix}, \quad Y = \begin{bmatrix} 2 & 4 \\ 5 & 1 \end{bmatrix}, \quad Z = \begin{bmatrix} 3 & 5 & 9 \\ 5 & 6 & 5 \end{bmatrix}$$

◖ 풀이 ◗ $X + Y = \begin{bmatrix} 1+2 & 2+4 \\ 3+5 & 4+1 \end{bmatrix} = \begin{bmatrix} 3 & 6 \\ 8 & 5 \end{bmatrix}$ 가 된다. 하지만 $X + Z$의 계산은 할 수 없다.

주어진 행렬 $A = \begin{bmatrix} a & b \\ c & d \end{bmatrix}$ 라고 하면 전치행렬은 $A^T = \begin{bmatrix} a & c \\ b & d \end{bmatrix}$ 가 된다. 이제 두 개의 행렬의 합과 차를 계산해보면

$$A + A^T = \begin{bmatrix} 2a & b+c \\ b+c & 2d \end{bmatrix} \qquad A - A^T = \begin{bmatrix} 0 & b-c \\ c-b & 0 \end{bmatrix}$$

가 된다. $A + A^T$는 대칭행렬이고, $A - A^T$는 교대행렬임을 알 수 있다.

【예제 2-5】 다음 행렬을 대칭행렬과 교대행렬의 합으로 나타내어라.

$$A = \begin{bmatrix} 7 & -1 & 4 \\ 5 & 0 & 6 \\ 1 & 2 & 3 \end{bmatrix}$$

◖ 풀이 ◗ A의 전치행렬을 구하면

$$A^T = \begin{bmatrix} 7 & 5 & 1 \\ -1 & 0 & 2 \\ 4 & 6 & 3 \end{bmatrix}$$

이므로 $A + A^T$와 $A - A^T$ 계산을 해보면

$$A + A^T = \begin{bmatrix} 14 & 4 & 5 \\ 4 & 0 & 8 \\ 5 & 8 & 6 \end{bmatrix} \qquad A - A^T = \begin{bmatrix} 0 & -6 & 3 \\ 6 & 0 & 4 \\ -3 & -4 & 0 \end{bmatrix}$$

이다. 따라서

$$A = \frac{1}{2}\{(A + A^T) + (A - A^T)\} = \frac{1}{2}\left\{\begin{bmatrix} 14 & 4 & 5 \\ 4 & 0 & 8 \\ 5 & 8 & 6 \end{bmatrix} + \begin{bmatrix} 0 & -6 & 3 \\ 6 & 0 & 4 \\ -3 & -4 & 0 \end{bmatrix}\right\}$$

【정리 2-1】 같은 크기의 행렬 A, B, C 와 임의의 실수 α, β 에 대하여 다음이 성립한다.

1) $A + B = B + A$
2) $(A + B) + C = A + (B + C)$
3) $\alpha(A + B) = \alpha A + \alpha B$
4) $(\alpha + \beta)A = \alpha A + \beta A$

증명. 3) $\alpha(A + B)$의 (i, j)원소 $= \alpha[a_{ij} + b_{ij}]$

$= \alpha a_{ij} + \alpha b_{ij}$

$= \alpha \times A$의 (i, j)원소 $+ \alpha \times B$의 (i, j)원소

행렬 A에 대하여 $A + A = [a_{ij}]_{m \times n} + [a_{ij}]_{m \times n} = 2[a_{ij}]_{m \times n} = 2A$이므로 다음과 같은 스칼라 곱에 대한 정의가 가능하다.

【정의 2-7】 행렬 A와 어떤 수 r에 대해 스칼라 곱(scalar product) rA는 행렬의 각 성분에 r을 곱하여 얻는다.

【예제 2-6】 행렬 A가 다음과 같을 때, $3A$, $(-1)A$ 를 구하여라.

$$A=\begin{bmatrix} 1 & 2 & 4 \\ 2 & 6 & 0 \\ -3 & 3 & 7 \end{bmatrix}$$

◖ 풀이 ◗ $3A=\begin{bmatrix} 3 & 6 & 12 \\ 6 & 18 & 0 \\ -9 & 9 & 21 \end{bmatrix}$, $(-1)A=\begin{bmatrix} -1 & -2 & -4 \\ -2 & -6 & 0 \\ 3 & -3 & -7 \end{bmatrix}$

2.4 행렬의 곱

A는 $[a_{ik}]_{m\times r}$행렬이고 B는 $[b_{kj}]_{r\times n}$행렬이라고 할 때, 두 행렬의 곱은 $C=AB$ 로 표시하고 행렬 C의 성분인 c_{ij}는 다음과 같이 계산한다.

$$c_{ij}=\sum_{k=1}^{r}(a_{ik}\times b_{kj})$$

계산식이 복잡해 보이지만 A의 행벡터 성분과 B의 열벡터 성분을 곱하고, 그 합을 구하는 것이다. 예를 들어

$$A=\begin{bmatrix} 2 & 7 \\ 3 & 5 \end{bmatrix} \quad B=\begin{bmatrix} 1 & 4 \\ 8 & 6 \end{bmatrix}$$

라고 하면, C의 1행2열의 성분 c_{12}는 A의 1행 $[2 \quad 7]$과 B의 2열 $\begin{bmatrix} 4 \\ 6 \end{bmatrix}$의 성분끼리 곱하여 합을 구하면 된다. 즉, $c_{12}=2\times4+7\times6=50$ 이다.

【예제 2-7】 다음 행렬 A , B의 곱 C를 구하여라.

$$A=\begin{bmatrix} 1 & 2 & 4 \\ 2 & 6 & 0 \end{bmatrix} \qquad B=\begin{bmatrix} 4 & 1 & 4 & 3 \\ 0 & -1 & 3 & 1 \\ 2 & 7 & 5 & 2 \end{bmatrix}$$

◖ 풀이 ◗ C의 성분을 계산하면

$$\begin{aligned}
c_{11} &= a_{11}b_{11}+a_{12}b_{21}+a_{13}b_{31}=4+0+8=12 \\
c_{12} &= a_{11}b_{12}+a_{12}b_{22}+a_{13}b_{32}=27 \\
c_{13} &= a_{11}b_{13}+a_{12}b_{23}+a_{13}b_{33}=30 \\
c_{14} &= a_{11}b_{14}+a_{12}b_{24}+a_{13}b_{34}=13 \\
c_{21} &= a_{21}b_{11}+a_{22}b_{21}+a_{23}b_{31}=8 \\
c_{22} &= a_{21}b_{12}+a_{22}b_{22}+a_{23}b_{32}=-4 \\
c_{23} &= a_{21}b_{13}+a_{22}b_{23}+a_{23}b_{33}=26 \\
c_{24} &= a_{21}b_{14}+a_{22}b_{24}+a_{23}b_{34}=6+6+0=12
\end{aligned}$$

가 된다. 즉, $C=AB=\begin{bmatrix} 12 & 27 & 30 & 13 \\ 8 & -4 & 26 & 12 \end{bmatrix}$

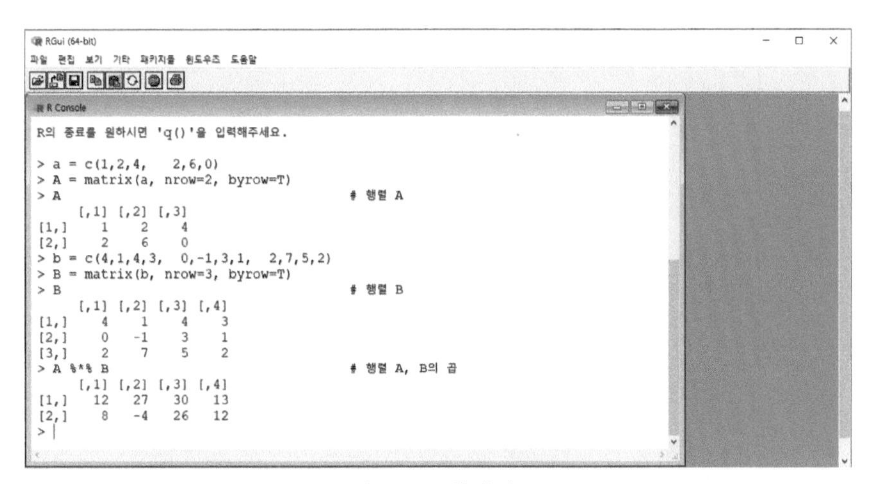

그림 2-6 행렬의 곱

행렬의 곱셈에서 주목할 점은 행렬 A, B의 곱에서 내항 r은 생략되고 외항의 크기만으로 행렬 C의 크기가 결정된다는 것이다. 즉

$$C = A_{m \times r} B_{r \times n} = AB_{m \times n}$$

【예제 2-8】 다음의 행렬 A, B, C에 대하여 행렬의 곱셈 AB, CA, ABC^T는 가능한 가를 판단하고, 곱셈 결과인 행렬의 크기를 구하여라.

$$A = \begin{bmatrix} 2 & 0 & 0 \\ 0 & 1 & 0 \\ 0 & 0 & 6 \end{bmatrix} \quad B = \begin{bmatrix} 2 & 0 & -1 & 2 \\ 0 & 0 & 3 & 2 \\ 1 & 3 & 3 & 5 \end{bmatrix} \quad C = \begin{bmatrix} 3 & 7 & -1 & 1 \\ 0 & 2 & 5 & -2 \\ 5 & 3 & 8 & 6 \\ 1 & 8 & 0 & 5 \\ 2 & 4 & 4 & -1 \end{bmatrix}$$

◀ 풀이 ▶ A는 (3×3)행렬, B는 (3×4)행렬, C는 (5×4)행렬이므로

곱셈	연산	행렬의 크기
AB	가능	(3×4)
CA	불가능	
ABC^T	가능	(3×5)

참고로, AB의 계산을 << 프로그램 2-1 >>을 사용하여 계산한 결과는 다음과 같으며 (3×4)행렬인 것을 확인할 수 있다.

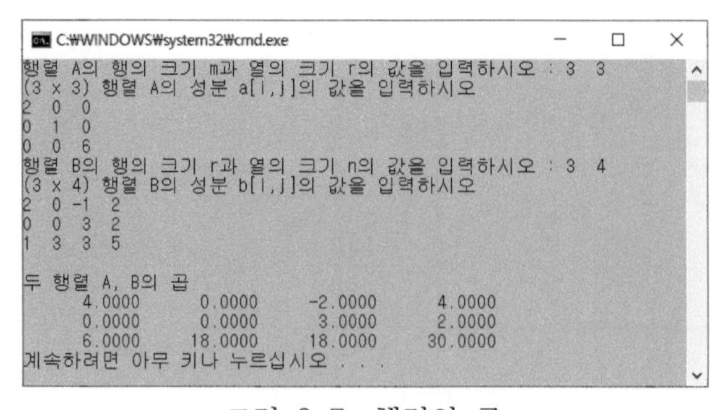

그림 2-7 행렬의 곱

【정리 2-2】 두 개의 행렬이 곱셈 가능한 크기라 하더라도 일반적으로 $AB \neq BA$ 이다.

증명. A는 $(m \times r)$행렬이고 B는 $(r \times m)$행렬이라고 하면 AB는 크기가 $(m \times m)$인 행렬이고, BA는 크기가 $(r \times r)$인 행렬이다. 곱셈의 위치를 바꾸었더니 크기가 다른 행렬이 만들어지는 것을 알 수 있다. 따라서 $AB \neq BA$ 임을 알 수 있다.

$$AB\text{의 } (i,j)\text{성분} = \sum_{k=1}^{m}(a_{ik} \times b_{kj}) \neq \sum_{k=1}^{r}(b_{ik} \times a_{kj}) = BA\text{의 } (i,j)\text{성분}$$

【예제 2-9】 다음 행렬의 곱 AB, BA를 구하여라.

$$A = \begin{bmatrix} 4 & 3 \\ 2 & 1 \end{bmatrix} \qquad B = \begin{bmatrix} 1 & 0 \\ 2 & 3 \end{bmatrix}$$

◖ 풀이 ◗ $AB = \begin{bmatrix} 10 & 9 \\ 4 & 3 \end{bmatrix}$ 이고, $BA = \begin{bmatrix} 4 & 3 \\ 14 & 9 \end{bmatrix}$ 이므로 $AB \neq BA$ 임을 알 수 있다.

【정리 2-3】 A는 $(n \times n)$ 정방행렬이고 I_n은 n차 정방행렬이라고 할 때,
$I_n A = A I_n = A$

【예제 2-10】 다음의 (4×4)행렬 A와 I_4의 곱을 구하여라.

$$A = \begin{bmatrix} 4 & 4 & 0 & 3 \\ 1 & 0 & -1 & 2 \\ 1 & 0 & -3 & 4 \\ 6 & 1 & 7 & 5 \end{bmatrix}$$

◖ 풀이 ◗ 행렬 A 와 단위행렬과의 곱셈을 하는 R 프로그램은 다음과 같으며, 행렬 자기 자신이 되는 것을 확인할 수 있다. 특히 $IA = AI = A$ 의 관계식이 성립한다.

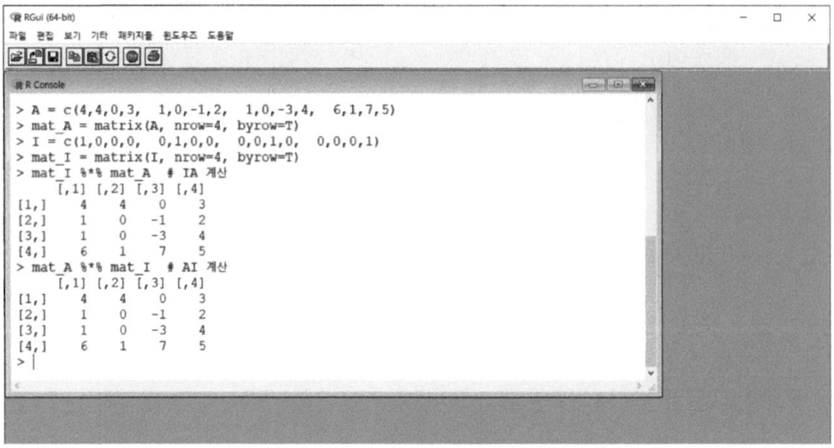
RGui (64-bit)
파일 편집 보기 기타 패키지들 윈도우즈 도움말
R Console
> A = c(4,4,0,3, 1,0,-1,2, 1,0,-3,4, 6,1,7,5)
> mat_A = matrix(A, nrow=4, byrow=T)
> I = c(1,0,0,0, 0,1,0,0, 0,0,1,0, 0,0,0,1)
> mat_I = matrix(I, nrow=4, byrow=T)
> mat_I %*% mat_A # IA 계산
     [,1] [,2] [,3] [,4]
[1,]   4   4   0   3
[2,]   1   0   -1   2
[3,]   1   0   -3   4
[4,]   6   1   7   5
> mat_A %*% mat_I # AI 계산
     [,1] [,2] [,3] [,4]
[1,]   4   4   0   3
[2,]   1   0   -1   2
[3,]   1   0   -3   4
[4,]   6   1   7   5
>

그림 2-8 단위행렬과의 곱셈

【정리 2-4】 행렬의 크기가 다음 수식의 계산이 가능한 크기라고 가정하면 다음과 같은 행렬의 곱이 성립한다.

1) $A(B+C) = AB + AC$
2) $A(BC) = (AB)C$
3) $\alpha(B+C) = \alpha B + \alpha C$

증명. 1) 번만 증명하기로 한다.

$$
\begin{aligned}
A(B+C)\text{의 } (i,j)\text{성분} &= \sum_{k=1}^{r} a_{ik}(b_{kj}+c_{kj}) \\
&= \sum_{k=1}^{r} a_{ik}b_{kj} + \sum_{k=1}^{r} a_{ik}c_{kj} \\
&= AB\text{의 } (i,j)\text{성분} + AC\text{의 } (i,j)\text{성분}
\end{aligned}
$$

【예제 2-11】 다음의 행렬 A, B, C에 대하여 $A(BC)$, $(AB)C$를 계산하라.

$$A=\begin{bmatrix}2 & 7\\5 & 0\\3 & 1\end{bmatrix} \quad B=\begin{bmatrix}1 & 5\\6 & 3\end{bmatrix} \quad C=\begin{bmatrix}1 & 0\\3 & 2\end{bmatrix}$$

◖ 풀이 ◗ $BC=\begin{bmatrix}16 & 10\\15 & 6\end{bmatrix}$ 이므로 $A(BC)=\begin{bmatrix}2 & 7\\5 & 0\\3 & 1\end{bmatrix}\begin{bmatrix}16 & 10\\15 & 6\end{bmatrix}=\begin{bmatrix}137 & 62\\80 & 50\\63 & 36\end{bmatrix}$

$AB=\begin{bmatrix}44 & 31\\5 & 25\\9 & 18\end{bmatrix}$ 이므로 $(AB)C=\begin{bmatrix}44 & 31\\5 & 25\\9 & 18\end{bmatrix}\begin{bmatrix}1 & 0\\3 & 2\end{bmatrix}=\begin{bmatrix}137 & 62\\80 & 50\\63 & 36\end{bmatrix}$

따라서 $A(BC)=(AB)C$ 가 성립함을 알 수 있다.

【정리 2-5】 세 개의 행렬 A,B,C에 대하여 $AB=AC$라 하더라도 $B\neq C$이다.

【예제 2-12】 세 개의 행렬 A, B, C가 각각 다음과 같을 때 AB와 AC를 계산하라.

$$A=\begin{bmatrix}2 & 3\\4 & 6\end{bmatrix} \quad B=\begin{bmatrix}4 & 3\\2 & 1\end{bmatrix} \quad C=\begin{bmatrix}1 & 3\\4 & 1\end{bmatrix}$$

◖ 풀이 ◗ AB와 AC를 계산하면

$$AB=\begin{bmatrix}14 & 9\\28 & 18\end{bmatrix} \quad AC=\begin{bmatrix}14 & 9\\28 & 18\end{bmatrix}$$

가 되어 $AB=AC$ 인 것을 알 수 있다. 하지만 문제에서 보듯이 행렬 B, C는 다른 행렬이다.

행렬의 곱은 같지만 $B \neq C$인 이유는 A의 행렬식[8]이 영(0)이기 때문이다. 수학적으로는 $0 \times 3 = 0 \times 7 = 0$이지만 두 수는 같지 않은 것과 같은 개념이다.

【정리 2-6】 다음의 행렬 A, B는 계산이 가능한 크기의 행렬이라고 할 때, A, B와 임의의 실수 α에 대해 다음이 성립한다.

1) $(A^T)^T = A$
2) $(A+B)^T = A^T + B^T$
3) $(\alpha A)^T = \alpha A^T$
4) $(AB)^T = B^T A^T$

증명. 편의상 4) 번만 증명하도록 한다.

$$
\begin{aligned}
(AB)^T\text{의 } (i,j)\text{성분} &= AB\text{의 } (j,i)\text{성분} \\
&= \sum_{k=1}^{r} a_{jk} b_{ki} \\
&= \sum_{k=1}^{r} b_{ki} a_{jk} \\
&= \sum_{k=1}^{r} \{B\text{의 } (k,i)\text{성분}\} \ \{A\text{의 } (j,k)\text{성분}\} \\
&= \sum_{k=1}^{r} \{B^T\text{의 } (i,k)\text{성분}\} \ \{A^T\text{의 } (k,j)\text{성분}\} \\
&= B^T A^T\text{의 } (i,j)\text{성분}
\end{aligned}
$$

【예제 2-13】 두 개의 행렬 A, B에 대하여 $(A+B)^T$, $(AB)^T$ 계산을 하여라.

$$
A = \begin{bmatrix} 1 & 0 \\ 2 & 3 \end{bmatrix} \quad B = \begin{bmatrix} 0 & -1 \\ 1 & 3 \end{bmatrix}
$$

◖ 풀이 ◗ $A^T = \begin{bmatrix} 1 & 2 \\ 0 & 3 \end{bmatrix}$, $B^T = \begin{bmatrix} 0 & 1 \\ -1 & 3 \end{bmatrix}$

8) 행렬식에 관한 사항은 제3장에서 자세히 다루고 있다.

$$A+B=\begin{bmatrix}1 & -1\\3 & 6\end{bmatrix},\ AB=\begin{bmatrix}0 & -1\\3 & 7\end{bmatrix}$$

이므로

$$(A+B)^T=\begin{bmatrix}1 & 3\\-1 & 6\end{bmatrix}=A^T+B^T$$

$$(AB)^T=\begin{bmatrix}0 & 3\\-1 & 7\end{bmatrix}=\begin{bmatrix}0 & 1\\-1 & 3\end{bmatrix}\begin{bmatrix}1 & 2\\0 & 3\end{bmatrix}=B^TA^T$$

2.5 행렬의 벡터 표현법

행렬은 벡터와 밀접한 연관이 있다. 다음과 같은 $(m\times n)$행렬 A를

$$A=\begin{bmatrix}a_{11} & a_{12} & \cdots & a_{1n}\\a_{21} & a_{22} & \cdots & a_{2n}\\\vdots & \vdots & & \vdots\\a_{m1} & a_{m2} & \cdots & a_{mn}\end{bmatrix}$$

로 나타내는 대신에 $A=[\mathbf{A}_1,\ \mathbf{A}_2,\ \ldots,\ \mathbf{A}_n]$으로 표시하기도 한다. 여기서

$$\mathbf{A}_j=\begin{bmatrix}a_{1j}\\a_{2j}\\\vdots\\a_{mj}\end{bmatrix}$$

이며 j열벡터라고 부른다.[9] 예를 들어

$$A=\begin{bmatrix}2 & 1 & 3 & 6\\2 & 0 & 1 & 4\\1 & 3 & 1 & 2\end{bmatrix}$$

9) 앞으로는 벡터를 굵은 글자로 나타내기로 한다.

는 다음과 같이 벡터로 표현할 수 있다.

$$A = [\mathbf{A}_1,\ \mathbf{A}_2,\ \mathbf{A}_3,\ \mathbf{A}_4]$$

여기서

$$\mathbf{A}_1 = \begin{bmatrix} 2 \\ 2 \\ 1 \end{bmatrix},\ \mathbf{A}_2 = \begin{bmatrix} 1 \\ 0 \\ 3 \end{bmatrix},\ \mathbf{A}_3 = \begin{bmatrix} 3 \\ 1 \\ 1 \end{bmatrix},\ \mathbf{A}_4 = \begin{bmatrix} 6 \\ 4 \\ 2 \end{bmatrix}$$

이다.

【정리 2-7】 $(m \times n)$행렬 A가 $A = [\mathbf{A}_1,\ \mathbf{A}_2,\ \ldots,\ \mathbf{A}_n]$ 일 때, n차원 벡터 $\mathbf{x}$가

$$\mathbf{x} = \begin{bmatrix} x_1 \\ x_2 \\ \vdots \\ x_n \end{bmatrix}$$

이면 $A\mathbf{x} = x_1\mathbf{A}_1 + x_2\mathbf{A}_2 + \cdots + x_n\mathbf{A}_n$의 관계가 성립한다. 여기서 $\mathbf{A}_i$는 행렬 A의 $i(=1,2,\ldots n)$열벡터이다.

증명. A는 행벡터의 모양을 취하고 있고, $\mathbf{x}$는 열벡터의 모양을 취하고 있으므로 행렬의 곱셈 $A\mathbf{x}$ 의 연산이 가능하다.

【예제 2-14】 행렬 A와 $\mathbf{x}$가 다음과 같을 때, $A\mathbf{x}$를 구하여라.

$$A = \begin{bmatrix} 2 & 1 & 3 & 6 \\ 2 & 0 & 1 & 4 \\ 1 & 3 & 1 & 2 \end{bmatrix} \qquad \mathbf{x} = \begin{bmatrix} x_1 \\ x_2 \\ x_3 \\ x_4 \end{bmatrix}$$

◖ 풀이 ◗ $A\mathbf{x}$ 는

$$A\mathbf{x}=\begin{bmatrix}2&1&3&6\\2&0&1&4\\1&3&1&2\end{bmatrix}\begin{bmatrix}x_1\\x_2\\x_3\\x_4\end{bmatrix}=\begin{bmatrix}2x_1+x_2+3x_3+6x_4\\2x_1+x_3+4x_4\\x_1+3x_2+x_3+2x_4\end{bmatrix}=x_1\begin{bmatrix}2\\2\\1\end{bmatrix}+x_2\begin{bmatrix}1\\0\\3\end{bmatrix}+x_3\begin{bmatrix}3\\1\\1\end{bmatrix}+x_4\begin{bmatrix}6\\4\\2\end{bmatrix}$$

이므로 $A\mathbf{x}= x_1\mathbf{A}_1 + x_2\mathbf{A}_2 + x_3\mathbf{A}_3 + x_4\mathbf{A}_4$ 의 관계식을 얻을 수 있다.

♣ 연습문제 ♣

1. 다음 행렬 $A \sim F$ 에 대하여 각각의 계산을 하여라.

$$A=\begin{bmatrix}3 & 1\\5 & -6\\2 & 0\end{bmatrix}\qquad B=\begin{bmatrix}3 & 5 & 9\\5 & 6 & 5\end{bmatrix}\qquad C=\begin{bmatrix}8 & 5\\13 & 2\end{bmatrix}$$

$$D=\begin{bmatrix}1 & -5 & 3\\2 & 7 & 4\end{bmatrix}\qquad E=\begin{bmatrix}0 & 2 & 3\\-2 & 1 & 4\\3 & 4 & 1\end{bmatrix}\qquad F=\begin{bmatrix}2 & 3 & -1 & 5\\1 & 0 & 3 & 2\end{bmatrix}$$

1) AB 2) BA 3) C^2 4) A^TE

5) BE 6) DE 7) CF 8) F^TC

2. 다음의 행렬 A, B, C에 대해 R 프로그램으로 $A(B+C)=AB+AC$ 임을 보여라.

$$A=\begin{bmatrix}2 & 7\\5 & 0\\3 & 1\end{bmatrix}\quad B=\begin{bmatrix}1 & 5\\6 & 3\end{bmatrix}\quad C=\begin{bmatrix}1 & 0\\3 & 2\end{bmatrix}$$

3. 다음 두 개의 상삼각행렬 P, Q 의 곱을 계산하고 결과가 상삼각행렬 인가를 보여라.

$$P=\begin{bmatrix}1 & 5 & 2\\0 & 0 & 2\\0 & 0 & 7\end{bmatrix}\qquad Q=\begin{bmatrix}4 & 0 & 7\\0 & -1 & 3\\0 & 0 & 5\end{bmatrix}$$

4. 다음 행렬 A의 대칭행렬 B와 교대행렬 C를 구하여라.

$$A = \begin{bmatrix} 2 & -1 & 7 & 7 \\ 1 & 0 & 3 & 6 \\ 2 & 3 & -6 & 2 \\ 5 & -3 & 4 & 5 \end{bmatrix}$$

프로그램

<< 프로그램 2-1>> 행렬의 곱셈

```
int main( )
{
     int i, j, k, m, n, r;  float a[10][10], b[10][10], c[10][10];
     printf("행렬 A의 행의 크기 m과 열의 크기 r의 값을 입력하시오 : ");
     scanf("%d %d", &m, &r);

     printf("(%d x %d) 행렬 A의 성분 a[i,j]의 값을 입력하시오 \n", m, r);
     for (i = 1; i <= m; i++)
     for (j = 1; j <= r; j++)
          scanf("%f", &a[i-1][j-1]);

     printf("행렬 B의 행의 크기 r과 열의 크기 n의 값을 입력하시오 : ");
     scanf("%d  %d", &r, &n) ;

     printf("(%d x %d) 행렬 B의 성분 b[i,j]의 값을 입력하시오 \n", r, n);
     for (i = 1; i <= r; i++)
     for (j = 1; j <= n; j++)
          scanf("%f", &b[i-1][j-1]);

     for(i = 1; i <= m ; i++)
     for(j = 1; j <= n ; j++)
          c[i-1][j-1] = 0.0;
     for (i = 1; i <= m; i++)
     for (j = 1; j <= n; j++)
     for (k = 1; k <= r; k++)
          c[i-1][j-1] += a[i-1][k-1] * b[k-1][j-1];

     printf("\n두 행렬 A, B의 곱 \n") ;
     for (i = 1; i <= m; i++) {
     for (j = 1; j <= n; j++)
          printf("%12.4f", c[i-1][j-1]);
       printf("\n") ;
     }
}
```

제3장 행렬식 1

3.1 행렬식의 정의

일반적으로 행렬식 계산 방법은 많이 소개되어 있지만, 행렬식의 정의에 대해서는 소홀히 하고 있는 데, 이와 관련하여 여기서는 행렬식(determinant)의 정의부터 시작하여 행렬식을 구하는 기본적인 방법 등을 다루고자 한다.

【정의 3-1】 n개의 수를 임의의 순서로 빠짐없이 나열한 것을 **순열**(permutation)이라 하며, 순열의 수는 $n!$개가 존재한다.

【예제 3-1】 세 개의 수 {1, 2, 3}을 임의의 순서로 나열하는 경우의 수를 구하여라.

◀ 풀이 ▶ 순서대로 나열해 보면 (1, 2, 3), (1, 3, 2), (2, 1, 3), (2, 3, 1), (3, 1, 2), (3, 2, 1) 의 서로 다른 6개의 순열이 존재한다.

순열을 계산하는 R 프로그램은 factorial( ) 함수를 사용한다.[1] 이것은 $n! = n \times (n-1) \times \cdots \times 2 \times 1$을 계산하며, 6개의 자연수 {1, 2, 3, 4, 5, 6}을 순서대로 나열하는 방법은 6가지이고, 720개의 방법이 존재한다.

<< 프로그램 3-1 >>을 이용해도 factorial 계산을 할 수 있으며, 동일한 결과를 확인할 수 있다.

1) R 프로그램과 실행결과이다.

```
factorial(6)
[1] 720
```

【정의 3-2】 큰 수가 작은 수보다 먼저 나타나는 것을 **전도**(inversion)라 하고 전도가 발생하고 있는 합계 수를 **전도수**(number of inversions)라 한다.

【예제 3-2】 다음 순열의 전도수를 구하여라.

1) 6,1,3,5,2,4　　　　　　2) 2,3,4,1

◖ 풀이 ◗ 다음과 같이 8회(화살표의 개수)의 교환을 하여 자연수의 수열을 만들었으므로 전도수는 8이다.[2)]

1) $6,1,3,5,2,4 \rightarrow 1,6,3,5,2,4 \rightarrow 1,3,6,5,2,4 \rightarrow 1,3,5,6,2,4$

$\rightarrow 1,3,5,2,6,4 \rightarrow 1,3,5,2,4,6 \rightarrow 1,3,2,5,4,6 \rightarrow 1,3,2,4,5,6$

$\rightarrow 1,2,3,4,5,6$

2) $2,3,4,1 \rightarrow 2,3,1,4 \rightarrow 2,1,3,4 \rightarrow 1,2,3,4$　　이므로 전도수는 3이다.

수작업을 통해 숫자를 교환하는 절차를 밟아 전도수를 구하는 것은 한계가 있다. 하지만 어떠한 수를 기준으로 자신보다 작은 수가 뒤에 몇 개가 있는가를 헤아리면 전도수를 쉽게 구할 수 있다. 이를 호환(互換)이라고 부른다.

예를 들어 (6,1,3,5,2,4)의 전도수는 다음과 같이 호환으로 구할 수 있다.

6 뒤에는 6보다 작은 수가 5개 있음.
1 뒤에는 1보다 작은 수가 0개 있음.
3 뒤에는 3보다 작은 수가 1개 있음.
5 뒤에는 5보다 작은 수가 2개 있음.
2 뒤에는 2보다 작은 수가 0개 있음.
4 뒤에는 4보다 작은 수가 0개 있음.

2) 두 개의 숫자를 바꾸는 방법은 개인마다 다를 수 있다.

따라서 전도수는 이들의 총합인 (5 + 0 + 1 + 2 + 0 + 0) = 8 이다.

전도수를 구하기 위한 프로그램으로 버블소트를 사용하였으며, 다음은 << 프로그램 3-2 >> 의 실행 결과이다.

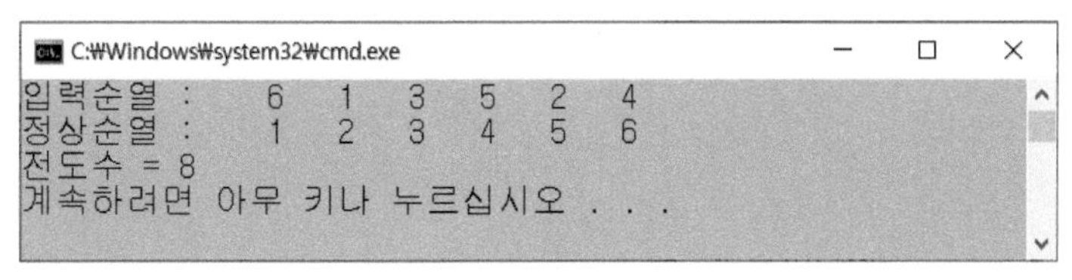

그림 3-1 전도수 구하기

> **【정의 3-3】** 전도수가 짝수인 순열을 **우순열**(even permutation)이라 하고 홀수인 순열을 **기순열**(odd permutation)이라 한다.

【예제 3-3】 호환을 사용하여 다음 순열에서 우순열, 기순열을 판별하라.

1) 4,3,2,1	2) 1,3,2
3) 3,1,2,5,4	4) 4,1,3,5,2

◖ 풀이 ◗ 우순열 또는 기순열을 판별하기 위해서는 앞서 언급한 호환(互換)을 이용하여 전도수를 구하면 된다.

1) 4,3,2,1 -> 3,2,1,4(3회) -> 2,1,3,4(2회) -> 1,2,3,4(1회) : 우순열
2) 1,3,2 -> 1,2,3(1회) : 기순열
3) 3,1,2,5,4 -> 1,2,3,5,4(2회) -> 1,2,3,4,5(1회) : 기순열
4) 4,1,3,5,2 -> 4,1,3,2,5(1회) -> 1,3,2,4,5(3회) -> 1,2,3,4,5(1회) : 기순열

1)의 경우는 총 6회(3+2+1)의 전도가 발생하였으므로 우순열이고 4)의 경우는 총 5회(1+3+1)의 전도가 발생하였으므로 기순열이다.[3]

3) 1)의 경우, 4가 마지막으로 이동하는 데는 3회의 호환이 필요하므로 (3회)로 표시

【정의 3-4】 n차 정방행렬의 각 행, 각 열에서 하나씩 선택된 성분들의 곱을 만든 것을 **기본적**(elementary product)이라 한다.

【예제 3-4】 다음 행렬의 기본적을 모두 구하여라.

1) $\begin{bmatrix} a_{11} & a_{12} \\ a_{21} & a_{22} \end{bmatrix}$ 2) $\begin{bmatrix} 1 & 2 & 3 \\ 4 & 5 & 6 \\ 7 & 8 & 9 \end{bmatrix}$

◖ 풀이 ◗ 각 행, 각 열의 성분이 겹치지 않도록 하면서 곱을 구해보면

1) $a_{11}a_{22}$, $a_{12}a_{21}$

2) $1\times5\times9$, $1\times6\times8$, $2\times4\times9$, $2\times6\times7$, $3\times5\times7$, $3\times4\times8$

【정의 3-5】 어떤 순열이 우순열일 때는 + , 기순열일 때는 - 를 붙인 기본적을 **부호기본적**(signed elementary product)이라 한다.

【예제 3-5】 다음 행렬의 부호기본적을 모두 구하여라.

$$\begin{bmatrix} a_{11} & a_{12} \\ a_{21} & a_{22} \end{bmatrix}$$

◖ 풀이 ◗ 앞의 예제에서 기본적은 $a_{11}a_{22}$, $a_{12}a_{21}$ 임을 보였다. 2 개의 기본적으로부터 우순열, 기순열을 판별해야 하는데 첨자의 행번호는 1,2로 되어 있으므로 순서를 정할 수 없다. 하지만 첨자의 열번호는 (1,2), (2,1)이므로 전도수를 구할 수 있다.

기본적 $a_{11}a_{22}$는 전도수가 0이므로 우순열이고, 기본적 $a_{12}a_{21}$는 전도수가 1이므로 기순열이 된다. 이를 정리하면 다음과 같은 표를 만들 수 있다.

표 3-1 부호기본적

기본적	열번호	전도수	순 열	부호기본적
$a_{11}a_{22}$	1,2	0	우순열	+ $a_{11}a_{22}$
$a_{12}a_{21}$	2,1	1	기순열	- $a_{12}a_{21}$

【예제 3-6】 다음 행렬 A의 부호기본적을 모두 구하여라.

$$A = \begin{bmatrix} a_{11} & a_{12} & a_{13} \\ a_{21} & a_{22} & a_{23} \\ a_{31} & a_{32} & a_{33} \end{bmatrix}$$

◖ 풀이 ◗ 주어진 행렬의 기본적은 어느 행에서도 한 개의 성분만을 택해야 하므로 $a_{1_} \times a_{2_} \times a_{3_}$의 형으로 표현될 수 있다. 또한 어느 열에서나 한 개의 성분만을 택해야 하므로 첨자 "_"에 들어가는 열번호는 중복되지 않는다.

표 3-2 부호기본적

기본적	열번호	전도수	순 열	부호기본적
$a_{11} \times a_{22} \times a_{33}$	1,2,3	0	우순열	+ $a_{11} \times a_{22} \times a_{33}$
$a_{11} \times a_{23} \times a_{32}$	1,3,2	1	기순열	- $a_{11} \times a_{23} \times a_{32}$
$a_{12} \times a_{21} \times a_{33}$	2,1,3	1	기순열	- $a_{12} \times a_{21} \times a_{33}$
$a_{12} \times a_{23} \times a_{31}$	2,3,1	2	우순열	+ $a_{12} \times a_{23} \times a_{31}$
$a_{13} \times a_{21} \times a_{32}$	3,1,2	2	우순열	+ $a_{13} \times a_{21} \times a_{32}$
$a_{13} \times a_{22} \times a_{31}$	3,2,1	3	기순열	- $a_{13} \times a_{22} \times a_{31}$

【정의 3-6】 행렬 A의 **행렬식**(determinant)은 모든 부호기본적의 합으로 정의하며 표기는 $\det(A)$로 한다.[4]

4) 행렬의 성분은 특정한 수이므로 행렬식은 하나의 값으로 표시된다.

3.2 정의에 따른 행렬식 계산

기본적은 정방행렬인 경우만 고려하므로, 행렬식은 정방행렬인 경우로 국한됨을 알 수 있다. n차 정방행렬 A의 행렬식은 다음과 같이 절댓값으로 나타낸다.

$$\det(A) = \begin{vmatrix} a_{11} & a_{12} \cdots & a_{1n} \\ a_{21} & a_{22} \cdots & a_{23} \\ \cdots & \cdots & \cdots \\ a_{n1} & a_{n2} \cdots & a_{nn} \end{vmatrix}$$

【예제 3-7】 정의에 따라 다음 행렬 A의 행렬식을 구하여라.

$$A = \begin{bmatrix} a_{11} & a_{12} \\ a_{21} & a_{22} \end{bmatrix}$$

◖ 풀이 ◗ 표 3-1에서 부호기본적은 + $a_{11} \times a_{22}$, - $a_{12} \times a_{21}$ 임을 확인할 수 있다. **【정의 3-6】**에 따른 부호기본적의 합은 $(a_{11} \times a_{22} - a_{12} \times a_{21})$ 이므로

$$\det(A) = \begin{vmatrix} a_{11} & a_{12} \\ a_{21} & a_{22} \end{vmatrix} = a_{11} \times a_{22} - a_{12} \times a_{21}$$

계산된 행렬식 A는 그림으로 나타내면 다음과 같으며, 이와 같은 방식으로 행렬식을 쉽게 구할 수 있다.

$$\begin{vmatrix} a_{11} & a_{12} \\ a_{21} & a_{22} \end{vmatrix}$$

행렬식 계산 = (↘ 방향의 곱의) - (↙방향의 곱)

예를 들면,

$$\begin{bmatrix} 2 & -3 \\ 1 & 5 \end{bmatrix}$$

의 행렬식은 $(2\times5-(-3)\times1)=(10+3)=13$ 이다. 이를 확인할 수 있는 R 프로그램은 다음과 같다. R에서 행렬식을 계산하는 명령어는 det( ) 이다.

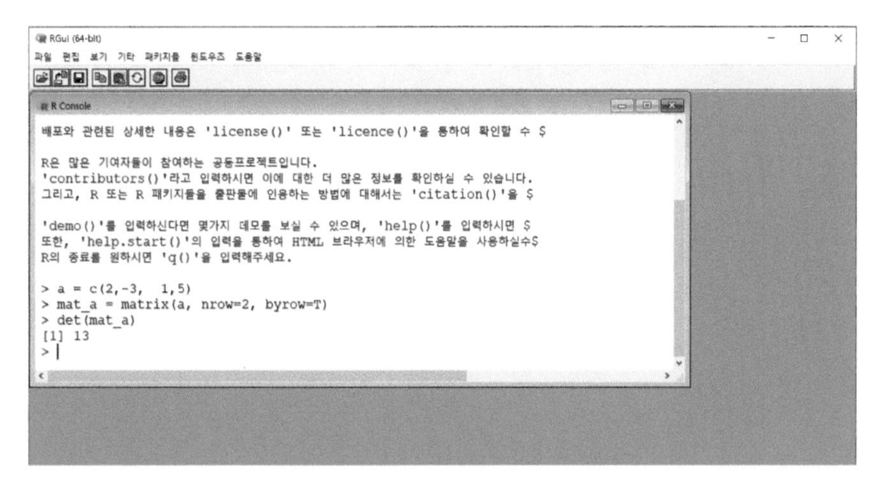

그림 3-2 행렬식 계산

교재에서는 C 프로그램으로 행렬식 계산을 하는 것을 제공하고 있다.[5] 다음은 << 프로그램 3-3 >>을 이용하여 앞의 행렬에 대한 행렬식의 값을 구한 것이다.

```
C:\WINDOWS\system32\cmd.exe
행렬의 차수를 입력하시오 : 2

행렬의 성분 x(i,j)를 입력하시오 :
2  -3
1   5

      2.00000        -3.00000
      1.00000         5.00000

      2.00000        -3.00000
      0.00000         6.50000

행렬식 =       13.00000

계속하려면 아무 키나 누르십시오 . . .
```

그림 3-3 상삼각행렬을 이용한 행렬식 계산

5) 【정리 4-1】을 참고하라.

【예제 3-8】 다음 행렬 A의 행렬식을 구하여라.

$$A = \begin{bmatrix} a_{11} & a_{12} & a_{13} \\ a_{21} & a_{22} & a_{23} \\ a_{31} & a_{32} & a_{33} \end{bmatrix}$$

◖ 풀이 ◗ 이미 표 3-2에서 부호기본적을 구하였으며 이를 다시 쓰면

$$+a_{11}a_{22}a_{33},\ -a_{11}a_{23}a_{32},\ -a_{12}a_{21}a_{33},\ +a_{12}a_{23}a_{31},\ +a_{13}a_{21}a_{32},\ -a_{13}a_{22}a_{31}$$

이므로, 정의에 따른 행렬식은 다음과 같다.

$$\det(A) = \begin{vmatrix} a_{11} & a_{12} & a_{13} \\ a_{21} & a_{22} & a_{23} \\ a_{31} & a_{32} & a_{33} \end{vmatrix}$$

$$= a_{11}a_{22}a_{33} - a_{11}a_{23}a_{32} - a_{12}a_{21}a_{33} + a_{12}a_{23}a_{31} + a_{13}a_{21}a_{32} - a_{13}a_{22}a_{31}$$

행렬식 계산 결과는 그림으로 나타내면 다음과 같으며, 이와 같은 방식으로 행렬식을 쉽게 구할 수 있다. 수직방향의 점선(⋮) 옆에는 행렬 A의 1열과 2열을 추가로 표시하고

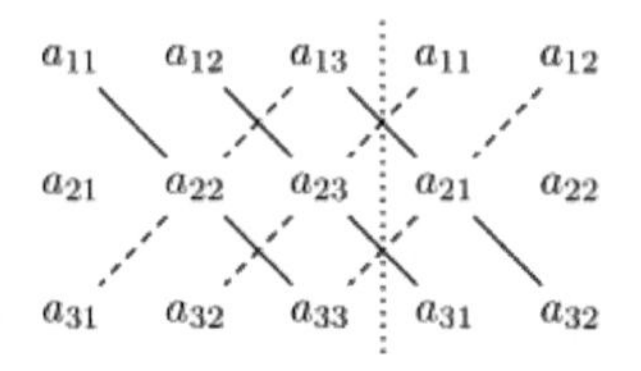

(실선 성분의 곱을 모두 더하기) - (점선 성분의 곱을 모두 더하기)

방식으로 행렬식을 계산한다.

이러한 간편 계산 방식을 Sarrus의 방법이라고 부른다. Sarrus의 방법은 3차 정방행렬까지만 적용되며, 4차 이상에는 사용할 수 없다는 것이다.

【예제 3-9】 Sarrus의 방법으로 다음 행렬의 행렬식을 구하여라.

$$A = \begin{bmatrix} 1 & 3 & -2 \\ 2 & 0 & 5 \\ 1 & -4 & 4 \end{bmatrix}$$

◖ 풀이 ◗ 앞의 그림처럼 제1열, 제2열을 행렬식 옆에 써놓으면(붉은색) Sarrus의 방법으로 쉽게 처리할 수 있다.

$$\det(A) = \begin{vmatrix} 1 & 3 & -2 \\ 2 & 0 & 5 \\ 1 & -4 & 4 \end{vmatrix} \begin{matrix} 1 & 3 \\ 2 & 0 \\ 1 & -4 \end{matrix}$$

$$= 0 + 15 + 16 - (0 - 20 + 24) = 27$$

다음은 행렬식의 연산에서 많이 쓰이는 성질들이다. 이러한 기본 성질을 잘 이용하면 행렬식의 계산을 더 쉽게 할 수 있다.

【정리 3-1】 행렬식의 기본 성질

1) 원행렬과 그의 전치행렬의 행렬식은 동일하다.
2) 행렬식의 어떤 행(열)의 모든 성분에 공통인 인수는 행렬식 밖으로 꺼낼 수 있다.
3) 행렬식의 두 개의 행(열)을 교환하면 행렬식의 부호가 바뀐다.
4) 행렬식의 두 개의 행(열)이 같으면 행렬식은 0이다.
5) 행렬식의 행(열)에 다른 행(열)의 k배를 더해도 행렬식은 동일하다.
6) 행렬식의 두 행(열)을 조작하여 새로운 행(열)이 만들어졌다면 행렬식은 0이다.
7) 역행렬의 행렬식은 처음 행렬의 행렬식의 역수와 같다.6)

이제부터는 행렬식 계산의 기본사항을 사용하여 그 값을 구하는 것을 알아보

6) 역행렬은 제5장에서 자세히 다루고 있다.

기로 한다.

【예제 3-10】 다음 행렬의 전치행렬을 구하여 행렬식 계산을 하라.

$$A = \begin{bmatrix} 1 & 3 & -2 \\ 2 & 0 & 5 \\ 1 & -4 & 4 \end{bmatrix}$$

◖ 풀이 ◗ R 프로그램을 수행하여 전치행렬을 구하고, 이에 대한 행렬식을 계산하면 앞의 예제와 동일한 실행 결과를 얻을 수 있다.7)

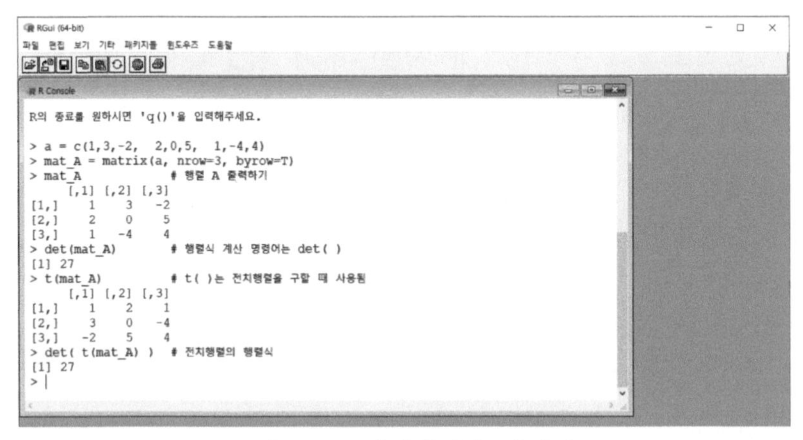

그림 3-4 전치행렬과 행렬식

【예제 3-11】 두 행렬 A, B 의 행렬식을 계산하여라.

$$A = \begin{bmatrix} 1 & 2 \\ 1 & 3 \end{bmatrix} \quad B = \begin{bmatrix} 1 & 2 \\ 3 & 9 \end{bmatrix}$$

◖ 풀이 ◗ A, B 의 Sarrus의 방법에 따라 계산하면

$$\det(A) = 1 \times 3 - 2 \times 1 = 1 \qquad \det(B) = 1 \times 9 - 2 \times 3 = 3$$

7) 【예제 3-8】과 【예제 3-9】를 동시에 계산하였다.

이 된다. 하지만 B의 행렬식은 제2행의 공통인수인 3을 밖으로 꺼내고 계산하여도 동일한 결과를 얻을 수 있다.

$$\det(B) = 3 \times \begin{vmatrix} 1 & 2 \\ 1 & 3 \end{vmatrix} = 3 \times \det(A) = 3$$

【예제 3-12】 다음 행렬 C의 행렬식을 계산하여라.

$$C = \begin{bmatrix} 3 & 9 \\ 1 & 2 \end{bmatrix}$$

◖ 풀이 ◗ 정의에 따라 C의 행렬식을 구하면 $\det(C) = 3 \times 2 - 9 \times 1 = -3$ 이다. 행렬 C는 【예제 3-11】의 행렬 B의 제1행과 제2행을 교환한 행렬이므로 행렬식의 부호가 바뀌게 된다는 것을 알 수 있다.

$$\det(C) = \begin{vmatrix} 3 & 9 \\ 1 & 2 \end{vmatrix} = -\begin{vmatrix} 1 & 2 \\ 3 & 9 \end{vmatrix} = -\det(B) = -3$$

【예제 3-10】의 행렬 A의 제2행과 제3행을 교환하여 행렬식을 구해보면 부호가 바뀐 것을 확인할 수 있다. (그림 3-4와 비교하라)

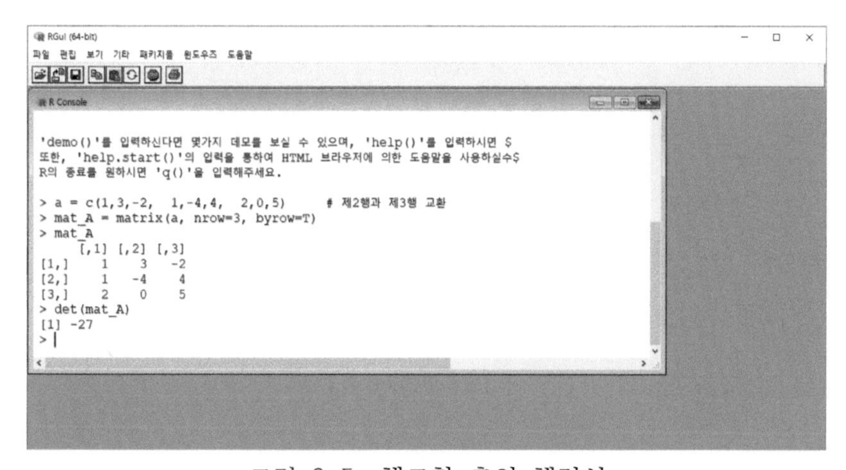

그림 3-5 행교환 후의 행렬식

【예제 3-13】 다음 행렬 A의 행렬식을 구하여라.

$$A = \begin{bmatrix} 1 & 0 & 3 \\ 2 & 1 & 6 \\ 3 & 5 & 9 \end{bmatrix}$$

◀ 풀이 ▶ A의 행렬식을 계산하면 $\det(A) = 9 + 0 + 30 - (9 + 30 + 0) = 0$ 이다. 하지만 자세히 살펴보면 제3열의 공통인수 3을 밖으로 꺼내면 제1열과 제3열은 같은 값을 가지므로 행렬식은 영(0)이 된다.

$$\det(A) = \begin{vmatrix} 1 & 0 & 3 \\ 2 & 1 & 6 \\ 3 & 5 & 9 \end{vmatrix} = 3 \times \begin{vmatrix} 1 & 0 & 1 \\ 2 & 1 & 2 \\ 3 & 5 & 3 \end{vmatrix} = 0$$

행렬식의 간편 계산을 위해 제일 많이 사용되고 있는 성질 5)를 계산할 때 주의해야 할 점은 값을 바꾸려는 행(기준행이라 하겠음)은 그대로 두고 다른 행에 k배를 한 값을 기준행에 더해야 한다는 것이다. 즉

조작 방법 : 기준행 ← 기준행 + 다른 행 × k

【예제 3-14】 행렬 A에 대해 다음 두 가지 방식으로 제1행을 조작하여 행렬식 계산을 하고, 어느 것이 원래의 행렬식과 같은 가를 찾아라.

$$A = \begin{bmatrix} 1 & 3 \\ -2 & 5 \end{bmatrix} \begin{bmatrix} R_1 \\ R_2 \end{bmatrix}$$

1) 제1행 = 제1행 - k×제2행
2) 제2행 = k×제1행 - 제2행

◀ 풀이 ▶ Sarrus 방법에 따라 행렬식을 계산하면

$$\det(A) = 1 \times 5 - 3 \times (-2) = 11$$

1)번 방법으로 계산 : $R_1 \leftarrow R_1 + k \times R_2$ 인 연산을 수행하면

$$\begin{vmatrix} 1-2k & 3+5k \\ -2 & 5 \end{vmatrix} = (1-2k) \times 5 - (3+5k) \times (-2)$$
$$= (5-10k) + (6+10k) = 11$$

2)번 방법으로 계산 : $R_1 \leftarrow k \times R_1 + R_2$ 인 연산을 수행하면

$$\begin{vmatrix} k-2 & 3k+5 \\ -2 & 5 \end{vmatrix} = (k-2) \times 5 - (3k+5) \times (-2)$$
$$= (5k-10) + (6k+10) = 11 \times k$$

따라서 두 가지 경우를 살펴보면 1)번처럼 행을 조작하여야 원래의 행렬식과 같은 값을 갖게 된다.

【예제 3-15】 다음 행렬 A의 행렬식을 구하여라.

$$A = \begin{bmatrix} 1 & -2 & 5 \\ 3 & 5 & -1 \\ 4 & 3 & 4 \end{bmatrix}$$

◖ 풀이 ◗ A의 제3행은 (1행성분 + 2행성분)의 형태를 취하므로, 즉 성질 6)을 따르므로 행렬식의 값은 0이다.

【정리 3-2】 A, B 는 크기가 같은 정방행렬이면
$\det(AB) = \det(A) \times \det(B)$ 이다.

【예제 3-16】 두 개의 행렬 A, B가 다음과 같이 주어져 있다. 각각의 행렬식과 AB의 행렬식을 구하여라.

$$A = \begin{bmatrix} 2 & -4 \\ 3 & 7 \end{bmatrix} \qquad B = \begin{bmatrix} 4 & 5 \\ 3 & 2 \end{bmatrix}$$

◖ 풀이 ◗ Sarrus 방법을 사용하여 계산하면 $\det(A) = 26$, $\det(B) = -7$ 이다. 두 행렬의 곱 AB는

$$AB = \begin{bmatrix} 2 & -4 \\ 3 & 7 \end{bmatrix} \begin{bmatrix} 2 & -4 \\ 3 & 7 \end{bmatrix} = \begin{bmatrix} -4 & 2 \\ 33 & 29 \end{bmatrix}$$

이다. 따라서

$$\det(AB) = (-4) \times 29 - 2 \times 33 = -182 = \det(A) \times \det(B)$$

가 성립한다.

♣ 연습문제 ♣

1. 다음 행렬A를 정의에 의한 방법으로 행렬식을 구하여라.

$$A=\begin{bmatrix}1 & -1 & 1\\ 4 & 0 & -1\\ 4 & -2 & 0\end{bmatrix}$$

2. 행렬 A, B가 다음과 같을 때, 주어진 계산을 하라.

$$A=\begin{bmatrix}1 & -1 & 1\\ 4 & 0 & -1\\ 4 & -2 & 0\end{bmatrix} \qquad B=\begin{bmatrix}1 & 0 & 1\\ 2 & 1 & 1\\ 2 & 1 & 2\end{bmatrix}$$

(1) AB, BA 계산을 하여라.
(2) A, B를 기본행연산으로 행렬식을 구하여라.
(3) AB를 기본행연산으로 행렬식을 구하여라.
(4) BA를 기본행연산으로 행렬식을 구하여라.

3. 기본행연산을 실시하여 다음 등식을 보여라.

$$\begin{vmatrix}1 & 1 & 1\\ a & b & c\\ a^2 & b^2 & c^2\end{vmatrix}=(a-b)(b-c)(c-a)$$

4. 평면 상의 두 점 $P(x_1, y_1)$, $Q(x_2, y_2)$를 지나는 직선의 방정식은

$$\begin{vmatrix} x & y & 1 \\ x_1 & y_1 & 1 \\ x_2 & y_2 & 1 \end{vmatrix} = 0$$

임을 보여라.

프로그램

<< 프로그램 3-* >> factorial 계산하기

```
int main( )
{
    int i , fact = 1 ;
    for(i=1; i<=6; i++)
    {
        fact = fact * i ;
        printf("%3d !  %5d\n", i, fact) ;
    }
}
```

<< 프로그램 3-2 >> 버블소트

```
int main( )
{
    int count=0, m, n, x[]={6,1,3,5,2,4}, temp, size ;
    size = sizeof(x)/4 ;
    for(m=0; m<size; m++)
    for(n=m+1; n<size; n++)
        if( x[m] > x[n] )
        {
            count++ ;
            temp = x[m] ;
            x[m] = x[n] ;
            x[n] = temp ;
        }
    printf("전도수 = %d\n", count) ;
    printf("\n정상순열 : ") ;
    for(m=0; m<size; m++)
        printf("%4d", x[m]) ;
    printf("\n") ;
}
```

<< 프로그램 3-3 >> 상삼각행렬을 이용한 행렬식 계산

```
#include "stdafx.h"
#include "stdio.h"
#include "math.h"
void change(float x[10][10],int m,int n);
int c=0;
int main()
{
float a,det=1,x[10][10];
int i,j,l,m,n;
    printf("행렬의 차수를 입력하시오 : ");
    scanf("%d",&n);
    printf("\n행렬의 성분 x(i,j)를 입력하시오 : \n");
    for(i=1;i<=n;i++){
        for(j=1;j<=n;j++)
            scanf("%f",&x[i][j]);
    }
    printf("\n");
    for(m=1;m<=n;m++){
        l=m+1;
        if(x[m][m]==0) change(x,m,n);
        if(det==0) break;
        for(i=1; i<=n; i++){
        for(j=1; j<=n; j++)
            printf(" %12.5f  ", x[i][j]);
        printf("\n");
        }
        printf("\n");
        for(i=l;i<=n;i++){
            a=x[i][m]/x[m][m];
            for(j=1;j<=n;j++)
                x[i][j]-=a*x[m][j];
        }
    det*=pow(-1.,c)*x[m][m];
    }
    printf("행렬식 = %12.5f\n\n",det);
}
void change(float x[10][10], int m, int n)
{
int i,j, ii;
float temp;
    c++;
    for(i=m;i<=n;i++){
        ii = i+1 ;
```

```
            if(x[i+1][m] != 0) break;
            else printf("행렬식의 값은 0. \n");
        }
        for(j=1; j<=n; j++){
            temp = x[m][j];
            x[m][j] = x[ii][j];
            x[ii][j] = temp;
        }
}
```

제4장 행렬식 2

제3장에서는 정의에 따라 행렬식을 계산하는 방법과 행렬식 연산에 관하여 다루었다. 행렬식의 값을 구하는 데 목표가 맞추어져 있었으므로 행렬식 계산을 수학적으로 접근하기에는 문제가 있었다.

여기서는 수학적 방법으로 접근하여 행렬식을 구하는 여러 가지의 방법을 소개하고자 한다. '수학적으로 문제를 해결하였다' 함은 알고리즘을 만들 수 있다는 것이며, 이를 프로그래밍하는 것이 가능하게 된다.

4.1 개선된 Sarrus의 방법

앞에서 3차 정방행렬의 행렬식 계산을 그림으로 다시 한번 나타내보면

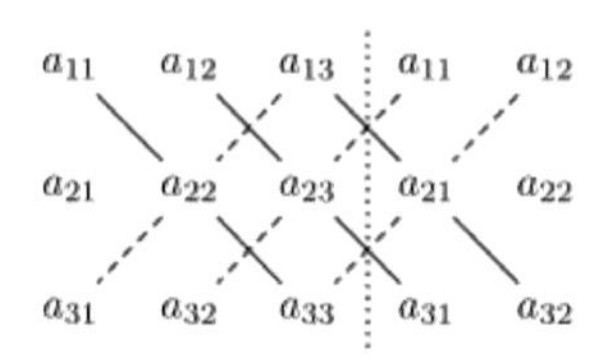

이다. 이러한 간편 계산 방식을 Sarrus의 방법이라고 부른다. 단점은 Sarrus의 방법이 3차 정방행렬까지만 적용된다는 것이다.

3차 이상의 정방행렬의 행렬식 계산에 2차의 Sarrus 방법을 여러번 적용시켜 행렬의 차수를 줄여나가는 것이 가능한데, 이것을 개선된 Sarrus 방법이라고 한다.

이 방법은 $a_{11} \neq 0$ 인 경우에만 사용할 수 있다. a_{11}을 1로 만들기는 어렵지 않기 때문에 행렬식의 계산에 많이 사용되는 방법이지만, 계산량이 많은 것이 단점이다.

3차 이상에서의 Sarrus 방법
1) 제1행, 제1열의 성분을 1로 만든다.
2) $b_{i-1,j-1} = a_{11}\,a_{ij} - a_{1j}\,a_{i1}\,, \quad i,j = 2,3,\ldots,n$
3) 이상의 과정을 반복한다.

이렇게 계산된 행렬은 차수가 하나 줄어들게 되며, 이러한 방식을 계속 적용시켜 행렬식을 계산한다.[1)]

【예제 4-1】 다음 행렬의 행렬식을 구하여라.

$$A = \begin{bmatrix} 1 & 3 & -7 \\ 1 & 5 & 4 \\ 3 & 0 & 2 \end{bmatrix}$$

◖ 풀이 ◗ $a_{31} = 1$이므로 위의 방법을 곧바로 사용할 수 있다.

$$\det(A) = \begin{vmatrix} 1 & 3 & -7 \\ 1 & 5 & 4 \\ 3 & 0 & 2 \end{vmatrix} = \begin{vmatrix} 1\times 5 - 3\times 1 & 1\times 4 - (-7)\times 1 \\ 1\times 0 - 3\times 3 & 1\times 2 - (-7)\times 3 \end{vmatrix}$$

$$= \begin{vmatrix} 2 & 11 \\ -9 & 23 \end{vmatrix}$$

계속하여 Sarrus 방법을 적용하려면 제1행, 제1열의 성분을 1로 만드는 절차가 필요하다. 2차 행렬인 경우는 곧바로 Sarrus 방법을 적용할 수 있으므로

$$\det(A) = 2\times 23 - 11\times(-9) = 145$$

다음은 << 프로그램 4-1 >>로 개선된 Sarrus 방법으로 해를 구하는 과정을 보인 것이다.

---

1) 3차 행렬식에 적용하면 2차 행렬식으로 차원이 줄어든다.

만일 $a_{11}=0$ 이면 개선된 Sarrus 방법을 적용할 수 없으므로 행교환을 통하여 $a_{11}=1$ 이 되도록 만드는 과정을 거쳐야 한다.

```
C:\WINDOWS\system32\cmd.exe
행렬의 차수를 입력하시오 : 3

행렬의 성분 a(i,j)를 입력하시오 :
1 3 -7
1 5 4
3 0 2
          a11 성분을 1로 만들기
-----------------------------------------
    1.0000    3.0000   -7.0000
    1.0000    5.0000    4.0000
    3.0000    0.0000    2.0000
-----------------------------------------

Sarrus 방법 적용
-------------------------
   2.0000  11.0000
  -9.0000  23.0000
-------------------------

계속하려면 아무 키나 누르십시오 . . .
```

그림 4-1 개선된 Sarrus 방법 1단계

앞의【예제 4-1】에서는 $a_{11} \neq 0$ 이므로 행교환은 필요 없지만 다음 예제는 $a_{11}=0$ 이므로 행교환을 통해 $a_{11}=1$ 이 되도록 만들어야한다.

【예제 4-2】다음 행렬식을 구하여라.

$$|A|=\begin{vmatrix} 0 & 2 & 1 \\ 2 & 3 & -1 \\ 1 & 0 & 1 \end{vmatrix}$$

◀ 풀이 ▶ $a_{11}=0$, $a_{31}=1$이므로 제1행과 제3행을 교환하여 행렬식의 값을 계산하여야 한다.[2]

$$|A|=\begin{vmatrix} 0 & 2 & 1 \\ 2 & 3 & -1 \\ 1 & 0 & 1 \end{vmatrix} = - \begin{vmatrix} ① & \blacksquare\!0\square & 1 \\ \blacksquare\!2\square & ③ & -1 \\ 0 & 2 & 1 \end{vmatrix} = - \begin{vmatrix} 3 & -3 \\ 2 & 1 \end{vmatrix} = -9$$

2) 행과 행을 교환하였으므로 부호가 바뀐다.

【예제 4-3】 다음 행렬의 행렬식을 구하여라.

$$A = \begin{bmatrix} 2 & 1 & 3 & 6 \\ 2 & 0 & 1 & 4 \\ 1 & 3 & 1 & 2 \\ 5 & 0 & 1 & 0 \end{bmatrix}$$

◖ 풀이 ◗ 개선된 Sarrus 방법을 사용하여 4차 정방행렬을 3차 정방행렬로 바꾸는 과정을 수행한다. 먼저 $a_{11} = 1$ 이 되도록 제1열과 제2열을 교환(제1행과 제3행을 교환해도 됨)한 후에 행렬식을 구하면[3)]

$$\det(A) = \det\begin{bmatrix} 2 & 1 & 3 & 6 \\ 2 & 0 & 1 & 4 \\ 1 & 3 & 1 & 2 \\ 5 & 0 & 1 & 0 \end{bmatrix} = -\begin{vmatrix} 1 & 2 & 3 & 6 \\ 0 & 2 & 1 & 4 \\ 3 & 1 & 1 & 2 \\ 0 & 5 & 1 & 0 \end{vmatrix}$$

여기에 Sarrus 방법을 적용한다. 계속하여 생성된 3차 정방행렬은

$$\det(A) = -\begin{vmatrix} 2 & 1 & 4 \\ -5 & -8 & -16 \\ 5 & 1 & 0 \end{vmatrix}$$

이다. 생성된 행렬의 제1행1열의 값이 2이므로 1열과 2열을 교환하여야 한다. 물론 계산된 행렬식의 부호는 바뀐다.

$$\det(A) = \begin{vmatrix} 1 & 2 & 4 \\ -8 & -5 & -16 \\ 1 & 5 & 0 \end{vmatrix} = \begin{vmatrix} 11 & 16 \\ 3 & -4 \end{vmatrix} = -92$$

【예제 4-3】에서의 행렬 A 에 대한 행렬식을 구하는 R 프로그램과 실행결과는 다음과 같이 -92 임을 확인할 수 있다.

3) 열끼리 교환하였으므로 부호가 바뀐다.

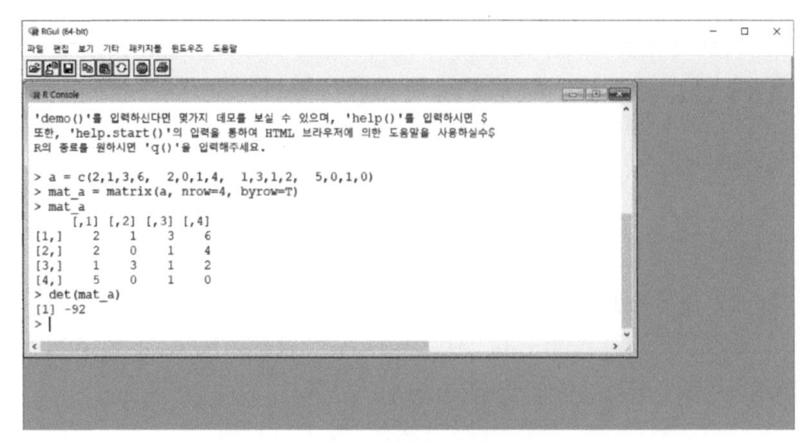

그림 4-2 형교환 후의 행렬긱 개산

4.2 Gauss 소거법(Gauss elimination)

가우스 소거법은 행렬식을 가우스 행렬 또는 기약 가우스 행렬로 만드는 절차를 통해 행렬식을 구하는 방법이다.4)

다음에서 1), 2), 3), 4)는 주대각성분의 아랫부분이 모두 0이므로 가우스 행렬이고 3), 4)는 주대각성분의 아래위가 모두 0이므로 기약 가우스 행렬이다.

1) $\begin{bmatrix} 3 & 1 & 1 & 4 \\ 0 & 2 & 0 & 3 \end{bmatrix}$ 2) $\begin{bmatrix} 1 & 2 & 4 & 7 & 8 \\ 0 & 1 & -3 & 3 & 2 \\ 0 & 0 & 2 & 1 & 7 \end{bmatrix}$

3) $\begin{bmatrix} 2 & 0 & 3 \\ 0 & 1 & 1 \end{bmatrix}$ 4) $\begin{bmatrix} 1 & 0 & 0 & 5 & 3 \\ 0 & 2 & 0 & 3 & 2 \\ 0 & 0 & 2 & 1 & 7 \end{bmatrix}$

【정의 4-1】 주대각성분 아래의 성분들이 모두 0 인 정방행렬을 **상삼각행렬**(upper triangular matrix)이라 하고, 주대각성분 위의 성분이 모두 0 인 행렬을 **하삼각행렬**(lower triangular matrix)이라 한다.

4) 가우스 행렬과 기약 가우스 행렬은 제1장에서 정의한 것을 참고하기 바란다.

다음의 행렬 A는 상삼각행렬이고 B는 하삼각행렬이다. 하지만 행렬 C는 정방행렬이 아니므로 삼각행렬에 해당하지 않는다.

$$A=\begin{bmatrix}3 & 2 & 0\\0 & 1 & 7\\0 & 0 & 4\end{bmatrix}\qquad B=\begin{bmatrix}1 & 0 & 0\\-1 & 2 & 0\\-1 & -2 & 3\end{bmatrix}\qquad C=\begin{bmatrix}1 & 2 & 3 & 0\\0 & 1 & 4 & 0\\0 & 0 & 1 & 0\end{bmatrix}$$

Gauss 소거법은 행렬의 기본 연산을 반복하여 상삼각행렬을 만들어 행렬식을 계산하는 방법이다.

n차 정방행렬 A의 i행, j열의 성분을 a_{ij}라고 하자. a_{11}을 제외한 제1열의 모든 성분 $a_{k1}\,(k=2,3,...,n)$을 零으로 만들기 위해선

$$k\text{행} \leftarrow k\text{행} - \frac{a_{k1}}{a_{11}}\times(\text{행렬 } A\text{의 제 1 행})\quad a_{11}\neq 0\ ,\quad k=2,3,4,...,n$$

으로 변환시킨다. 변환된 행렬의 제1행, 제1열을 제외한 행렬을 B라고 하고 행렬 B의 i행, j열의 성분을 b_{ij}라고 하자.

다음에 b_{11}을 제외한 제1열의 모든 성분 $b_{k1}\,(k=2,3,...,n-1)$을 零으로 만들기 위해선

$$k\text{행} \leftarrow k\text{행} - \frac{b_{k1}}{b_{11}}\times(\text{행렬 } B\text{의 제 1 행})\quad b_{11}\neq 0\ ,\ k=2,3,...,n-1$$

으로 변환시킨다. 앞에서와 마찬가지의 방법으로 나머지 행렬에 적용하면 상삼각행렬이 만들어지게 된다.

【예제 4-4】 가우스 소거법으로 다음 행렬을 상삼각행렬로 만들어라. 여기서 R_i는 제i행벡터를 표시한 것이다.

$$A=\begin{bmatrix}2 & 3 & -1\\3 & 0 & 2\\1 & -1 & 4\end{bmatrix}\begin{matrix}R_1\\R_2\\R_3\end{matrix}$$

◖ 풀이 ◗ 1단계 : $R_1 \leftarrow R_1$, $R_2 \leftarrow R_2 - \dfrac{3R_1}{2}$, $R_3 \leftarrow R_3 - \dfrac{R_1}{2}$

이상의 방법을 사용하면 제1열의 주대각성분 아래는 모두 0으로 바뀌게 된다.

$$A = \begin{bmatrix} 2 & 3 & -1 \\ 3 & 0 & 2 \\ 1 & -1 & 4 \end{bmatrix} \rightarrow \begin{bmatrix} 2 & 3 & -1 \\ 0 & -4.5 & 3.5 \\ 0 & -2.5 & 4.5 \end{bmatrix} \qquad \begin{matrix} R_1 \leftarrow R_1 \\ R_2 \leftarrow R_2 - 1.5R_1 \\ R_3 \leftarrow R_3 - 0.5R_3 \end{matrix}$$

2단계 : $R_1 \leftarrow R_1$, $R_2 \leftarrow R_2$, $R_3 \leftarrow R_3 - \dfrac{(-2.5)}{(-4.5)} R_2 = R_3 - \dfrac{2.5}{4.5} R_2$

이상의 방법응 사용하면 제2열의 주대각성분 아래는 모두 0으로 바뀌게 된다.

$$B = \begin{bmatrix} 2 & 3 & -1 \\ 0 & -4.5 & 3.5 \\ 0 & -2.5 & 4.5 \end{bmatrix} \rightarrow \begin{bmatrix} 2 & 3 & -1 \\ 0 & -4.5 & 3.5 \\ 0 & 0 & 11.5/4.5 \end{bmatrix} \qquad \begin{matrix} R_1 \leftarrow R_1 \\ R_2 \leftarrow R_2 \\ R_3 \leftarrow R_3 - 2.5/4.5R_3 \end{matrix}$$

```
C:\Windows\system32\cmd.exe
주어진 행렬의 행의 크기, 열의 크기를 입력하시오 : 3 3

행렬의 성분 A(i,j)의 값을 입력하시오 :
2 3 -1
3 0 2
1 -1 4

              행 렬
------------------------------------------
    2.0000    3.0000   -1.0000
    3.0000    0.0000    2.0000
    1.0000   -1.0000    4.0000
------------------------------------------

1 단계
------------------------------------------
    2.0000    3.0000   -1.0000
    0.0000   -4.5000    3.5000
    0.0000   -2.5000    4.5000
------------------------------------------

2 단계
------------------------------------------
    2.0000    3.0000   -1.0000
    0.0000   -4.5000    3.5000
    0.0000    0.0000    2.5556
------------------------------------------

계속하려면 아무 키나 누르십시오 . . .
```

그림 4-3 상삼각행렬 만들기

【정리 4-1】 상(하)삼각행렬의 주대각선의 성분을 곱한 것이 행렬식이다.

【정리 4-1】은 4.3 절의 Laplace 전개를 이용하면 수월하게 증명이 되지만, 아직까지는 학습 이전이므로 증명은 잠시 미루기로 하겠다.

【예제 4-5】 다음 행렬의 행렬식을 구하여라.

$$A = \begin{bmatrix} 2 & 3 & -1 \\ 3 & 0 & 2 \\ 1 & -1 & 4 \end{bmatrix}$$

◀ 풀이 ▶ 앞의 그림 4-1에서 상삼각행렬을 만들었으므로 주대각성분을 곱하면 된다.

$$\det(A) = 2 \times (-4.5) \times \frac{11.5}{4.5} = -23$$

【예제 4-6】 다음 행렬의 행렬식의 값을 구하여라.

$$A = \begin{bmatrix} 2 & 1 & -4 & 1 \\ -4 & 3 & 5 & -2 \\ 1 & -1 & 1 & -1 \\ 1 & 3 & -3 & 2 \end{bmatrix} \begin{matrix} R_1 \\ R_2 \\ R_3 \\ R_4 \end{matrix}$$

◀ 풀이 ▶ 1단계 : 제1행은 그대로 놓고

$$R_2 \leftarrow R_2 - \frac{(-4)}{2} R_1 \quad , \quad R_3 \leftarrow R_3 - \frac{1}{2} R_1 \quad , \quad R_4 \leftarrow R_4 - \frac{1}{2} R_1$$

으로 연산을 수행한다. 이러한 방법을 사용하면 다음의 변환행렬에서 보듯이, 제1열의 주대각성분 아래 부분은 모두 0이 된다.

$$\begin{bmatrix} 2 & 1 & -4 & 1 \\ -4 & 3 & 5 & -2 \\ 1 & -1 & 1 & -1 \\ 1 & 3 & -3 & 2 \end{bmatrix} \rightarrow \begin{bmatrix} 2 & 1 & -4 & 1 \\ 0 & 5 & -3 & 0 \\ 0 & -1.5 & 3 & -1.5 \\ 0 & 2.5 & -1 & 1.5 \end{bmatrix}$$

2단계 : 제1행과 제2행은 그대로 놓고

$$R_3 \leftarrow R_3 - \frac{(-1.5)}{5} \times R_2 \quad , \quad R_4 \leftarrow R_4 - \frac{2.5}{5} \times R_2$$

로 연산을 수행하면 제2열의 주대각성분 아래부분이 모두 0으로 바뀌게 된다.

$$\begin{bmatrix} 2 & 1 & -4 & 1 \\ 0 & 5 & -3 & 0 \\ 0 & -1.5 & 3 & -1.5 \\ 0 & 2.5 & -1 & 1.5 \end{bmatrix} \rightarrow \begin{bmatrix} 2 & 1 & -4 & 1 \\ 0 & 5 & -3 & 0 \\ 0 & 0 & 2.1 & -1.5 \\ 0 & 0 & 0.5 & 1.5 \end{bmatrix}$$

3단계 : 제1행, 제2행과 제3행은 그대로 놓고

$$R_4 \leftarrow R_4 - \frac{0.5}{2.1} \times R_3$$

으로 연산을 수행하면 최종적으로 다음과 같은 상삼각행렬이 만들어진다.

$$A = \begin{bmatrix} 2 & 1 & -4 & 1 \\ 0 & 5 & -3 & 0 \\ 0 & 0 & 2.1 & -1.5 \\ 0 & 0 & 0.5 & 1.5 \end{bmatrix} \rightarrow \begin{bmatrix} 2 & 1 & -4 & 1 \\ 0 & 5 & -3 & 0 \\ 0 & 0 & 2.1 & -1.5 \\ 0 & 0 & 0 & \dfrac{1.5 \times 2.6}{2.1} \end{bmatrix}$$

이제 상삼각행렬이 만들어졌으므로 행렬식은 $2 \times 5 \times 2.1 \times \dfrac{1.5 \times 2.6}{2.1} = 39$

가우스 소거법으로 계산하는 도중에 $a_{ii} = 0\,(i = 1,2,3,...)$ 이 되면 계산 결과가 부정(不定)이 된다.[5] 따라서 가우스 소거법은 주대각선 성분의 값이 零이

5) 행의 연산을 수행할 때, 0으로 나누게 되므로 부정이 된다.

아닌 경우에만 가능하다.

최종적으로 계산된 결과, 주대각선 성분의 마지막 값이 0이 될 수도 있을 것이다. 이러한 경우에는 **【정리 4-1】** 에 따라 행렬식의 값은 0이 된다.

【예제 4-6】의 행렬 A에 대해 << 프로그램 1-2 >>를 실행시킨 결과는 다음과 같다.

```
C:\Windows\system32\cmd.exe
주어진 행렬의 행의 크기, 열의 크기를 입력하시오 : 4 4

행렬의 성분 A(i,j)의 값을 입력하시오 :
 2  1 -4  1
-4  3  5 -2
 1 -1  1 -1
 1  3 -3  2

                행 렬
-------------------------------------------------
    2.0000     1.0000    -4.0000     1.0000
   -4.0000     3.0000     5.0000    -2.0000
    1.0000    -1.0000     1.0000    -1.0000
    1.0000     3.0000    -3.0000     2.0000
-------------------------------------------------

1 단계
-------------------------------------------------
    2.0000     1.0000    -4.0000     1.0000
    0.0000     5.0000    -3.0000     0.0000
    0.0000    -1.5000     3.0000    -1.5000
    0.0000     2.5000    -1.0000     1.5000
-------------------------------------------------

2 단계
-------------------------------------------------
    2.0000     1.0000    -4.0000     1.0000
    0.0000     5.0000    -3.0000     0.0000
    0.0000     0.0000     2.1000    -1.5000
    0.0000     0.0000     0.5000     1.5000
-------------------------------------------------

3 단계
-------------------------------------------------
    2.0000     1.0000    -4.0000     1.0000
    0.0000     5.0000    -3.0000     0.0000
    0.0000     0.0000     2.1000    -1.5000
    0.0000     0.0000     0.0000     1.8571
-------------------------------------------------

계속하려면 아무 키나 누르십시오 . . .
```

그림 4-4 상삼각행렬 만들기

4.3 Laplace 전개

정의에 따라 행렬식을 구하는 것은 행렬의 차수가 커질수록 힘들고 어려워진다. 이러한 어려움을 해소하기 위한 방법이 가우스 소거법이다. 가우스 소거법은 행끼리의 연산을 통해 행렬식을 구하는 것이므로 수학으로의 확장이 불가능하다.

행렬 또는 행렬식과 관련한 수많은 정리가 존재하는데, 그 시발점이 라플라스 전개라고 할 수 있다.

【정의 4-2】 행렬 A의 i행, j열을 제외한 나머지로 만들어진 행렬식을 a_{ij}의 소행렬식(minor)이라 하며 M_{ij}로 표기한다. 성분 a_{ij}의 소행렬식에 부호를 붙인 여인수(cofactor)는 $c_{ij}=(-1)^{i+j}M_{ij}$이다.

【정의 4-3】 $(n\times n)$행렬 A의 (i,j)성분인 a_{ij}의 여인수를 c_{ij}라고 하면

$$C=\begin{bmatrix} c_{11} & c_{12} \cdots & c_{1n} \\ c_{21} & c_{22} \cdots & c_{2n} \\ \vdots & \vdots & \vdots \\ c_{n1} & c_{n2} \cdots & c_{nn} \end{bmatrix}$$

를 행렬 A의 여인수행렬(cofactor matrix)이라 한다. 행렬 C의 전치행렬을 수반행렬(adjoint matrix)이라고 부르며 $adj(A)$로 표기한다.

【예제 4-7】 다음 행렬 A의 모든 소행렬식을 계산하고 여인수행렬과 수반행렬을 구하여라.

$$A=\begin{bmatrix} 3 & -1 & 0 \\ -1 & 5 & 2 \\ 1 & 4 & -2 \end{bmatrix}$$

◖ 풀이 ◗ 먼저 소행렬식을 계산하면 다음과 같다.

$$M_{11} = \begin{vmatrix} 5 & 2 \\ 4 & -2 \end{vmatrix} = -18 \qquad M_{12} = \begin{vmatrix} -1 & 2 \\ 1 & -2 \end{vmatrix} = 0 \qquad M_{13} = \begin{vmatrix} -1 & 5 \\ 1 & 4 \end{vmatrix} = -9$$

$$M_{21} = \begin{vmatrix} -1 & 0 \\ 4 & -2 \end{vmatrix} = 2 \qquad M_{22} = \begin{vmatrix} 3 & 0 \\ 1 & -2 \end{vmatrix} = -6 \qquad M_{23} = \begin{vmatrix} 3 & -1 \\ 1 & 4 \end{vmatrix} = 13$$

$$M_{31} = \begin{vmatrix} -1 & 0 \\ 5 & 2 \end{vmatrix} = -2 \qquad M_{32} = \begin{vmatrix} 3 & 0 \\ -1 & 2 \end{vmatrix} = 6 \qquad M_{33} = \begin{vmatrix} 3 & -1 \\ -1 & 5 \end{vmatrix} = 14$$

따라서 여인수행렬 C 와 수반행렬 $adj(A)$는 다음과 같다.

$$C = \begin{bmatrix} -18 & 0 & -9 \\ -2 & -6 & -13 \\ -2 & -6 & 14 \end{bmatrix} \qquad adj(A) = \begin{bmatrix} -18 & -2 & -2 \\ 0 & -6 & -6 \\ -9 & -13 & 14 \end{bmatrix}$$

R 프로그램에서는 개별적인 소행렬식을 구하는 명령어가 cofactor( )이고, 행단위의 소행렬식은 rowMinors( )를 사용한다. 이러한 명령어를 이용하여 소행렬식 M_{11}, M_{12}, M_{13}과 행단위의 소행렬식을 출력한 것이 다음과 같다.[6]

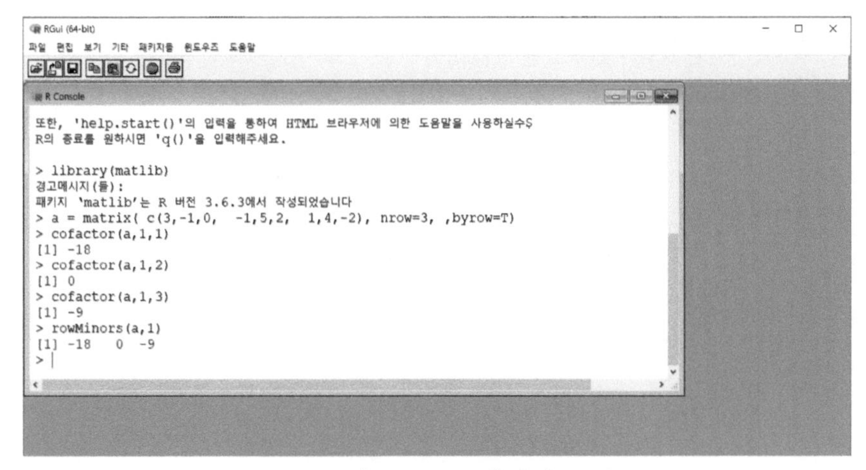

그림 4-5 소행렬식

6) matlib 패캐지는 개별적으로 설치하여야 한다. 설치방법은 부록을 참조하라.

R에서 수반행렬을 구하는 명령어는 adjoint( )이다. 이제 3개의 소행렬식의 행을 모두 출력하고 수반행렬도 동시에 출력한 그림은 다음과 같다.[7)]

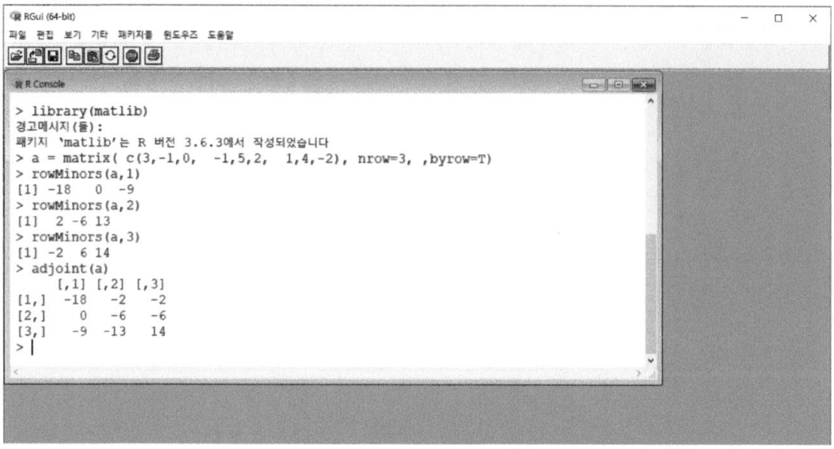
RGui (64-bit)
파일 편집 보기 기타 패키지들 윈도우즈 도움말
R Console
> library(matlib)
경고메시지(들):
패키지 'matlib'는 R 버전 3.6.3에서 작성되었습니다
> a = matrix(c(3,-1,0, -1,5,2, 1,4,-2), nrow=3, ,byrow=T)
> rowMinors(a,1)
[1] -18 0 -9
> rowMinors(a,2)
[1] 2 -6 13
> rowMinors(a,3)
[1] -2 6 14
> adjoint(a)
[,1] [,2] [,3]
[1,] -18 -2 -2
[2,] 0 -6 -6
[3,] -9 -13 14
>

그림 4-6 수반행렬

이제부터는 Laplace전개에 대하여 알아보기로 하자. 먼저 다음 행렬 A를 고려해보자.

$$A = \begin{bmatrix} a_{11} & a_{12} & a_{13} \\ a_{21} & a_{22} & a_{23} \\ a_{31} & a_{32} & a_{33} \end{bmatrix}$$

3.2절의 정의에 따라 계산된 A의 행렬식은

$$\det(A) = a_{11}a_{22}a_{33} - a_{11}a_{23}a_{32} - a_{12}a_{21}a_{33} + a_{12}a_{23}a_{31} + a_{13}a_{21}a_{32} - a_{13}a_{22}a_{31}$$

이므로 다음과 같이 제1행의 성분으로 인수분해를 할 수 있다.

$$\det(A) = a_{11}(a_{22}a_{33} - a_{23}a_{32}) - a_{12}(a_{21}a_{33} - a_{23}a_{32}) + a_{13}(a_{21}a_{32} - a_{22}a_{31})$$

7) matlib에는 여인수행렬(소행렬식을 한꺼번에 출력)을 출력하는 명령어는 존재하지 않는다.

우변의 괄호를 행렬식으로 나타내면

$$\det(A) = a_{11} \times \begin{vmatrix} a_{22} & a_{23} \\ a_{32} & a_{33} \end{vmatrix} - a_{12} \times \begin{vmatrix} a_{21} & a_{23} \\ a_{32} & a_{33} \end{vmatrix} + a_{13} \times \begin{vmatrix} a_{21} & a_{22} \\ a_{31} & a_{32} \end{vmatrix}$$

$$= (-1)^{1+1} a_{11} \begin{vmatrix} a_{22} & a_{23} \\ a_{32} & a_{33} \end{vmatrix} + (-1)^{1+2} a_{12} \begin{vmatrix} a_{21} & a_{23} \\ a_{32} & a_{33} \end{vmatrix} + (-1)^{1+3} a_{13} \begin{vmatrix} a_{21} & a_{22} \\ a_{31} & a_{32} \end{vmatrix}$$

로 나타낼 수 있다. 이것은 A의 행렬을 제1행 기준으로 여인수 전개한 것임을 알 수 있다. 즉

$$\det(A) = a_{11}c_{11} + a_{12}c_{12} + a_{13}c_{13}$$

이며, 이러한 방법에 따라 행렬식을 구하는 방식을 Laplace 전개라 한다.

【정리 4-2】 행렬은 어느 행(또는 열)의 성분에 관하여 Laplace 전개할 수 있다. k차 정방행렬 A의 행렬식을 제i행($i = 1,2,...,k$)에 관하여 전개한 식은 다음과 같다.

$$\det(A) = a_{i1}c_{i1} + a_{i2}c_{i2} + \cdots + a_{ik}c_{ik}$$

여기서 c_{ik}는 a_{ik}의 여인수이다.

정방행렬 A를 제j열에 관하여 전개하여 행렬식을 구할 수도 있으며 관계식은 다음과 같다.

$$\det(A) = a_{1j}c_{1j} + a_{2j}c_{2j} + \cdots + a_{kj}c_{kj}$$

앞에서 **【정리 4-1】**의 증명을 뒤로 미룬 바 있는데, **【정리 4-1】**은 라플라스 전개를 사용하면 쉽게 보일 수 있다.

이제 n차 정방행렬 A가 다음과 같은 상삼각행렬이라고 하자.

$$A=\begin{bmatrix} a_{11} & a_{12} & a_{13} \cdots & a_{1n} \\ 0 & a_{22} & a_{23} \cdots & a_{2n} \\ 0 & 0 & a_{33} \cdots & a_{3n} \\ \vdots & \vdots & \vdots \cdots & \vdots \\ 0 & 0 & 0 \cdots & a_{nn} \end{bmatrix}$$

위의 행렬식을 제1열에 관하여 라플라스 전개하면 $(n-1)$차원으로 행렬식이 축소된다.

$$\det(A)=a_{11}\begin{vmatrix} a_{22} & a_{23} \cdots & a_{2n} \\ 0 & a_{33} \cdots & a_{3n} \\ \vdots & \vdots \cdots & \vdots \\ 0 & 0 \cdots & a_{nn} \end{vmatrix}$$

위의 행렬식을 제1열에 관하여 라플라스 전개를 다시 진행하면

$$\det(A)=a_{11}a_{22}\begin{vmatrix} a_{33} \cdots & a_{3n} \\ \vdots \cdots & \vdots \\ 0 \cdots & a_{nn} \end{vmatrix}$$

가 된다. 이러한 과정을 반복하면 A의 행렬식은 주대각성분의 곱이 된다.

【예제 4-8】 다음 행렬 A를 제1행에 관하여 Laplace 전개하여라.

$$A=\begin{bmatrix} 3 & -1 & 0 \\ -1 & 5 & 2 \\ 1 & 4 & -2 \end{bmatrix}$$

◖ 풀이 ◗ $\det(A)=a_{11}c_{11}+a_{12}c_{12}+a_{13}c_{13}$ 이므로

$$\det(A)=3\times\begin{vmatrix} 5 & 2 \\ 4 & -2 \end{vmatrix}+(-1)^{1+2}\begin{vmatrix} -1 & 2 \\ 1 & -2 \end{vmatrix}+0\times\begin{vmatrix} -1 & 5 \\ 1 & 4 \end{vmatrix}$$

$$=3\times(-18)+(-1)\times 0+0\times(-9)=-54$$

만일 제3열에 관하여 Laplace 전개하면

$$\det(A) = 0 \times (-9) + 2 \times (-13) + (-2) \times 14 = -54$$

가 되어 동일한 행렬식을 가지며, 어느 행(또는 열)에 관하여 전개하더라도 같은 결과를 얻을 수 있다.

【정리 4-3】 어느 행에 다른 행의 여인수를 곱하여 더하면 0(零)이 된다. 즉

$$a_{i1}c_{j1} + a_{i2}c_{j2} + a_{i3}c_{j3} + \cdots + a_{ik}c_{jk} = 0, \quad i \neq j$$

【예제 4-9】 다음은 행렬 A와 여인수행렬 C이다. A의 제2행과 C의 제3행과의 곱을 구하여라.

$$A = \begin{bmatrix} 3 & -1 & 0 \\ -1 & 5 & 2 \\ 1 & 4 & -2 \end{bmatrix} \qquad C = \begin{bmatrix} -18 & 0 & -9 \\ -2 & -6 & -13 \\ -2 & -6 & 14 \end{bmatrix}$$

◖ 풀이 ◗ $-1 \times (-2) + 5 \times (-6) + 2 \times 14 = 0$

4.4 행렬식과 벡터[8)]

행렬을 행벡터(또는 열벡터)로 표시하는 것은 앞에서 다룬 바 있으며, 벡터는 행렬식과 밀접하게 관련된 것을 보이기로 한다. 이제

$$A = \begin{bmatrix} 2 & 3 \\ 1 & 5 \end{bmatrix}$$

라는 행렬을 고려해보자. 제1행벡터는 (2,3) 이고 제2행벡터는 (1,5) 이다. 만들

8) 벡터는 방향과 크기를 갖는 단위이다. 벡터 표시법은 제7장에서 다루고 있다.

어진 행벡터는 다음과 같이 평면상의 좌표로 표시할 수 있다.[9]

원점을 포함하는 세개의 점 (0,0), (2,3), (1,5)를 꼭지점으로 하는 삼각형의 넓이를 S라고 하면

$$S = 10 - \left(\frac{2\times 3}{2} + \frac{1\times 5}{2} + \frac{1\times 2}{2} \right) = 10 - \frac{13}{2} = \frac{7}{2}$$

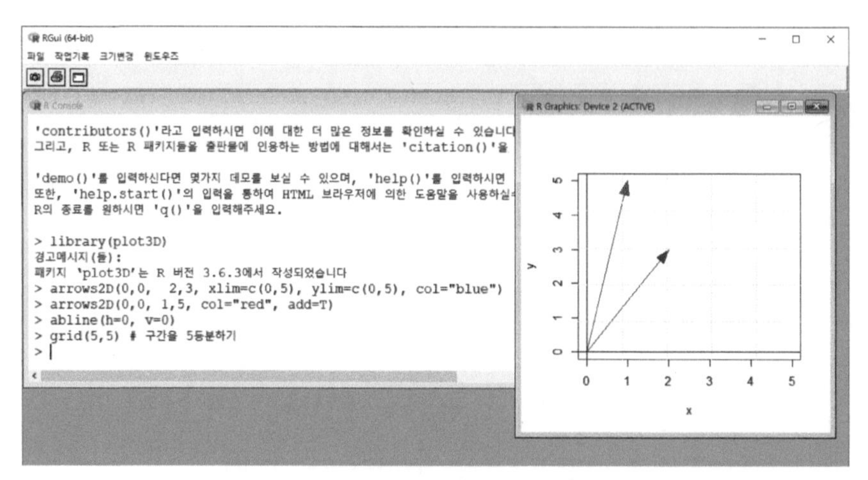

그림 4-7 행벡터 그리기

A의 행렬식은 $\det(A) = 7$ 이므로 S의 2배임을 알 수 있다. 따라서 행렬식의 값은 두 개의 벡터로 이루어진 평행사변형의 넓이가 됨을 알 수 있다.[10]

이것은 3차원 공간으로 확장이 가능하지만 공간상의 평면을 그리는 것은 쉬운 문제가 아니다. 따라서 여기서는 3차원 공간벡터와 행렬식과의 관련성에 관한 논의를 생략하기로 한다.

9) plot3D 패키지를 다운로드해야 한다.

10) 넓이 계산이므로 음수가 나올 수 없지만, 벡터가 음의 방향으로 표시될 때는 좌표상의 계산값에 음수가 출현할 수 있다.

♣ 연습문제 ♣

1. 다음 행렬식의 값을 개선된 Sarrus의 방법을 사용하여 계산하라.

(1) $\begin{vmatrix} 1 & 2 & 3 \\ 4 & -5 & -6 \\ 7 & 8 & 9 \end{vmatrix}$ (2) $\begin{bmatrix} 1 & 2 & 0 & 3 \\ 2 & 3 & 1 & 2 \\ 0 & 3 & 2 & 1 \\ 3 & 1 & 1 & 3 \end{bmatrix}$

2. 다음 행렬식에서 x 를 구하여라.

(1) $\begin{vmatrix} 2x & 4 \\ 6 & 3 \end{vmatrix} = 0$ (2) $\begin{vmatrix} x & 0 & 1 \\ 1 & 2 & 0 \\ 3 & 2 & 1 \end{vmatrix} = 0$

3. 다음 행렬 A에 대하여 각각에 답하여라.

(1) 개선된 Sarrus 방법으로 행렬식의 값을 구하여라.
(2) Gauss 소거법으로 행렬식의 값을 구하여라.
(3) 여인수 행렬을 구하여라.
(4) 수반행렬을 구하여라.
(5) 제1행에 관하여 Laplace 전개하라.
(6) 제3열에 관하여 Laplace 전개하라.

$$A = \begin{bmatrix} 3 & -1 & 2 \\ 1 & 2 & 0 \\ 2 & 3 & 4 \end{bmatrix}$$

4. 다음 행렬 A에 대하여 각각에 답하여라.

$$A = \begin{bmatrix} 1 & 9 & -4 \\ 6 & 4 & 3 \\ 7 & -2 & 6 \end{bmatrix}$$

(1) 수반행렬 B를 구하여라.

(2) A의 제2행과 B의 제2행의 곱을 구하여라.

(3) A의 제1행과 B의 제2행의 곱을 구하여라.

5. 서로 다른 두 점 (a_1, b_1), (a_2, b_2) 를 지나는 직선의 방정식은 다음과 같다는 것을 증명하라.

$$\begin{vmatrix} x & y & 1 \\ a_1 & b_1 & 1 \\ a_2 & b_2 & 1 \end{vmatrix} = 0$$

6. 세 점 (x_1, y_1), (x_2, y_2), (x_3, y_3) 이 동일한 직선 위에 있기 위한 필요충분조건은 다음과 같다는 것을 증명하라.

$$\begin{vmatrix} x_1 & y_1 & 1 \\ x_2 & y_2 & 1 \\ x_3 & y_3 & 1 \end{vmatrix} = 0$$

7. 세 점 $A(x_1, y_1)$, $B(x_2, y_2)$, $C(x_3, y_3)$ 를 지나는 삼각형의 넓이는 다음과 같다는 것을 증명하라.

$$\text{삼각형 } ABC\text{의 넓이} = \frac{1}{2}\begin{vmatrix} x & y & 1 \\ a_1 & b_1 & 1 \\ a_2 & b_2 & 1 \end{vmatrix}$$

프로그램

<<프로그램 4-1>> 개선된 Sarrus의 방법

```
int main()
{
    double a[10][10], b[10][10], c[10][10], s ;
    int i,j,k,n;
    printf("행렬의 차수를 입력하시오 : ");
    scanf("%d",&n);
    printf("\n행렬의 성분 a(i,j)를 입력하시오 : \n");
    for(i=1;i<=n;i++)
        for(j=1;j<=n;j++)
            scanf("%lf", &a[i][j]);
bb: if( a[1][1]==0 )
        for(i=1; i<=n; i++)
        for(k=1; k<=n; k++){
            s = 0 ;
            for(j=i;j<=n;j++)
                s = s + a[j][k] ;
                a[i][k] = s ;
        }
        printf("          a11 성분을 1로 만들기          \n") ;
        printf("----------------------------------------\n");
        for(i=1;i<=n;i++){
        for(j=1;j<=n;j++){
                c[i][j] = a[i][j]/a[1][1] ;
                printf("%10.4f", a[i][j]/a[1][1]);
                }
            printf("\n") ;
        }
        printf("----------------------------------------\n\n");
        printf("Sarrus 방법 적용 \n") ;
        printf("------------------------\n");
        for(i=2;i<=n;i++){
        for(j=2;j<=n;j++){
                b[i-1][j-1] = c[1][1]*c[i][j] - c[1][j]*c[i][1] ;
                printf("%9.4f", b[i-1][j-1]);
                a[i-1][j-1] = b[i-1][j-1] ;
                }
            printf("\n") ;
```

```
        }        printf("------------------------\n\n") ;
        n-- ;
        if(n!=2) goto bb ;
aa:     ;
}
```

컴퓨터는 사람이 직관적으로 판단하는 것처럼 행 또는 열을 자유자재로 바꿀 수 없기 때문에(사실은 이 부분도 처리할 수 있음) 행교환 프로그램에서는 행을 모두 더하는 방식으로 $a_{11} \neq 0$ 이 되도록 만들었다.

<< 프로그램 4-1 >>은 행렬식을 계산하는 것이 아니다. 단지 개선된 Sarrus 방법을 적용하는 프로그램일 뿐이다.

이제 다음 행렬에 적용시킨 결과를 살펴보자. (【예제 4-1】에서는 제1행과 제3행을 교환하였음.)

$$\begin{bmatrix} 0 & 2 & 1 \\ 2 & 3 & -1 \\ 1 & 0 & 1 \end{bmatrix}$$

주어진 행렬은 다음과 같은 방식으로 행교환을 실시한다.

1행 ← 1행 + 2행 + 3행

2행 ← 2행 + 3행

3행 ← 3행

변형된 행렬은

$$\begin{bmatrix} 3 & 5 & 1 \\ 3 & 3 & 0 \\ 1 & 0 & 1 \end{bmatrix}$$

이며, a_{11} 값인 3으로 모든 성분을 나누면 $a_{11} = 1$ 로 만들어지게 된다. 이것이 다음 화면의 "a11 성분을 1로 만들기"라는 행렬로 표시되어 있다. 여기에 개선된 Sarrus 방법을 적용시켜 3차행렬을 2차행렬로 바꾼 것이다.

```
C:₩WINDOWS₩system32₩cmd.exe
행렬의 차수를 입력하시오 : 3

행렬의 성분 a(i,j)를 입력하시오 :
0 2 1
2 3 -1
1 0 1
            a11 성분을 1로 만들기
------------------------------------------
    1.0000    1.6667    0.3333
    1.0000    1.0000    0.0000
    0.3333    0.0000    0.3333
------------------------------------------

Sarrus 방법 적용
-------------------------
  -0.6667  -0.3333
  -0.5556   0.2222
-------------------------

계속하려면 아무 키나 누르십시오 . . .
```

【예제4-3】을 처리할 때는 a_{11}의 성분인 2로 모든 성분을 나눈 후, 개선된 Sarrus 방법을 적용한다. 축소된 3차행렬에서 $a_{11}=1$ 로 만들기 위해, -0.5로 모든 성분을 나누고 개선된 Sarrus 방법을 적용하였다. (행렬식의 값을 구하는 것은 아님)

```
C:₩WINDOWS₩system32₩cmd.exe
행렬의 성분 a(i,j)를 입력하시오 :
2 1 3 6
2 0 1 4
1 3 1 2
5 0 1 0
            a11 성분을 1로 만들기
------------------------------------------
    1.0000    0.5000    1.5000    3.0000
    1.0000    0.0000    0.5000    2.0000
    0.5000    1.5000    0.5000    1.0000
    2.5000    0.0000    0.5000    0.0000
------------------------------------------

Sarrus 방법 적용
-------------------------
  -0.5000  -1.0000  -1.0000
   1.2500  -0.2500  -0.5000
  -1.2500  -3.2500  -7.5000
-------------------------

            a11 성분을 1로 만들기
------------------------------------------
    1.0000    2.0000    2.0000
   -2.5000    0.5000    1.0000
    2.5000    6.5000   15.0000
------------------------------------------

Sarrus 방법 적용
-------------------------
   5.5000   6.0000
   1.5000  10.0000
-------------------------

계속하려면 아무 키나 누르십시오 . . .
```

제5장 역행렬

역행렬(inverse matrix)은 행렬 연산의 기본이라 할 수 있으며, 제6장에서 다루고 있는 선형연립방정식의 해를 구할 때 사용하고 컴퓨터그래픽에서도 선형변환을 할 때에 역행렬이 사용되기도 한다. 통계학의 회귀모형을 구할 때에도 모수추정에 역행렬이 사용되는 등, 여러 곳에서 다양하게 응용되고 있다.

제5장에서는 역행렬을 계산하는 방법은 다루어본다.

5.1 정의에 의한 방법

【정의 5-1】 정방행렬 A에 대하여 $AB=BA=I$를 만족시키는 정방행렬 B가 존재하면, 이러한 B를 행렬 A의 역행렬 (inverse matrix)이라 하고 A^{-1}로 표기한다.

【예제 5-1】 다음 행렬의 역행렬을 구하여라.

$$A=\begin{bmatrix} 4 & 2 \\ 5 & 3 \end{bmatrix}$$

◀ 풀이 ▶ $\det(A)=4\times 3-2\times 5=2\neq 0$ 이므로 역행렬이 존재한다. 이제 역행렬 B를

$$B=\begin{bmatrix} a & b \\ c & d \end{bmatrix}$$

라고 하면, $AB=I$ 인 관계식을 만족해야 한다. 따라서

$$AB=\begin{bmatrix}4 & 2\\5 & 3\end{bmatrix}\begin{bmatrix}a & b\\c & d\end{bmatrix}=I=\begin{bmatrix}1 & 0\\0 & 1\end{bmatrix}$$

를 만족하는 a,b,c,d 를 구하면 된다.

$$AB=\begin{bmatrix}4 & 2\\5 & 3\end{bmatrix}\begin{bmatrix}a & b\\c & d\end{bmatrix}=\begin{bmatrix}4a+2c & 4b+2d\\5a+3c & 5b+3d\end{bmatrix}=I=\begin{bmatrix}1 & 0\\0 & 1\end{bmatrix}$$

이므로 행렬의 동치관계로부터

$$\begin{cases}4a+2c= & 1\\5a+3c= & 0\\4b+2d= & 0\\5b+3d= & 1\end{cases}$$

이상의 연립방정식을 풀면 $a=1.5$, $b=-1$, $c=-2.5$, $d=2$ 이므로 역행렬은 다음과 같으며, 소수점을 없애기 위해 $\frac{1}{2}$을 행렬에 곱하여 정리하였다.

$$A^{-1}=B=\begin{bmatrix}1.5 & -1\\-2.5 & 2\end{bmatrix}=\frac{1}{2}\begin{bmatrix}3 & -2\\-5 & 4\end{bmatrix}$$

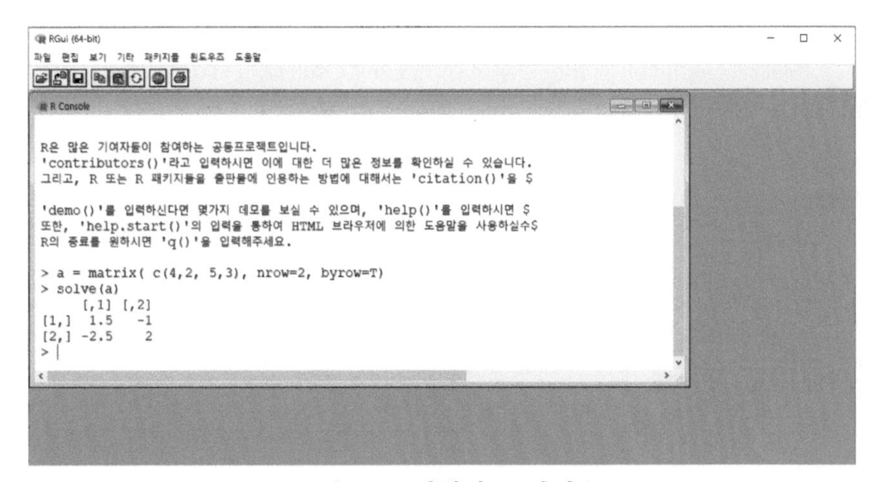

그림 5-1 역행렬 구하기[1)]

1) 역행렬을 구하는 명령문은 solve( ) 이다.

2차 정방행렬을 정의에 의해 구하는 것은 가능하지만, 3차 정방행렬을 정의에 따라 구하려면 연립방정식이 9개까지 만들어진다. 행렬의 크기가 커지면 사실상 정의를 사용하여 역행렬을 구하는 것은 불가능하다고 볼 수 있다.

【정리 5-1】 행렬 A의 역행렬이 존재하기 위한 필요충분조건은 $\det(A) \neq 0$ 이다.

증명. A의 역행렬은 A^{-1}이므로 $I = AA^{-1}$의 관계식을 만들 수 있다. 이제 양변의 행렬식을 구해보자. $\det(I) = 1$ 이고 $\det(AA^{-1}) = \det(A)\det(A^{-1})$ 이므로 $\det(A) \neq 0$가 된다.

역으로 $\det(A) \neq 0$ 으로 가정하고 R을 A의 기약 가우스 행렬이라고 하자. 주어진 행렬의 주대각성분을 제외한 성분을 모두 0으로 만드는 조작을 하면

$$E_1 E_2 \cdots E_k A = R$$

이라는 관계식을 얻을 수 있는데, E_i는 i단계에서의 기본행연산이라고 부른다. 윗 식에서 $A = (E_1 E_2 \cdots E_k)^{-1} R$ 이므로 양변의 행렬식을 구해보면

$$\det(A) = \det(E_1^{-1})\det(E_2^{-1}) \cdots \det(E_k^{-1})\det(R)$$

이다. $\det(A) \neq 0$ 이라고 가정하였으므로 $\det(R) \neq 0$ 이 된다. 따라서 R은 0인 행벡터가 존재하지 않는 기약 가우스 행렬임을 보일 수 있다.

【예제 5-2】 행렬 A를 기약 가우스 행렬로 만들기 위한 기본행연산 E_1, E_2를 구하여라.

$$A = \begin{bmatrix} 1 & 2 \\ 3 & 4 \end{bmatrix}$$

◀ 풀이 ▶ 1단계의 기본행연산을 E_1이라 하자. 기약 가우스 행렬을 만들기 위

해 $a_{12}=0$인 행렬을 B라고 하면 $B=\begin{bmatrix}1 & 0\\3 & 4\end{bmatrix}$로 표시된다. 따라서

$$A=\begin{bmatrix}1 & 2\\3 & 4\end{bmatrix}=E_1\begin{bmatrix}1 & 0\\3 & 4\end{bmatrix}=E_1 B$$ [2)]

이고, 다음 그림에서처럼 E_1을 구하면 $E_1=\begin{bmatrix}-0.5 & 0.5\\0 & 1\end{bmatrix}$이므로

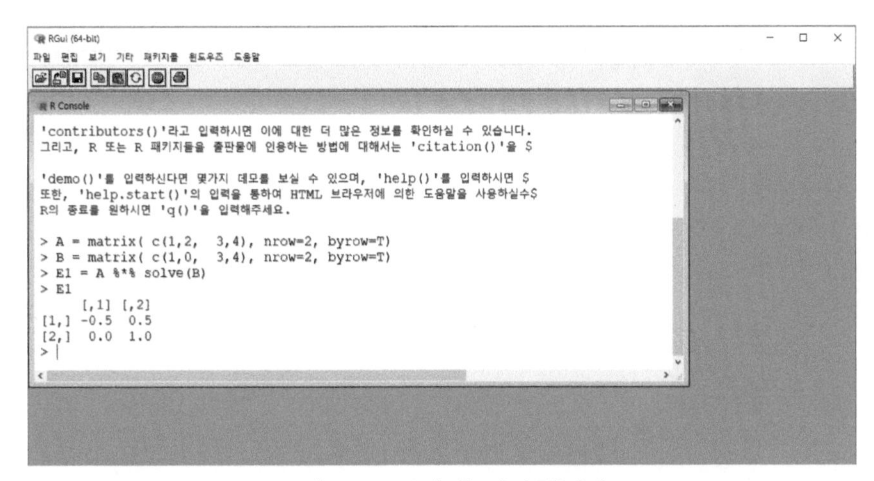

그림 5-2 1단계 기본행연산

$$A=\begin{bmatrix}1 & 2\\3 & 4\end{bmatrix}=\begin{bmatrix}-0.5 & 0.5\\0 & 1\end{bmatrix}\begin{bmatrix}1 & 0\\3 & 4\end{bmatrix}$$

가 된다. 2단계의 기본행연산을 E_2이라 하자. 기약 가우스 행렬을 만들기 위해 $a_{21}=0$인 행렬을 C라고 하면 $C=\begin{bmatrix}1 & 0\\0 & 4\end{bmatrix}$로 표시된다. 따라서

$$A=\begin{bmatrix}1 & 2\\3 & 4\end{bmatrix}=E_1E_2\begin{bmatrix}1 & 0\\0 & 4\end{bmatrix}=\begin{bmatrix}-0.5 & 0.5\\0 & 1\end{bmatrix}E_2\begin{bmatrix}1 & 0\\0 & 4\end{bmatrix}$$

이 식에서 E_2는 다음 그림에서 보듯이 $E_2=\begin{bmatrix}1 & 0\\3 & 1\end{bmatrix}$이 된다.

2) $E_1=AB^{-1}$로 계산한다.

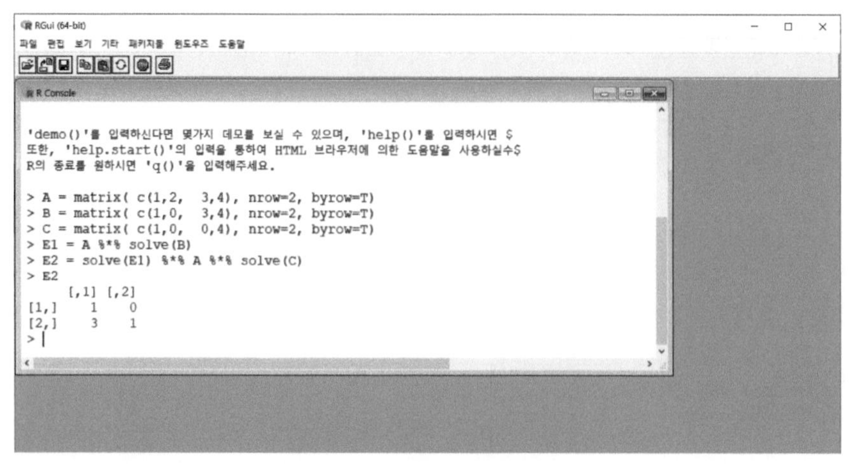

그림 5-3 2단계 기본행연산

따라서 행렬 A는 2회의 기본행연산을 통해 기약 가우스 행렬을 만들 수 있다.

$$A=\begin{bmatrix}1&2\\3&4\end{bmatrix}=\begin{bmatrix}-0.5&0.5\\0&1\end{bmatrix}\begin{bmatrix}1&0\\3&1\end{bmatrix}\begin{bmatrix}1&0\\0&4\end{bmatrix}=E_1E_2R$$

【정의 5-2】 행렬 A의 역행렬이 유일하면 A를 **정칙행렬**(non-singular matrix)이라 하고, 역행렬이 존재하지 않으면 **특이행렬**(singular matrix)이라 한다.[3)]

【예제 5-3】 다음 행렬이 정칙행렬임을 보여라.

$$A=\begin{bmatrix}2&2&1\\0&3&0\\1&2&1\end{bmatrix}$$

◀ 풀이 ▶ $\det(A)=3$ 이므로 역행렬이 존재하고, 따라서 정칙행렬이다.

3) 정칙행렬역행렬이 존재하므로 가역행렬(invertible matrix)이라고도 부른다.

5.2 소행렬식을 이용하는 방법

【정리 5-2】 n차 정방행렬 A의 역행렬은 다음과 같다.

$$A^{-1} = \frac{1}{\det(A)} adj(A) = \frac{1}{\det(A)} \left[(-1)^{i+j} M_{ij} \right]^T$$

M_{ij}는 a_{ij}의 **소행렬식**(minor)이고 $adj(A)$는 행렬 A의 **수반행렬**(adjoint matrix)이다.

증명. 행렬 A와 수반행렬 $adj(A)$는 다음과 같다고 하자.

$$A = \begin{bmatrix} a_{11} & a_{12} \cdots & a_{1n} \\ a_{21} & a_{22} \cdots & a_{2n} \\ \vdots & \vdots & \vdots \\ a_{n1} & a_{n2} \cdots & a_{nn} \end{bmatrix} \qquad adj(A) = \begin{bmatrix} c_{11} & c_{12} \cdots & c_{1n} \\ c_{21} & c_{22} \cdots & c_{2n} \\ \vdots & \vdots & \vdots \\ c_{n1} & c_{n2} \cdots & c_{nn} \end{bmatrix}$$

제4장의 【정리 4-2】와 【정리 4-3】을 요약하면

$$a_{i1} C_{j1} + a_{i2} C_{j2} + \cdots + a_{in} C_{jn} = \begin{cases} \det(A), & i = j \\ 0, & i \neq j \end{cases}$$

이다. 이것을 이용하면 행렬 A와 수반행렬 $adj(A)$의 곱은

$$A \times adj(A) = \begin{bmatrix} a_{11} & a_{12} \cdots & a_{1n} \\ a_{21} & a_{22} \cdots & a_{2n} \\ \vdots & \vdots & \vdots \\ a_{n1} & a_{n2} \cdots & a_{nn} \end{bmatrix} \begin{bmatrix} c_{11} & c_{12} \cdots & c_{1n} \\ c_{21} & c_{22} \cdots & c_{2n} \\ \vdots & \vdots & \vdots \\ c_{n1} & c_{n2} \cdots & c_{nn} \end{bmatrix}$$

$$= \begin{bmatrix} \det(A) & 0 & \ldots & 0 \\ 0 & \det(A) & \ldots & 0 \\ \vdots & \vdots & & \vdots \\ 0 & 0 & \ldots & \det(A) \end{bmatrix} = \det(A) \times I$$

가 된다. 이 식의 양변의 앞 부분에 A^{-1}를 곱하면

$$A^{-1}A \times adj(A) = A^{-1}\det(A) \times I$$

가 된다. $A^{-1}A = I$ 이고 $A^{-1} \times I = A^{-1}$ 이므로

$$I \times adj(A) = adj(A) = \det(A) \times A^{-1}$$

라는 관계식이 얻어지므로 $A^{-1} = \dfrac{1}{\det(A)} adj(A)$

【예제 5-4】 다음 행렬의 역행렬을 구하여라.

$$A = \begin{bmatrix} 2 & 2 & 1 \\ 0 & 3 & 0 \\ 1 & 2 & 1 \end{bmatrix}$$

◖ 풀이 ◗ $\det(A) = 3$ 이므로 역행렬은 존재한다. 각각의 성분에 대한 소행렬식을 계산하면

$$M_{11} = \begin{vmatrix} 3 & 0 \\ 2 & 1 \end{vmatrix} = 3 \qquad M_{12} = \begin{vmatrix} 0 & 0 \\ 1 & 1 \end{vmatrix} = 0 \qquad M_{13} = \begin{vmatrix} 0 & 3 \\ 1 & 2 \end{vmatrix} = -3$$

$$M_{21} = \begin{vmatrix} 2 & 1 \\ 2 & 1 \end{vmatrix} = 0 \qquad M_{22} = \begin{vmatrix} 2 & 1 \\ 1 & 1 \end{vmatrix} = 1 \qquad M_{23} = \begin{vmatrix} 2 & 2 \\ 1 & 2 \end{vmatrix} = 2$$

$$M_{31} = \begin{vmatrix} 2 & 1 \\ 3 & 0 \end{vmatrix} = -3 \qquad M_{32} = \begin{vmatrix} 2 & 1 \\ 0 & 0 \end{vmatrix} = 0 \qquad M_{33} = \begin{vmatrix} 2 & 2 \\ 0 & 3 \end{vmatrix} = 6$$

이다. 여기서 소행렬식의 부호를 고려하고 전치행렬을 만들면 역행렬이 만들어진다. 즉

$$A^{-1} = \frac{1}{3}\begin{bmatrix} 3 & 0 & -3 \\ 0 & 1 & -2 \\ -3 & 0 & 6 \end{bmatrix}^T = \frac{1}{3}\begin{bmatrix} 3 & 0 & -3 \\ 0 & 1 & 0 \\ -3 & -2 & 6 \end{bmatrix}$$

【정리 5-3】 역행렬의 연산

1) $(A^{-1})^{-1} = A$
2) $(AB)^{-1} = B^{-1}A^{-1}$
3) $(A^T)^{-1} = (A^{-1})^T$

증명. 1) A의 역행렬을 B라고 하면 $A = B^{-1}$, $B = A^{-1}$의 관계식을 얻을 수 있다. 따라서 $A = B^{-1} = (A^{-1})^{-1}$ 가 성립한다.
3) $(AA^{-1})^T = (A^{-1})^T A^T$ 의 관계식을 만들 수 있다. 그런데 $I = AA^{-1}$ 이므로 $I^T = (A^{-1})^T A^T$ 가 된다. 양변의 뒷쪽에 $(A^T)^{-1}$를 곱해주면

좌변 = $I(A^T)^{-1} = (A^T)^{-1}$
우변 = $(A^{-1})^T A^T (A^T)^{-1} = (A^{-1})^T$

2)번은 예제로 대체한다. 행렬 A ,B가 다음과 같을 때, $(AB)^{-1} = B^{-1}A^{-1}$ 임을 R 프로그램으로 확인하는 그림이 다음과 같다.

$$A = \begin{bmatrix} 1 & 2 \\ 3 & 5 \end{bmatrix} \qquad B = \begin{bmatrix} -2 & 3 \\ 3 & 5 \end{bmatrix}$$

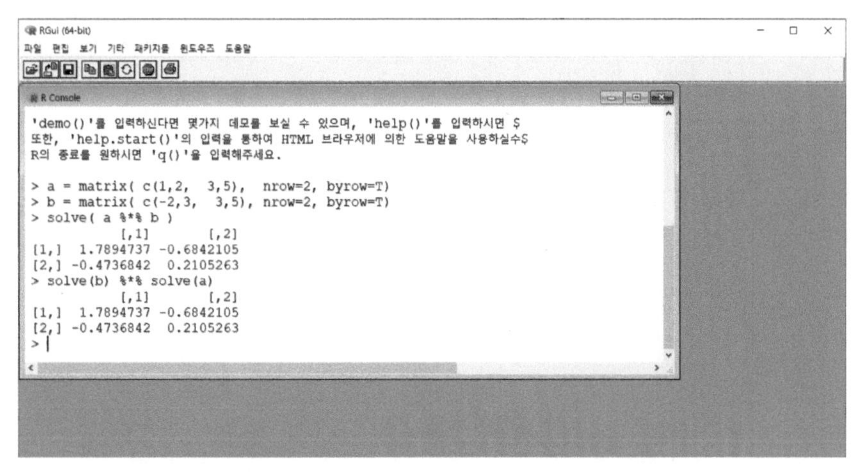

그림 5-4 $(AB)^{-1}$와 $B^{-1}A^{-1}$의 계산

5.3 증대행렬을 이용하는 방법

주어진 행렬 A와 단위행렬 I를 결합하여 증대행렬을 만들고 가우스-조던 소거법으로 기약 가우스 행렬을 만듦으로써 역행렬을 구하는 방법이다.

이제 행렬 A와 단위행렬 I를 결합한 행렬을 K라고 하자.

$$K=\left[\begin{array}{cccc|cccc} a_{11} & a_{12} & \cdots & a_{1n} & 1 & 0 & \cdots & 0 \\ a_{21} & a_{22} & \cdots & a_{2n} & 0 & 1 & \cdots & 0 \\ \vdots & \vdots & & \vdots & \vdots & \vdots & & \vdots \\ a_{n1} & a_{n2} & \cdots & a_{nn} & 0 & 0 & \cdots & 1 \end{array}\right]$$

행렬 K를 행변환하여 단위행렬이 앞(왼쪽)에 오도록 만든 행렬을 K'라고 하면

$$K'=\left[\begin{array}{cccc|cccc} 1 & 0 & \cdots & 0 & b_{11} & b_{12} & \cdots & b_{1n} \\ 0 & 1 & \cdots & 0 & b_{21} & b_{22} & \cdots & b_{2n} \\ \vdots & \vdots & & \vdots & \vdots & \vdots & & \vdots \\ 0 & 0 & \cdots & 1 & b_{n1} & b_{n2} & \cdots & b_{nn} \end{array}\right]$$

이 되고, 행렬 K'의 오른쪽 정방행렬이 행렬 A의 역행렬이 된다. 즉,

$$A^{-1}=\begin{bmatrix} b_{11} & b_{12} \cdots & b_{1n} \\ b_{21} & b_{22} \cdots & b_{2n} \\ \vdots & \vdots & \vdots \\ b_{n1} & b_{n2} \cdots & b_{nn} \end{bmatrix}$$

【예제 5-5】 증대행렬을 이용하여 다음 행렬의 역행렬을 구하여라.

$$A=\begin{bmatrix} 2 & 2 & 1 \\ 0 & 3 & 0 \\ 1 & 2 & 1 \end{bmatrix}$$

◀ 풀이 ▶ 증대행렬 K로부터 일련의 조작을 거쳐 K'를 만들어본다.

$$K = \begin{bmatrix} 2\,2\,1 & | & 1\,0\,0 \\ 0\,3\,0 & | & 0\,1\,0 \\ 1\,2\,1 & | & 0\,0\,1 \end{bmatrix} \quad \begin{matrix} R_1 \\ R_2 \\ R_3 \end{matrix}$$

1단계 : R_1을 조작하여 나머지 행의 연산을 수행한다. 변환 방법은 행렬의 오른쪽에 표시하였다.

$$K' = \begin{bmatrix} 2 & 2 & 1 & | & 1 & 0 & 0 \\ 0 & 3 & 0 & | & 0 & 1 & 0 \\ 0 & 1 & 0.5 & | & -0.5 & 0 & 1 \end{bmatrix} \begin{matrix} R_1 \leftarrow R_1 \\ R_2 \leftarrow R_2 - 0 \times R_1 \\ R_3 \leftarrow R_3 - 0.5 \times R_1 \end{matrix}$$

2단계 : R_2를 조작하여 나머지 행의 연산을 수행한다. 마찬가지로

$$K' = \begin{bmatrix} 2 & 0 & 1 & | & 1 & -2/3 & 0 \\ 0 & 3 & 0 & | & 0 & 1 & 0 \\ 0 & 0 & 0.5 & | & -0.5 & -1/3 & 1 \end{bmatrix} \begin{matrix} R_1 \leftarrow R_1 - 2/3 \times R_2 \\ R_2 \leftarrow R_2 \\ R_3 \leftarrow R_3 - 1/3 \times R_2 \end{matrix}$$

3단계 : R_3을 조작하여 나머지 행의 연산을 수행한다. 마찬가지로

$$K' = \begin{bmatrix} 2 & 0 & 0 & | & 2 & 0 & -2 \\ 0 & 3 & 0 & | & 0 & 1 & 0 \\ 0 & 0 & 0.5 & | & -0.5 & -1/3 & 1 \end{bmatrix} \begin{matrix} R_1 \leftarrow R_1 - 2 \times R_3 \\ R_2 \leftarrow R_2 - 0 \times R_3 \\ R_3 \leftarrow R_3 \end{matrix}$$

4단계 : 왼쪽 부분을 단위행렬로 변형시키기 위해 주대각성분의 값으로 행의 성분을 나눈다.

$$K' = \begin{bmatrix} 1 & 0 & 0 & | & 1 & 0 & -1 \\ 0 & 1 & 0 & | & 0 & 1/3 & 0 \\ 0 & 0 & 1 & | & -1 & -2/3 & 2 \end{bmatrix} \begin{matrix} R_1 \leftarrow R_1/2 \\ R_2 \leftarrow R_2/3 \\ R_3 \leftarrow R_3/0.5 \end{matrix}$$

따라서 역행렬 A^{-1} 는 다음과 같다.

$$A^{-1} = \frac{1}{3} \begin{bmatrix} 3 & 0 & -3 \\ 0 & 1 & 0 \\ -3 & -2 & 6 \end{bmatrix}$$

다음 그림은 << 프로그램 5-1 >>을 사용하여 역행렬을 계산한 것이다.

```
C:\WINDOWS\system32\cmd.exe
주어진 행렬의 행의 크기를 입력하시오 : 3
행렬의 성분 A(i,j)의 값을 입력하시오 :
2 2 1
0 3 0
1 2 1

  증대행렬
------------------------------------------------
   2.00000   2.00000   1.00000   1.00000   0.00000   0.00000
   0.00000   3.00000   0.00000   0.00000   1.00000   0.00000
   1.00000   2.00000   1.00000   0.00000   0.00000   1.00000
------------------------------------------------

1 단계
----------------------------------------------
    2.0000    2.0000    1.0000    1.0000    0.0000    0.0000
    0.0000    3.0000    0.0000    0.0000    1.0000    0.0000
    0.0000    1.0000    0.5000   -0.5000    0.0000    1.0000
----------------------------------------------

2 단계
----------------------------------------------
    2.0000    0.0000    1.0000    1.0000   -0.6667    0.0000
    0.0000    3.0000    0.0000    0.0000    1.0000    0.0000
    0.0000    0.0000    0.5000   -0.5000   -0.3333    1.0000
----------------------------------------------

3 단계
----------------------------------------------
    2.0000    0.0000    0.0000    2.0000    0.0000   -2.0000
    0.0000    3.0000    0.0000    0.0000    1.0000    0.0000
    0.0000    0.0000    0.5000   -0.5000   -0.3333    1.0000
----------------------------------------------

     역행렬
------------------------------------------------
     1.00000        0.00000       -1.00000
     0.00000        0.33333        0.00000
    -1.00000       -0.66667        2.00000
------------------------------------------------

계속하려면 아무 키나 누르십시오 . . .
```

그림 5-5 역행렬의 단계별 연산결과

역행렬 계산에 있어, 주대각성분의 값이 0인 경우는 주대각성분의 값이 0이 되지 않도록 행끼리 연산을 하여 역행렬을 구하여도 역행렬은 변함이 없다.

【예제 5-6】 다음 행렬의 역행렬을 구하여라.

$$A = \begin{bmatrix} 0 & 1 & -4 \\ 0 & 7 & 3 \\ 2 & 3 & -2 \end{bmatrix}$$

◖ 풀이 ◗ 증대행렬 K에 변환을 거쳐 앞부분을 단위행렬로 만들어본다.

$$K = \begin{bmatrix} 0 & 1 & -4 & | & 1\ 0\ 0 \\ 0 & 7 & 3 & | & 0\ 1\ 0 \\ 2 & 3 & -2 & | & 0\ 0\ 1 \end{bmatrix} \quad \begin{matrix} R_1 \\ R_2 \\ R_3 \end{matrix}$$

$a_{11} = 0$, $a_{21} = 0$이므로 << 프로그램 4-1 >> 설명에서 언급한 것처럼

$$R_1 \leftarrow R_1 + R_2 + R_3,\ R_2 \leftarrow R_2 + R_3,\ R_3 \leftarrow R_3$$

인 연산을 수행하여 제1행을 변경해야 한다. 이렇게 만들어진 증대행렬에 가우스-조던 소거법을 적용하여 역행렬을 구하는 절차를 진행하면 된다.

다음은 << 프로그램 5-1 >>을 실행한 것이다. a_{11}이 0이 안되도록 행을 변환하는 절차를 통해 증대행렬을 만들고 가우스-조던 소거법을 적용하였다.

```
C:\WINDOWS\system32\cmd.exe
주어진 행렬의 행의 크기, 열의 크기를 입력하시오 : 3 6

행렬의 성분 A(i,j)의 값을 입력하시오 :
0 1 -4 1 0 0
0 7 3 0 1 0
2 3 -2 0 0 1

            행 렬
------------------------------------------
    0.0000   1.0000  -4.0000   1.0000   0.0000   0.0000
    0.0000   7.0000   3.0000   0.0000   1.0000   0.0000
    2.0000   3.0000  -2.0000   0.0000   0.0000   1.0000
------------------------------------------

          교 환 행 렬
------------------------------------------
    2.0000  11.0000  -3.0000   1.0000   1.0000   1.0000
    2.0000  10.0000   1.0000   0.0000   1.0000   1.0000
    2.0000   3.0000  -2.0000   0.0000   0.0000   1.0000
------------------------------------------

1 단계
------------------------------------------
    2.0000  11.0000  -3.0000   1.0000   1.0000   1.0000
    0.0000  -1.0000   4.0000  -1.0000   0.0000   0.0000
    0.0000  -8.0000   1.0000  -1.0000  -1.0000   0.0000
------------------------------------------

2 단계
------------------------------------------
    2.0000   0.0000  41.0000 -10.0000   1.0000   1.0000
    0.0000  -1.0000   4.0000  -1.0000   0.0000   0.0000
    0.0000   0.0000 -31.0000   7.0000  -1.0000   0.0000
------------------------------------------
```

```
3 단계
-----------------------------------------
   2.0000    0.0000    0.0000   -0.7419   -0.3226    1.0000
   0.0000   -1.0000    0.0000   -0.0968   -0.1290    0.0000
   0.0000    0.0000  -31.0000    7.0000   -1.0000    0.0000
-----------------------------------------

Gauss소거법(또는 Gauss-Jordan 소거법) 수행 결과
-----------------------------------------
   1.0000    0.0000    0.0000   -0.3710   -0.1613    0.5000
  -0.0000    1.0000   -0.0000    0.0968    0.1290   -0.0000
  -0.0000   -0.0000    1.0000   -0.2258    0.0323   -0.0000
-----------------------------------------
계속하려면 아무 키나 누르십시오 . . .
```

그림 5-6 $a_{11}=0$인 경우의 역행렬

【예제 5-6】의 제1행과 제3행을 직접 교환하여 역행렬을 구한다면 엉뚱한 결과가 나타난다. 다음은 제1행과 제3행을 교환하여 역행렬을 구한 것이다.

【예제 5-7】 다음 행렬의 역행렬을 구하여라.

$$A=\begin{bmatrix} 2 & 3 & -2 \\ 0 & 7 & 3 \\ 0 & 1 & -4 \end{bmatrix}$$

◀ 풀이 ▶ R 프로그램으로 계산한 역행렬은 앞의 결과와는 다름을 알 수 있다.

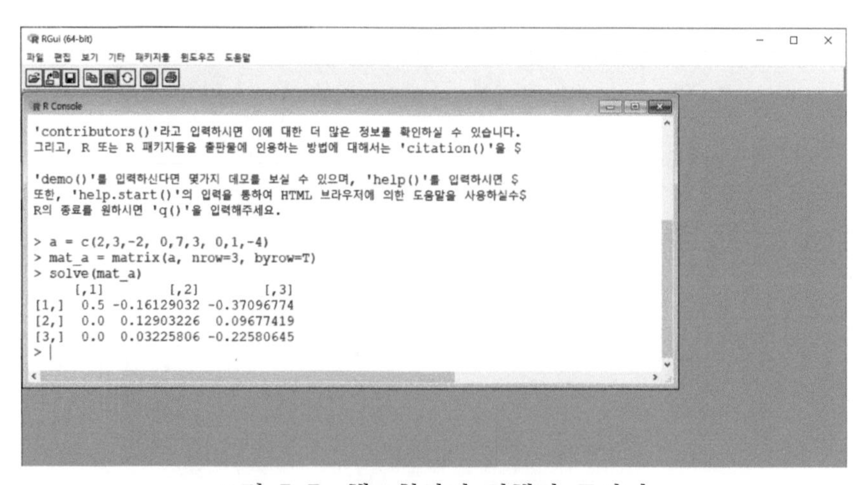

그림 5-7 행교환하여 역행렬 구하기

♣ 연습문제 ♣

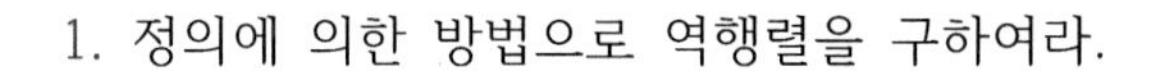

1. 정의에 의한 방법으로 역행렬을 구하여라.

(1) $\begin{bmatrix} 1 & -1 \\ 1 & 1 \end{bmatrix}$ (2) $\begin{bmatrix} 2 & 4 \\ 1 & 0 \end{bmatrix}$

2. 소행렬식을 이용하여 역행렬을 구하여라.

(1) $\begin{bmatrix} -2 & 3 & 2 \\ 6 & 0 & 3 \\ 4 & 1 & -1 \end{bmatrix}$ (2) $\begin{bmatrix} 0 & 3 & 1 \\ 2 & 2 & 1 \\ 1 & 1 & 1 \end{bmatrix}$

3. 증대행렬을 사용하여 다음 행렬의 역행렬을 구하여라.

(1) $\begin{bmatrix} 1 & -1 \\ 1 & 1 \end{bmatrix}$ (2) $\begin{bmatrix} 2 & 4 \\ 1 & 0 \end{bmatrix}$

4. 증대행렬을 사용하여 다음 행렬의 역행렬을 구하여라.

$$\begin{bmatrix} 0 & 1 & 0 & 2 \\ 7 & 0 & 0 & 0 \\ 2 & 3 & 4 & 0 \\ 5 & 0 & 2 & 2 \end{bmatrix}$$

5. R 프로그램을 사용하여 다음의 행렬 A를 기약 가우스 행렬로 만들기 위한

기본행연산 E_1, E_2, E_3 를 구하여라.

$$A = \begin{bmatrix} 2 & 1 & 0 \\ 2 & 3 & 5 \\ 6 & 2 & 4 \end{bmatrix}$$

6. n차 정방행렬 A, B에 대하여 $AB = I$이면 $BA = I$임을 보여라.

프로그램

<< 프로그램 5-1 >> 역행렬의 계산

```
int change(double a[10][10],int m,int n)
{
    int i,j;
    for(i=m;i<=n-1;i++){
        if(a[i+1][m] != 0) break;
        if(i==n-1) return 0;
    }
    for(j=1;j<=n*2;j++)
        a[m][j]+=a[i+1][j];
    return 0 ;
}

int main()
{
    double r,a[10][10], b[10][10], element;
    int n,i,j,k,m, l, sol;
    printf("주어진 행렬의 행의 크기를 입력하시오 : ");
    scanf("%d", &m);
        n=m ;
    printf("행렬의 성분 A(i,j)의 값을 입력하시오 : \n");
    for(i=1;i<=m;i++){
        for(j=1;j<=n;j++)
            scanf("%lf",&a[i][j]);
    }
    l = 2*m ;
    for(i=1;i<=n;i++){
        for(j=n+1;j<=l;j++){
            a[i][j]=0;
            if(j==(n+i)) a[i][j]=1;
        }
    }
        printf("\n  증대행렬              \n");
    printf("-----------------------------------------\n");
    for(i=1;i<=m;i++){
        for(j=1;j<=l;j++)
        printf("%10.5f", a[i][j]);
        printf("\n");
    }
```

```
    printf("-------------------------------------------\n\n");

    for(i=1;i<=m;i++){
        if( a[i][i]==0 ) change(a,i,m) ;
        if(a[m][m]==0) printf("역행렬이 존재하지 않음. \n");
    for(j=1;j<=m;j++){  // Gauss-Jordan
        if( i==j ) { r=0 ; goto aa ; }
        r=a[j][i]/a[i][i];
aa: for(k=1;k<=l;k++){
        b[j][k] = a[j][k] - r*a[i][k];
        a[j][k] = b[j][k] ;
        }
    }
    printf("%d 단계\n",i);
    printf("----------------------------------------\n");
    for(j=1;j<=m;j++){
        for(k=1;k<=l;k++){
            element = a[j][k] ;
            if( -1e-6< element && element<1e-6) element=0 ;
            printf("%10.4f", element);
            }
            printf("\n");
        }
    printf("----------------------------------------\n\n");
    }
    printf("      역행렬              \n");
    printf("-------------------------------------------\n");
    for(i=1;i<=n;i++){
        for(j=n+1;j<=l;j++)
        printf(" %12.5f ",a[i][j]/a[i][i]);
        printf("\n");
    }
    printf("-------------------------------------------\n\n");
}
```

제6장 선형방정식의 해법

연립방정식이 다음과 같은 형태를 취하고 있으면 선형 연립방정식이라 한다. 여기서는 선형 연립방정식의 해를 직접 구하는 여러 가지 방법에 대하여 다루어보기로 한다.

모든 선형방정식은 행렬로 표현할 수 있으므로 다음과 같은 n개의 미지수를 가진 n개의 연립방정식

$$\begin{cases} a_{11}x_1 + a_{12}x_2 + \cdots + a_{1n}x_n = b_1 \\ a_{21}x_1 + a_{22}x_2 + \cdots + a_{2n}x_n = b_2 \\ \vdots \qquad \vdots \qquad\qquad \vdots \quad \vdots \\ a_{n1}x_1 + a_{n2}x_2 + \cdots + a_{nn}x_n = b_n \end{cases}$$

을 행렬로 간단히 표현하면 다음과 같다.

$$\begin{bmatrix} a_{11} & a_{12} \cdots & a_{1n} \\ a_{21} & a_{22} \cdots & a_{2n} \\ \vdots & \vdots & \vdots \\ a_{n1} & a_{n2} \cdots & a_{nn} \end{bmatrix} \begin{bmatrix} x_1 \\ x_2 \\ \vdots \\ x_n \end{bmatrix} = \begin{bmatrix} b_1 \\ b_2 \\ \vdots \\ b_n \end{bmatrix}$$

6.1 역행렬을 이용하는 방법

위의 선형 연립방정식을 행렬로 표시하면 $AX = B$가 된다. 여기서

$$A = \begin{bmatrix} a_{11} & a_{12} \cdots & a_{1n} \\ a_{21} & a_{22} \cdots & a_{2n} \\ \vdots & \vdots & \vdots \\ a_{n1} & a_{n2} \cdots & a_{nn} \end{bmatrix} \qquad X = \begin{bmatrix} x_1 \\ x_2 \\ \vdots \\ x_n \end{bmatrix} \qquad B = \begin{bmatrix} b_1 \\ b_2 \\ \vdots \\ b_n \end{bmatrix}$$

만일 계수행렬 A의 역행렬이 존재하면 연립방정식의 해는 다음과 같다.

$$X = A^{-1}B$$ 1)

【예제 6-1】 다음 연립방정식의 해를 구하여라.

$$\begin{cases} x_1 + 4x_2 + 3x_3 = 1 \\ 2x_1 + 5x_2 + 4x_3 = 4 \\ -x_1 + 3x_2 + 2x_3 = 5 \end{cases}$$

◖ 풀이 ◗ 연립방정식을 행렬로 나타내면 행렬 A와 B는

$$A = \begin{bmatrix} 1 & 4 & 3 \\ 2 & 5 & 4 \\ -1 & 3 & 2 \end{bmatrix} \qquad B = \begin{bmatrix} 1 \\ 4 \\ 5 \end{bmatrix}$$

이고, R 프로그램을 실행시켜 얻은 역행렬과 해집합은 다음과 같으므로 방정식의 해는 다음과 같다.

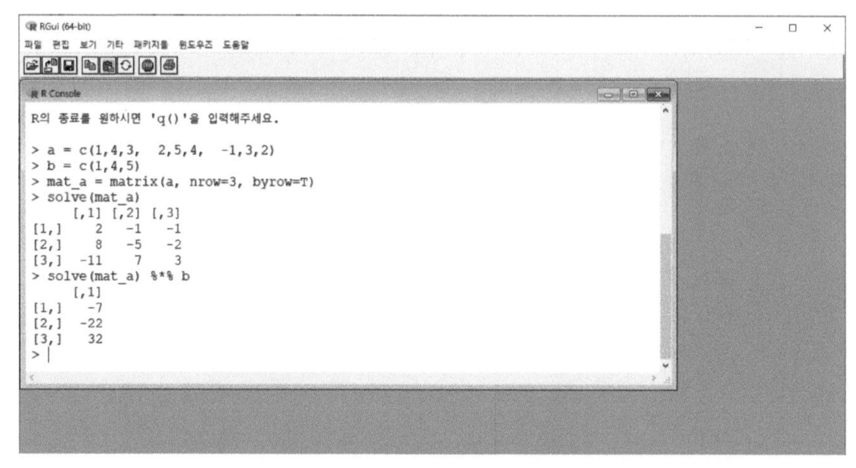

그림 6-1 방정식의 해

1) 역행렬을 계산하는 프로그램과 행렬의 곱셈 프로그램을 적절히 사용하면 연립방정식의 해를 구할 수 있다.

$$X=\begin{bmatrix}x_1\\x_2\\x_3\end{bmatrix}=\begin{bmatrix}1&4&3\\2&5&4\\-1&3&2\end{bmatrix}^{-1}\begin{bmatrix}1\\4\\5\end{bmatrix}=\begin{bmatrix}2&-1&-1\\8&-5&-2\\-11&7&3\end{bmatrix}\begin{bmatrix}1\\4\\5\end{bmatrix}=\begin{bmatrix}-7\\-22\\32\end{bmatrix}$$

6.2 Cramer의 공식

앞서 언급한 바와 같이 역행렬을 이용하는 방법은 계수행렬의 행렬식이 0이 아닌 정칙(non-singular)인 경우만 풀이할 수 있다. 여기서 소개하는 Cramer의 공식도 계수행렬이 정칙인 경우에만 사용할 수 있다.

【정리 6-1】 $AX=B$로 표시된 n원 1차 연립방정식의 j번째 근 x_j는

$$x_j=\frac{\det(A_j)}{\det(A)}\quad,\ (j=1,2,\dots,n)$$

이다. 여기서 A_j는 행렬 A의 제j열의 성분을

$$B=\begin{bmatrix}b_1\\b_2\\\vdots\\b_n\end{bmatrix}$$

으로 바꾼 행렬을 나타낸다.

증명. 【정리 5-2】에서 $A^{-1}=\frac{1}{\det(A)}adj(A)$ 이므로 연립방정식의 해는 다음과 같다.

$$X=A^{-1}B=\frac{1}{\det(A)}adj(A)\begin{bmatrix}b_1\\b_2\\\vdots\\b_n\end{bmatrix}=\frac{1}{\det(A)}\begin{bmatrix}c_{11}&c_{21}&\cdots&c_{n1}\\c_{12}&c_{22}&\cdots&c_{n2}\\\vdots&\vdots&&\vdots\\c_{1j}&c_{2j}&\cdots&c_{nj}\\\vdots&\vdots&&\vdots\\c_{1n}&c_{2n}&\cdots&c_{nn}\end{bmatrix}\begin{bmatrix}b_1\\b_2\\\vdots\\b_j\\\vdots\\b_n\end{bmatrix}$$

이다. j번째의 근을 x_j라고 하면

$$x_j = \frac{1}{\det(A)}(c_{1j}b_1 + c_{2j}b_2 + c_{3j}b_3 + \cdots + c_{nj}b_n)$$

이다. 윗 식의 괄호 부분은 계수행렬 A의 j 번째 열을 행렬 B로 대치하여 Laplace 전개를 시킨 값과 동일하므로 정리의 결과를 얻을 수 있다.[2)]

【예제 6-2】 다음 연립방정식의 해를 Cramer의 공식을 사용하여 계산하라.

$$\begin{cases} 3x_1 + x_2 - 2x_3 = 1 \\ x_1 - 2x_2 + x_3 = 3 \\ x_1 + x_2 + 2x_3 = 9 \end{cases}$$

◖ 풀이 ◗ 행렬 A와 B는

$$A = \begin{bmatrix} 3 & 1 & -2 \\ 1 & -2 & 1 \\ 1 & 1 & 2 \end{bmatrix} \quad B = \begin{bmatrix} 1 \\ 3 \\ 9 \end{bmatrix}$$

이고, 행렬 A의 제i열을 B로 대체한 행렬을 A_1, A_2, A_3 이라고 하면

$$A_1 = \begin{bmatrix} 1 & 1 & -2 \\ 3 & -2 & 1 \\ 9 & 1 & 2 \end{bmatrix} \quad A_2 = \begin{bmatrix} 3 & 1 & -2 \\ 1 & 3 & 1 \\ 1 & 9 & 2 \end{bmatrix} \quad A_3 = \begin{bmatrix} 3 & 1 & 1 \\ 1 & -2 & 3 \\ 1 & 1 & 9 \end{bmatrix}$$

이며, 각각의 행렬식을 구해보면

$$\det(A) = -22$$
$$\det(A_1) = -44$$
$$\det(A_2) = -22$$
$$\det(A_3) = -66$$

가 된다. 따라서

2) 【정리 4-2】를 참조하라.

$$x_1 = \frac{\det(A_1)}{\det(A)} = 2 \ , \ x_2 = \frac{\det(A_2)}{\det(A)} = 1 \ , \ x_3 = \frac{\det(A_3)}{\det(A)} = 3$$

6.3 LU 분해법

LU분해법이란 주어진 행렬을 상삼각행렬과 하삼각행렬로 분해하는 것을 말하며, 다음과 같은 세 가지 방식이 알려져 있다.

Choleski 방법은 $l_{ii} = u_{ii}\,(i = 1,2,...)$가 되도록 LU분해하는 방식이다. 여기서 l_{ii}는 하삼각행렬의 주대각성분이고, u_{ii}는 상삼각행렬의 주대각성분이다. Doolittle 방법은 하삼각행렬의 주대각성분이 모두 1 이 되도록 LU분해하는 방식이다. 이와는 반대로 Crout 방법은 상삼각행렬의 주대각성분이 모두 1 이 되도록 LU분해하는 방식이다.

Choleski 등이 제안한 방법을 고려하지 않고 (2×2)행렬 $A = \begin{bmatrix} a_{11} & a_{12} \\ a_{21} & a_{22} \end{bmatrix}$ 를 주대각성분이 모두 1인 $U = \begin{bmatrix} 1 & u_{12} \\ 0 & 1 \end{bmatrix}$ 와 $L = \begin{bmatrix} 1 & 0 \\ l_{21} & 1 \end{bmatrix}$ 의 곱으로 계산하면

$$\begin{bmatrix} a_{11} & a_{12} \\ a_{21} & a_{22} \end{bmatrix} = \begin{bmatrix} 1 & 0 \\ l_{21} & 1 \end{bmatrix}\begin{bmatrix} 1 & u_{12} \\ 0 & 1 \end{bmatrix} = \begin{bmatrix} 1 & u_{12} \\ l_{21} & l_{21}\times u_{12}+1 \end{bmatrix}$$

이 된다. 따라서 $a_{11} = 1$, $a_{22} = l_{21}\times u_{12} + 1 = a_{12}\times a_{21} + 1$ 이라는 결과가 만들어지므로, 주대각성분의 값이 반드시 1이 되는 지는 장담할 수 없다.

위의 세 사람이 제안한 방법 중에서 본 교재는 Doolittle의 방식을 사용하여 LU 분해하는 것을 다루기로 한다.[3)]

선형 연립방정식의 계수행렬 A가 비정칙이고 (2×2) 행렬이라고 할 때

$$A = LU$$

3) R 프로그램에 설치된 matlib에는 Doolittle의 방법으로 분해하는 함수가 존재한다.

로 분해된다고 하자. 여기서 U는 상삼각행렬이고 L은 주대각성분이 모두 1인 하삼각행렬이다. 즉

$$L = \begin{bmatrix} 1 & 0 \\ l_{21} & 1 \end{bmatrix} \qquad U = \begin{bmatrix} u_{11} & u_{12} \\ 0 & u_{22} \end{bmatrix}$$

이제 행렬 A를 다음과 같은 L과 U의 곱으로 표시하여보자.

$$\begin{bmatrix} a_{11} & a_{12} \\ a_{21} & a_{22} \end{bmatrix} = \begin{bmatrix} 1 & 0 \\ l_{21} & 1 \end{bmatrix} \begin{bmatrix} u_{11} & u_{12} \\ 0 & u_{22} \end{bmatrix} = \begin{bmatrix} u_{11} & u_{12} \\ l_{21} \times u_{11} & l_{21} \times u_{12} + u_{22} \end{bmatrix}$$

동치인 행렬이므로 행렬의 성분은 같아야한다. 따라서 L과 U의 성분 각각은 다음과 같은 관계식으로 만들 수 있다.

1) U의 제1행은 다음과 같다.

$$u_{1j} = a_{1j}, \quad j = 1,2$$

2) L의 제1열은 다음과 같다.

$$l_{i1} = \frac{a_{i1}}{u_{11}}, \quad i = 2$$

3) U의 제2행은 다음과 같다. 여기서 $r = 2$

$$u_{rj} = a_{rj} - \sum_{k=1}^{r-1} l_{rk} \times u_{kj}, \quad j = 2,..,r$$

4) L의 제2열은 다음과 같다. 여기서 $r = 2$

$$l_{ir} = \frac{a_{ir} - \sum_{k=1}^{r-1} l_{ik} \times u_{kr}}{u_{rr}}, \quad i = 2,\ldots,r$$

위의 4개의 수식을 보면 행과 열의 값을 계산하는 것이 복잡해 보이지만, 2차 행렬인 경우는 차근차근 계산해보면 비교적 l_{ij}, u_{ij} 의 값을 구하기가 수월하다.

【예제 6-3】 다음의 행렬 A를 LU분해하여라.

$$A = \begin{bmatrix} 2 & 3 \\ 1 & 5 \end{bmatrix}$$

◖ 풀이 ◗ 행렬 L과 U의 성분을 번호에 따라 계산하는 절차는 다음과 같다.

1) $u_{11} = a_{11} = 2$, $u_{12} = a_{12} = 3$

2) $l_{11} = 1$, $l_{21} = \dfrac{a_{21}}{u_{11}} = 0.5$

이고, 행렬 L과 U의 정의에 따라 $u_{21} = l_{12} = 0$ 이다. 따라서

3) $u_{22} = a_{22} - l_{21} \times u_{12} = 3.5$

4) $l_{22} = \dfrac{a_{22} - l_{21} \times u_{12}}{u_{22}} = 1$

이므로 상삼각행렬과 하삼각행렬은 다음과 같고, << 프로그램 6-1 >>의 실행 결과와 일치하고 있음을 확인할 수 있다.

$$L = \begin{bmatrix} 1 & 0 \\ 0.5 & 1 \end{bmatrix} \quad U = \begin{bmatrix} 2 & 3 \\ 0 & 3.5 \end{bmatrix}$$

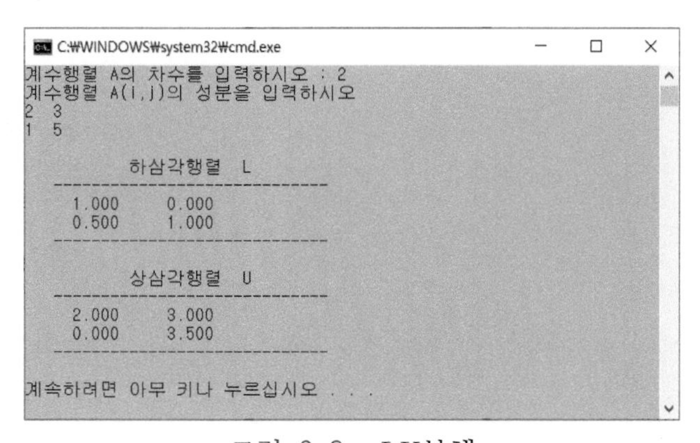

그림 6-2 LU분해

그림 6-2의 하삼각행렬 L과 상삼각행렬 U의 곱셈이 A가 되는 것을 확인할 수 있는 R 프로그램은 다음과 같다.

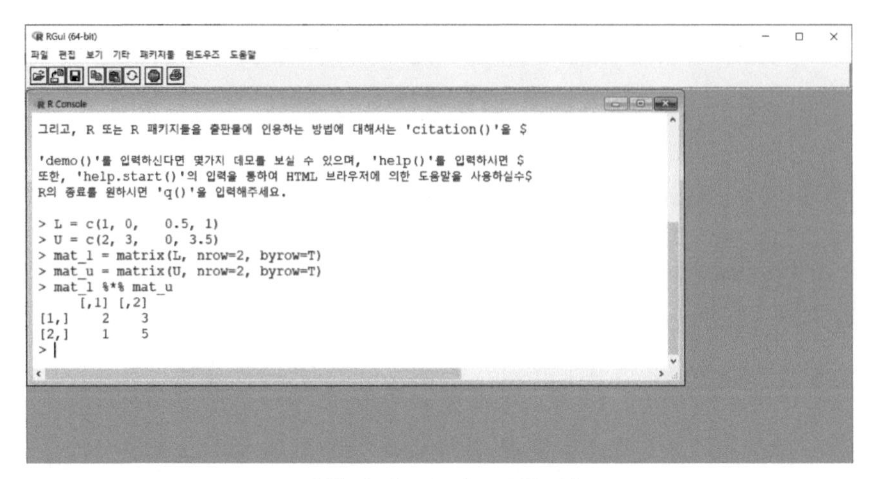

그림 6-3 L과 U의 곱

계속하여 (3×3) 행렬 A의 LU분해를 하여보기로 한다. Dolittle이 제안한 LU 분해법은 윗 식의 좌-우변의 성분들을 비교하는 방법이며 주의할 것은 하삼각행렬의 주대각성분은 1이라는 것이다.

$$A = \begin{bmatrix} a_{11} & a_{12} & a_{13} \\ a_{21} & a_{22} & a_{23} \\ a_{31} & a_{32} & a_{33} \end{bmatrix}$$

이고

$$\begin{aligned} LU &= \begin{bmatrix} 1 & 0 & 0 \\ l_{21} & 1 & 0 \\ l_{31} & l_{32} & 1 \end{bmatrix} \begin{bmatrix} u_{11} & u_{12} & u_{13} \\ 0 & u_{22} & u_{23} \\ 0 & 0 & u_{33} \end{bmatrix} \\ &= \begin{bmatrix} u_{11} & u_{12} & u_{13} \\ l_{21}u_{11} & l_{21}u_{12} + u_{22} & l_{21}u_{13} + u_{23} \\ l_{31}u_{11} & l_{31}u_{12} + l_{32}u_{22} & l_{31}u_{13} + l_{32}u_{23} + u_{33} \end{bmatrix} \end{aligned}$$

이므로 다음과 같은 관계식을 얻을 수 있다.

$$\begin{cases} u_{1i} = a_{1i}, \ i = 1,2,3 \\ l_{j1} = \dfrac{a_{j1}}{a_{11}}, \ j = 2,3 \\ u_{rj} = a_{rj} - \displaystyle\sum_{k=1}^{r-1} l_{rk} \times u_{kj}, \ r = 2,3 \ , j = r,..,3 \\ l_{ir} = \dfrac{a_{ir} - \displaystyle\sum_{k=1}^{r-1} l_{ik} \times u_{kr}}{u_{rr}}, \ r = 2,...,3-1 \ , \ i = r+1,...,3 \end{cases}$$

【예제 6-4】 다음 행렬 A를 LU 분해하라.

$$A = \begin{bmatrix} 4 & -2 & 3 \\ 2 & -2 & 1 \\ 1 & 3 & -1 \end{bmatrix}$$

◖ 풀이 ◗ 위의 행의 성분과 열의 성분을 구하는 관계식에 행렬 A의 성분들을 대입하면

$$\begin{cases} u_{11} = 4, \ u_{12} = -2, \ u_{13} = 3 \\ l_{21} = 2/4 = 0.5, \ l_{31} = 1/4 = 0.25 \\ u_{22} = -2 - 0.5 \times (-2) = -1, \ u_{23} = 1 - 0.5 \times (3) = -0.5 \\ u_{33} = -1 - [0.25 \times 3 + (-3.5) \times (-0.5)] = -3.5 \\ l_{32} = [3 - 0.25 \times (-2)]/(-1) = -3.5 \end{cases}$$

이므로 행렬 A는 다음과 같이 LU 분해된다.

$$\begin{bmatrix} 4 & -2 & 3 \\ 2 & -2 & 1 \\ 1 & 3 & -1 \end{bmatrix} = \begin{bmatrix} 1 & 0 & 0 \\ 0.5 & 1 & 0 \\ 0.25 & -3.5 & 1 \end{bmatrix} \begin{bmatrix} 4 & -2 & 3 \\ 0 & -1 & -0.5 \\ 0 & 0 & -3.5 \end{bmatrix}$$

Doolittle의 방법으로 LU 분해하는 것은 이론상으로는 가능하지만, 행렬의

차원이 증가하면 사실상 손으로 푸는 것은 불가능하다.

다음은 R 프로그램을 행렬 A에 적용하여 LU 분해한 결과이다.4)

```
RGui (64-bit)
파일 편집 보기 기타 패키지들 윈도우즈 도움말
R Console
> library(matlib)
경고메시지(들):
패키지 'matlib'는 R 버전 3.6.3에서 작성되었습니다
> A = matrix( c(4,-2,3,   2,-2,1,   1,3,1), 3,3, byrow=T)
> LU(A)
$P
     [,1] [,2] [,3]
[1,]    1    0    0
[2,]    0    1    0
[3,]    0    0    1

$L
     [,1] [,2] [,3]
[1,] 1.00  0.0    0
[2,] 0.50  1.0    0
[3,] 0.25 -3.5    1

$U
     [,1] [,2] [,3]
[1,]    4   -2  3.0
[2,]    0   -1 -0.5
[3,]    0    0 -1.5

> |
```

그림 6-4 LU 분해

그림 6-3에서 생성된 L, U의 곱셈을 R 프로그램에서 해보면 원행렬 A가 나타나는 것을 확인할 수 있다.

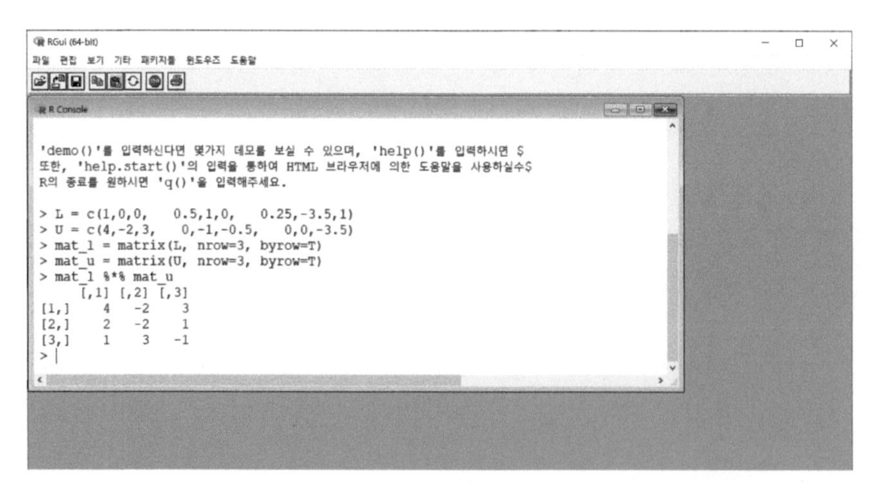

그림 6-5 L과 U의 곱

4) 화면 첫 줄의 matlib를 반드시 호출하여야 한다.

【예제 6-5】 4차 정방행렬 A를 LU 분해한 행렬을 이용하여 $A=LU$ 임을 확인하라.

$$A = \begin{bmatrix} 2 & -4 & 6 & 8 \\ 2 & -1 & 3 & -5 \\ 4 & 5 & 9 & 3 \\ 0 & 1 & 1 & -2 \end{bmatrix}$$

◖ 풀이 ◗ << 프로그램 6-1 >>을 사용하여 하삼각행렬 L과 상삼각행렬 U를 구하면 다음과 같다.

```
선택 C:\WINDOWS\system32\cmd.exe
계수행렬 A의 차수를 입력하시오 : 4
계수행렬 A(i,j)의 성분을 입력하시오
2 -4 6 8
2 -1 3 -5
4 5 9 3
0 1 1 -2

          하삼각행렬 L
   ------------------------------
     1.000     0.000     0.000     0.000
     1.000     1.000     0.000     0.000
     2.000     4.333     1.000     0.000
     0.000     0.333     0.200     1.000
   ------------------------------

          상삼각행렬 U
   ------------------------------
     2.000    -4.000     6.000     8.000
     0.000     3.000    -3.000   -13.000
     0.000     0.000    10.000    43.333
     0.000     0.000     0.000    -6.333
   ------------------------------

계속하려면 아무 키나 누르십시오 . . .
```

그림 6-6 (4×4)행렬의 LU 분해

그림 6-6에서 얻은 L과 U의 곱셈이 행렬 A가 되는 것을 R 프로그램으로 확인하는 것은 독자에게 맡긴다.

6.4 LU 분해를 이용한 연립방정식의 해

이제부터는 LU 분해한 행렬을 이용하여 방정식의 해를 구하는 방법에 대하여 알아보기로 한다.

선형 연립방정식은 $AX=B$로 표시할 수 있고, 계수행렬은 $A=LU$ 로 분

해되므로

$$LUX = B$$

가 된다. 만일

$$UX = Y$$

라고 하면, 다음의 관계식이 만들어진다.

$$LY = B$$

이 식을 직접 행렬의 곱으로 표시하면

$$\begin{bmatrix} 1 & 0 & 0 & \cdots & 0 \\ l_{21} & 1 & 0 & \cdots & 0 \\ l_{31} & l_{32} & 1 & \cdots & 0 \\ \cdots & & \cdots & & \cdots \\ l_{n1} & l_{n2} & l_{n3} & \cdots & 1 \end{bmatrix} \begin{bmatrix} y_1 \\ y_2 \\ y_3 \\ \vdots \\ y_n \end{bmatrix} = \begin{bmatrix} b_1 \\ b_2 \\ b_3 \\ \vdots \\ b_n \end{bmatrix}$$

이고, 연립방정식으로 환원하면

$$\begin{cases} y_1 = b_1 \\ y_2 = b_2 - l_{21}y_1 \\ y_3 = b_3 - (l_{31}y_1 + l_{32}y_2) \\ \cdots \quad \cdots \quad \cdots \quad \cdots \\ y_n = b_n - (l_{n1}y_1 + l_{n2}y_2 + \cdots + l_{n,n-1}y_{n-1}) \end{cases}$$

이다. 이렇게 하여 구해진 $y_i\,(i = 1, 2, \ldots, n)$를

$$UX = Y$$

에 대입하면

$$\begin{bmatrix} u_{11} & u_{12} & u_{13} & \cdots & \cdots & u_{1n} \\ 0 & u_{22} & u_{23} & \cdots & \cdots & u_{2n} \\ 0 & 0 & u_{33} & \cdots & \cdots & u_{3n} \\ \cdots & & \cdots & & \cdots & \cdots \\ 0 & 0 & 0 & \cdots & u_{n-1,n-1} & u_{n-1,n} \\ 0 & 0 & 0 & \cdots & 0 & u_{nn} \end{bmatrix} \begin{bmatrix} x_1 \\ x_2 \\ x_3 \\ \vdots \\ x_{n-1} \\ x_n \end{bmatrix} = \begin{bmatrix} y_1 \\ y_2 \\ y_3 \\ \vdots \\ y_{n-1} \\ y_n \end{bmatrix}$$

가 된다. 따라서 해 벡터 X는 맨 밑의 요소로부터 거꾸로 구하면 된다. 즉

$$\begin{cases} x_n = \dfrac{y_n}{u_{nn}} \\ x_{n-1} = \dfrac{y_{n-1} - u_{n-1,n} \times x_n}{u_{n-1,n-1}} \\ \cdots \quad \cdots \quad \cdots \quad \cdots \\ x_1 = \dfrac{y_1 - (u_{12}x_2 + u_{13}x_3 + \cdots + u_{1n}x_n)}{u_{11}} \end{cases}$$

【예제 6-6】 다음 연립방정식의 해를 구하여라.

$$\begin{cases} x_1 + x_2 = 3 \\ -3x_1 + 2x_2 = 1 \end{cases}$$

◀ 풀이 ▶ 먼저 주어진 행렬의 계수행렬을 LU분해하면

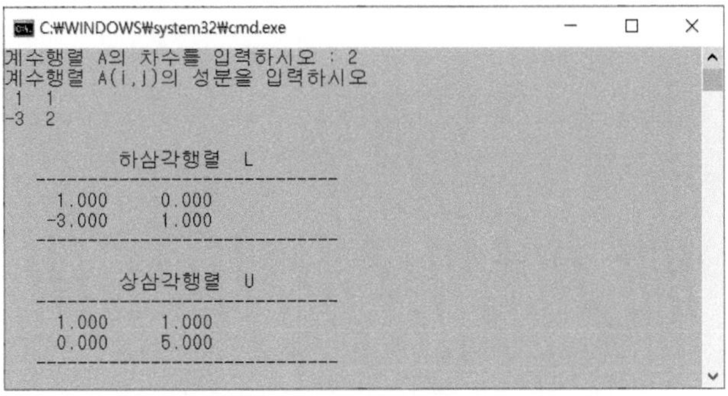

```
C:\WINDOWS\system32\cmd.exe
계수행렬 A의 차수를 입력하시오 : 2
계수행렬 A(i,j)의 성분을 입력하시오
 1  1
-3  2

          하삼각행렬  L
    ------------------------------
      1.000      0.000
     -3.000      1.000
    ------------------------------

          상삼각행렬  U
    ------------------------------
      1.000      1.000
      0.000      5.000
    ------------------------------
```

그림 6-7 LU분해

따라서

$$L=\begin{bmatrix} 1 & 0 \\ -3 & 1 \end{bmatrix}, \quad U=\begin{bmatrix} 1 & 1 \\ 0 & 5 \end{bmatrix}, \quad B=\begin{bmatrix} 3 \\ 1 \end{bmatrix}, \quad n=2$$

이므로

$$\begin{cases} y_1 = b_1 = 3 \\ y_2 = b_2 - l_{21}y_1 = 1-(-3)\times 3 = 10 \end{cases}$$

그러므로

$$\begin{cases} x_2 = \dfrac{y_2}{u_{22}} = \dfrac{10}{5} = 2 \\ \\ x_1 = \dfrac{y_1 - u_{12}x_2}{u_{11}} = \dfrac{3-1\times 2}{1} = 1 \end{cases}$$

【예제 6-7】 다음 연립방정식의 해를 구하여라.

$$\begin{cases} 2x_1 + 3x_2 - x_3 = 5 \\ 4x_1 + 4x_2 - 3x_3 = 3 \\ -2x_1 + 3x_2 - x_3 = 1 \end{cases}$$

◀ 풀이 ▶ 행렬 A, B는 각각

$$A=\begin{bmatrix} 2 & 3 & -1 \\ 4 & 4 & -3 \\ -2 & 3 & -1 \end{bmatrix}, \quad B=\begin{bmatrix} 5 \\ 3 \\ 1 \end{bmatrix}$$

이다. << 프로그램 6-1 >> 에 의해 L, U를 구하면

$$L=\begin{bmatrix} 1 & 0 & 0 \\ 2 & 1 & 0 \\ -1 & -3 & 1 \end{bmatrix}, \quad U=\begin{bmatrix} 2 & 3 & -1 \\ 0 & -2 & -1 \\ 0 & 0 & -5 \end{bmatrix}$$

가 되므로

$$\begin{cases} y_1 = 5 \\ y_2 = 3 - 2 \times 5 = -7 \\ y_3 = 1 - (-1) \times 5 - (-3) \times (-7) = -15 \end{cases}$$

이 된다. 따라서 $x_i\,(i = 1,2,3)$의 값을 계산하면 다음과 같다.

$$\begin{cases} x_3 = -\dfrac{15}{(-5)} = 3 \\ x_2 = \dfrac{-7 - (-1) \times 3}{(-2)} = 2 \\ x_1 = \dfrac{5 - \{3 \times 2 + (-1) \times 3\}}{2} = 1 \end{cases}$$

즉, $x_1 = 1$, $x_2 = 2$, $x_3 = 3$ 이다.

<< 프로그램 6-2 >> 로 이를 확인하면 다음과 같다.

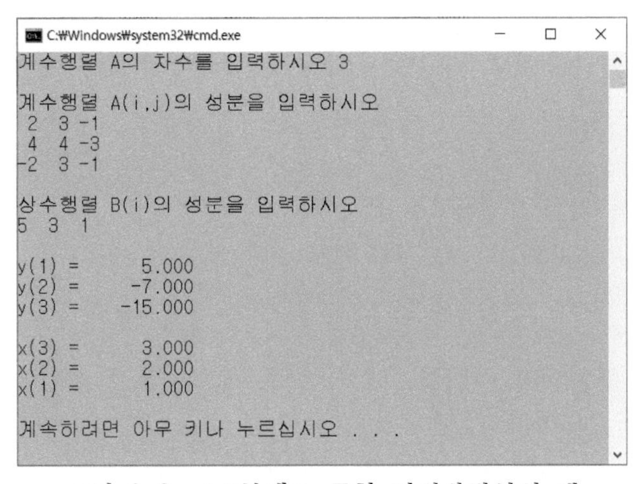

그림 6-8 LU분해로 구한 연립방정식의 해

6.5 선형방정식의 반복해법

지금까지 소개한 연립방정식의 해를 직접 구하는 방법 외에도 반복법의 원리를 이용하여 연립방정식의 해를 구할 수 있다. 연립방정식의 반복해법으로는 Jacobi 반복법, Gauss - Seidel 반복법을 꼽을 수 있다.

이제 다음과 같은 연립방정식을 고려하여 보자.

$$\begin{cases} a_{11}x_1 + a_{12}x_2 + a_{13}x_3 + \cdots + a_{1n}x_n = b_1 \\ a_{21}x_1 + a_{22}x_2 + a_{23}x_3 + \cdots + a_{2n}x_n = b_2 \\ \quad \cdots \qquad \cdots \qquad \cdots \qquad \cdots \\ a_{n1}x_1 + a_{n2}x_2 + a_{n3}x_3 + \cdots + a_{nn}x_n = b_n \end{cases}$$

이러한 연립방정식은 다음과 같이 고쳐 쓸 수 있다.[5)]

$$\begin{cases} x_1 = (a_{11}+1)x_1 + \quad a_{12}x_2 + \; a_{13}x_1 + \cdots + a_{1n}x_1 - b_1 \\ x_2 = \quad a_{21}x_1 + (a_{22}+1)x_2 + \; a_{23}x_3 + \cdots + a_{2n}x_n - b_2 \\ \vdots \qquad \cdots \qquad \cdots \qquad \cdots \qquad \cdots \qquad \cdots \\ x_n = \quad a_{n1}x_1 + \quad a_{n2}x_2 + \; a_{n3}x_3 + \cdots + (a_{nn}+1)x_n - b_n \end{cases}$$

6.5.1 Jacobi 반복법

Jacobi 반복법은 각 단계별로 근사해를 모두 구한 뒤, 이들 근사해를 다음 단계의 반복식에 대입하여 방정식의 해를 구하는 방법이다.

【예제 6-8】 다음 연립방정식의 해를 Jacobi 반복법으로 계산하라. 단, 초기치는 $x_1 = 0, x_2 = 0$이다.

$$\begin{cases} 4x_1 + \; x_2 = 5 \\ x_1 + 2x_2 = 3 \end{cases}$$

---

5) 이것은 양변에 x_i를 더하고 우변의 $b_i\,(i = 1,2,\ldots)$를 이항하여 정리한 것이다. 따라서 다른 방식으로 변환할 수도 있다.

◖ 풀이 ◗ 연립방정식을 다음과 같이 변형하여 보자.6)

$$\begin{cases} x_1 = 1.25 - 0.25x_2 \\ x_2 = 1.5 - 0.5x_1 \end{cases}$$

이 식의 우변에 $x_1 = x_2 = 0$ 을 대입하면

$$\begin{cases} x_1 = 1.25 - 0.25 \times 0 = 1.25 \\ x_2 = 1.5 - 0.5 \times 0 = 1.5 \end{cases}$$

이다. 여기서 구한 근사값 $x_1 = 1.25, x_2 = 1.5$를 반복함수의 우변에 다시 대입하면

$$\begin{cases} x_1 = 1.25 - 0.25 \times 1.5 = 0.875 \\ x_2 = 1.5 - 0.5 \times 1.25 = 0.875 \end{cases}$$

가 된다. 이와 같은 과정을 반복하면 $x_1 = 1, x_2 = 1$ 을 얻게 된다.

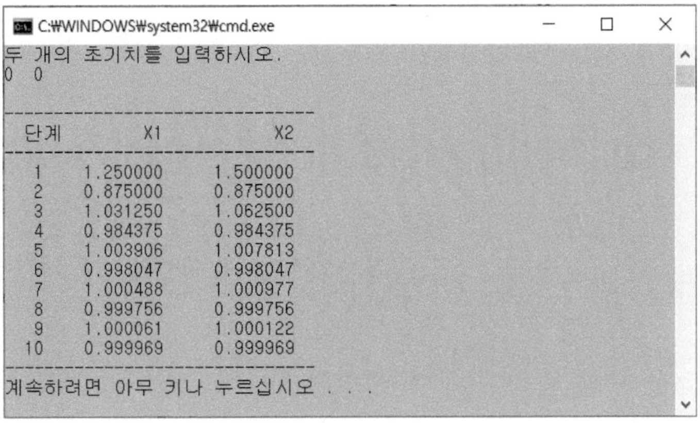

```
C:\WINDOWS\system32\cmd.exe
두 개의 초기치를 입력하시오.
0 0

--------------------------------
  단계        X1            X2
--------------------------------
   1     1.250000      1.500000
   2     0.875000      0.875000
   3     1.031250      1.062500
   4     0.984375      0.984375
   5     1.003906      1.007813
   6     0.998047      0.998047
   7     1.000488      1.000977
   8     0.999756      0.999756
   9     1.000061      1.000122
  10     0.999969      0.999969
--------------------------------
계속하려면 아무 키나 누르십시오 . . .
```

그림 6-9 Jacobi 반복법

6) 연립방정식의 반복함수를 다음과 같이 변형시키면 $x_i\,(i = 1,2)$의 값은 발산한다.

$$\begin{cases} x_1 = 3 - 2x_2 \\ x_2 = 5 - 4x_1 \end{cases}$$

【정의 6-1】 $(n \times n)$ 행렬 $C = (c_{ij})$ 가 주어졌을 때

$$Max \sum_{j=1}^{n} |c_{ij}| \quad (i = 1, 2, \ldots, n)$$

을 **행노름**(row norm)이라고 부르며 $\| C \|_r$로 표시한다.

$$Max \sum_{i=1}^{n} |c_{ij}| \quad (j = 1, 2, \ldots, n)$$

을 **열노름**(column norm)이라고 부르며 $\| C \|_c$로 표시한다.

【정리 6-2】 $Min(\| C \|_r, \| C \|_c) < 1$ 이면 연립방정식은 유일한 해를 갖는다.

【정의 6-2】 행렬 A의 주대각성분 a_{ii}와 제i 행의 나머지 성분 사이에

$$|a_{ii}| > \sum_{j=1}^{n} |a_{ij}|, \quad i \neq j$$

가 성립하는 행렬을 **대각지배행렬**(diagonally dominant matrix)이라 한다.

【정리 6-3】 연립방정식의 계수행렬이 대각지배행렬이면 연립방정식의 해는 유일하다.

<증명> 조건에서 계수행렬이 대각지배행렬이라 했으므로

$$\frac{1}{|a_{ii}|}(|a_{i1}| + |a_{i2}| + \cdots + |a_{i,i-1}| + |a_{i,i+1}| + \cdots + |a_{in}|) < 1$$

인 관계식이 성립한다. 연립방정식의 i 번째 행은

$$a_{i1}x_1 + a_{i2}x_2 + a_{i3}x_3 + \cdots + a_{in}x_n = b_i$$

이므로 이 식을 x_i에 관하여 정리하면

$$x_i = -\left(\frac{a_{i1}}{a_{ii}}x_1 + \frac{a_{i2}}{a_{ii}}x_2 + \cdots + \frac{a_{i,i-1}}{a_{ii}}x_{i-1} + \frac{a_{i,i+1}}{a_{ii}}x_{i+1} + \cdots + \frac{a_{in}}{a_{ii}}x_n\right)$$

이다. 따라서 i 행의 norm은

$$\left|\frac{a_{i1}}{a_{ii}}\right| + \left|\frac{a_{i2}}{a_{ii}}\right| + \cdots + \left|\frac{a_{i,i-1}}{a_{ii}}\right| + \left|\frac{a_{i,i+1}}{a_{ii}}\right| + \cdots + \left|\frac{a_{in}}{a_{ii}}\right|$$

$$= \frac{1}{|a_{ii}|}(|a_{i1}| + |a_{i2}| + \cdots + |a_{i,i-1}| + |a_{i,i+1}| + \cdots + |a_{in}|) < 1$$

따라서 주어진 행렬이 대각지배행렬이면 $i\,(i = 1,2,..,n)$행의 norm은 1 보다 작으므로 $\| C \|_r < 1$ 의 관계식을 얻을 수 있다. 만일 $\| C \|_c$ 의 값이 1 보다 크다 하더라도 $Min(\| C \|_r, \| C \|_c) < 1$ 이므로【정리 6-2】에 의하여 연립방정식의 해는 유일하다.

【예제 6-9】 연립방정식의 수렴여부를 판정하라.

$$\begin{cases} 4x_1 + x_2 = 5 \\ x_1 + 2x_2 = 3 \end{cases}$$

◖ 풀이 ◗ 식 (5-28)을 행렬로 표현하면

$$\begin{bmatrix} x_1 \\ x_2 \end{bmatrix} = \begin{bmatrix} 0 & -0.25 \\ -0.5 & 0 \end{bmatrix}\begin{bmatrix} x_1 \\ x_2 \end{bmatrix} + \begin{bmatrix} 1.25 \\ 1.5 \end{bmatrix}$$

여기서 $\| C \|_r = 0.5$, $\| C \|_c = 0.5$ 이므로 $Min(0.5, 0.5) = 0.5 < 1$ 이다. 따라서 연립방정식의 해는 유일하다.

【예제 6-10】 다음의 반복식은 수렴하는가를 판별하라.

$$\begin{cases} x_1 = 3 - 2x_2 \\ x_2 = 5 - 4x_1 \end{cases}$$

◖ 풀이 ◗ 연립방정식을 다음과 같이 변형하여 보자.

$$\begin{cases} x_1 = 1.25 - 0.25x_2 \\ x_2 = 1.5 - 0.5x_1 \end{cases}$$

주어진 연립방정식을 행렬로 표기하면

$$\begin{bmatrix} x_1 \\ x_2 \end{bmatrix} = \begin{bmatrix} 0 & -2 \\ -4 & 0 \end{bmatrix} \begin{bmatrix} x_1 \\ x_2 \end{bmatrix} + \begin{bmatrix} 3 \\ 5 \end{bmatrix}$$

이므로 $\| C \|_r = 4$, $\| C \|_c = 4$ 이다. 따라서 $Min(4,4) = 4$ 이므로 윗 식처럼 반복식을 만들면 발산한다.

6.5.2 Gauss - Seidel 반복법

Jacobi 반복법은 방정식의 근사해가 단계별로 한번에 구한다. 이러한 근사해를 다음 단계에 대입하는 절차를 반복하여 방정식의 해를 구한다. 그런데 Gauss - Seidel 반복법은 연립방정식의 해를 단계별로 구하지만 이와는 별도로 각 단계 내에서도 근사값을 구하므로 수렴속도가 빠르다. 또한 컴퓨터 프로그래밍을 할 때에도 Jacobi 반복법은 배열을 사용하지만 Gauss - Seidel 반복법은 반복식을 그대로 사용하므로 훨씬 이점이 있다.

$$\begin{cases} 13x_1 + 5x_2 - 3x_3 + x_4 = 18 \\ 2x_1 + 12x_2 + x_3 - 4x_4 = 13 \\ 3x_1 - 4x_2 + 10x_3 + x_4 = 29 \\ 2x_1 + x_2 - 3x_3 + 9x_4 = 31 \end{cases}$$

이 연립방정식으로부터 다음과 같은 반복함수를 만든다.

$$x_1 = \frac{1}{13}(18 - 5x_2 + 3x_3 - x_4) \qquad (1)$$

$$x_2 = \frac{1}{12}(13 - 2x_1 - x_3 + 4x_4) \qquad (2)$$

$$x_3 = \frac{1}{10}(29 - 3x_1 + 4x_2 - x_4) \qquad (3)$$

$$x_4 = \frac{1}{9}(31 - 2x_1 - x_2 + 3x_3) \qquad (4)$$

초기치 $x_1 = x_2 = x_3 = x_4 = 0$을 식 (1)에 대입하면 $x_1 = 1.385$가 얻어진다. 그런데 $x_1 = 1.385$는 x_1의 근사값 중의 하나이므로 식 (2)에 대입하여도 무방하다. 따라서 식 (2)에 $x_1 = 1.385$, $x_2 = x_3 = x_4 = 0$을 대입하면 $x_2 = 0.853$을 얻을 수 있다. 이후의 과정은 다음 표와 같다.

단계	투입된 값	계산 결과			
		x_1	x_2	x_3	x_4
1	x_1=x_2=x_3=x_4=0	1.385			
2	x_1=1.385, x_2=x_3=x_4=0	1.385	0.853		
3	x_1=1.385, x_2=0.853, x_3=x_4=0	1.385	0.853	2.826	
4	x_1=1.385, x_2=0.853, x_3=2.826, x_4=0	1.385	0.853	2.826	3.984

이와 같은 과정을 반복하면 다음의 결과를 얻는다.

```
C:\WINDOWS\system32\cmd.exe
4개의 초기치를 입력하시오.
0 0 0 0

------------------------------------------------------
 단계        X1          X2          X3          X4
------------------------------------------------------
  1    1.384615    0.852564    2.825641    3.983903
  2    1.402323    1.942111    2.857757    3.869613
  3    0.999470    1.968480    3.000590    4.003817
  4    1.011966    1.999229    2.995720    3.996000
  5    0.999617    1.999087    3.000150    4.000237
  6    1.000368    2.000005    2.999868    3.999874
  7    0.999977    1.999973    3.000009    4.000011
  8    1.000012    2.000001    2.999996    3.999996
  9    0.999999    1.999999    3.000000    4.000000
 10    1.000000    2.000000    3.000000    4.000000
------------------------------------------------------
계속하려면 아무 키나 누르십시오 . . .
```

그림 6-10 Gauss-Seidel 반복법

♣ 연습문제 ♣

1. 다음 연립방정식을 역행렬을 이용하여 풀어라.

$$\begin{cases} 5x_1 - x_2 = 0 \\ -x_1 + 5x_2 - x_3 = 4 \\ -x_2 + 5x_3 = -6 \end{cases}$$

2. 다음 연립방정식을 Cramer의 방법으로 풀어라.

$$\begin{cases} x + y + z = 6 \\ 2x - y + z = 3 \\ 3x + 2y - z = 4 \end{cases}$$

3. 삼각형 ABC의 그림으로부터 코사인 제1법칙은 다음과 같음을 알 수 있다.

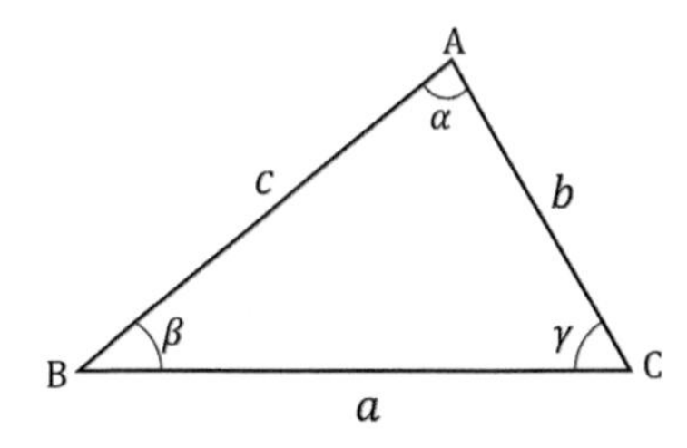

코사인 제1법칙

$a = c \times \cos\beta + b \times \cos\gamma$

$b = c \times \cos\alpha + a \times \cos\gamma$

$c = a \times \cos\beta + b \times \cos\alpha$

코사인 제1법칙의 세 개의 방정식에 Cramer의 공식을 사용하여 코사인 제2법칙은 $a^2 = b^2 + c^2 - 2bc \times \cos\alpha$ 임을 보여라.

4. 다음 연립방정식을 Gauss 소거법과 Gauss - Jordan 소거법으로 풀어라.

$$\begin{cases} 2x + y + 3z = 4 \\ -x + y - 2z = 2 \\ 4x + 5z = 8 \end{cases}$$

5. 다음 행렬을 LU 분해하여라.

(1) $\begin{bmatrix} 2 & 4 \\ 1 & 6 \end{bmatrix}$ (2) $\begin{bmatrix} 3 & 4 & 6 \\ -1 & 2 & 2 \\ 0 & 3 & -3 \end{bmatrix}$

6. 다음 연립방정식을 LU 분해법으로 풀어라.

$$\begin{cases} 5x_1 - x_2 = 0 \\ -x_1 + 5x_2 - x_3 = 4 \\ -x_2 + 5x_3 = -6 \end{cases}$$

7. 다음 연립방정식을 가우스-시델 반복법으로 풀어라. 단, 초기치는 임의로 설정하라.

$$\begin{cases} 5x_1 - x_2 = 0 \\ -x_1 + 5x_2 - x_3 = 4 \\ -x_2 + 5x_3 = -6 \end{cases}$$

프로그램

<< 프로그램 6-1 >> LU 분해

```
int main()
{
float a[10][10],l[10][10],y[10],b[10],x[10],s,u[10][10];
int i,j,k,m,n;
    printf("계수행렬 A의 차수를 입력하시오 : ");
    scanf("%d",&n);
    printf("계수행렬 A(i,j)의 성분을 입력하시오\n");
    for(i=1;i<=n;i++){
        for(j=1;j<=n;j++)
            scanf("%f",&a[i][j]);
    }
    for(i=1;i<=n;i++){
        for(j=1;j<=n;j++){
            l[i][j]=0;
            u[i][j]=0;
        }
    }
    for(i=1;i<=n;i++)
        l[i][i]=1;
    for(m=1;m<=n;m++){
        for(j=m;j<=n;j++){
            s=0;
           for(k=1;k<=m-1;k++)
                s+=l[m][k]*u[k][j];
            u[m][j]=a[m][j]-s;
        }
        for(i=m+1;i<=n;i++){
            s=0;
            for(k=1;k<=m;k++)
                s+=l[i][k]*u[k][m];
            l[i][m]=(a[i][m]-s)/u[m][m];
        }
    }
    printf("\n                하삼각행렬  L\n");
    printf("   -----------------------------\n");
    for(i=1;i<=n;i++){
        for(j=1;j<=n;j++)
```

```
            printf("%10.3f",l[i][j]);
        printf("\n");
    }
    printf("    -----------------------------\n\n");
    printf("                상삼각행렬  U \n");
    printf("    -----------------------------\n");
    for(i=1;i<=n;i++){
        for(j=1;j<=n;j++)
            printf("%10.3f",u[i][j]);
        printf("\n");
    }
    printf("    -----------------------------\n\n");
}
```

<< 프로그램 6-2 >> LU분해를 이용한 연립방정식의 해

```
int main()
{
float a[10][10],l[10][10],y[10],b[10],x[10],s,u[10][10];
int i,j,k,m,n;
    printf("계수행렬 A의 차수를 입력하시오 ");
    scanf("%d",&n);
    printf("\n계수행렬 A(i,j)의 성분을 입력하시오\n");
    for(i=1;i<=n;i++){
        for(j=1;j<=n;j++)
            scanf("%f",&a[i][j]);
    }
    for(i=1;i<=n;i++){
        for(j=1;j<=n;j++){
            l[i][j]=0;
            u[i][j]=0;
        }
    }
    for(i=1;i<=n;i++)
        l[i][i]=1;
    printf("\n상수행렬 B(i)의 성분을 입력하시오\n");
    for(i=1;i<=n;i++)
        scanf("%f",&b[i]);
         printf("\n") ;
    for(m=1;m<=n;m++){
        for(j=m;j<=n;j++){
            s=0;
            for(k=1;k<=m-1;k++)
```

```
                s+=l[m][k]*u[k][j];
            u[m][j]=a[m][j]-s;
        }
        for(i=m+1;i<=n;i++){
            s=0;
            for(k=1;k<=m-1;k++)
                s+=l[i][k]*u[k][m];
            l[i][m]=(a[i][m]-s)/u[m][m];
        }
    }
    y[1]=b[1];
    for(i=1;i<=n;i++){
        s=0;
        for(j=1;j<=i-1;j++)
            s+=l[i][j]*y[j];
        y[i]=b[i]-s;
        printf("y(%d) = %10.3f \n", i, y[i] ) ;
    }
         printf("\n") ;
    for(i=n;i>=1;i--){
        s=0;
        for(j=i+1;j<=n;j++)
            s+=u[i][j]*x[j];
        x[i]=(y[i]-s)/u[i][i];
        printf("x(%d) = %10.3f\n", i, x[i] ) ;
   }
         printf("\n") ;
}
```

<< 프로그램 6-3 : Jacobi 반복법 >>

```
int main()
{
int i;
float x1[100], x2[100];
    printf("두 개의 초기치를 입력하시오.\n");
    scanf("%f  %f",&x1[0], &x2[0]);
    printf("\n--------------------------------\n");
    printf("  단계          X1               X2\n");
    printf("--------------------------------\n");
    for(i=1;i<=10;i++){
        x1[i] = 1.25 - 0.25*x2[i-1];
```

```
        x2[i] = 1.5   -  0.5*x1[i-1];
    printf("  %2d     %f       %f\n", i, x1[i], x2[i]);
    }
    printf("------------------------------\n");
}
```

<< 프로그램 6-4 : Gauss - Seidel 반복법 >>

```
int main()
{
int i;
float x1,x2,x3,x4;
    printf("4개의 초기치를 입력하시오.\n");
    scanf("%f %f %f %f",&x1,&x2,&x3,&x4);
    printf("\n");
    printf("--------------------------------------------------\n");
    printf(" 단계        X1             X2             X3              X4\n");
    printf("--------------------------------------------------\n");
    for(i=1;i<=10;i++){
        x1 = ( 18 - 5*x2 + 3*x3 -   x4 ) / 13;
        x2 = ( 13 - 2*x1 -   x3 + 4*x4 ) / 12;
        x3 = ( 29 - 3*x1 + 4*x2 -   x4 ) / 10;
        x4 = ( 31 - 2*x1 -   x2 + 3*x3 ) /  9;
    printf(" %2d    %f     %f     %f     %f\n",i, x1, x2, x3, x4);
    }
    printf("--------------------------------------------------\n");
}
```

제7장 2차원과 3차원 공간의 벡터

7.1 수와 양

우리는 수와 양에 대하여 알고 있는 것 같지만 의외로 개념을 정의하지 못하고 있다. 이에 대해서는 다음을 참고하면 된다.

> 수(數)는 양을 기술하기 위해 사용해 온 추상적인 개념이다. 수와 숫자는 자주 혼동되며, 경우에 따라서는 혼동해도 문제가 없는 경우가 많으나, 본질에서는 다르다. 수가 물체의 수량 등을 나타내는 것에 대해, 숫자는 수를 표시하기 위한 기호(문자)이다. 예를 들어 사과가 한 개 있는 것과 자동차가 한 대 있는 것, 사람이 한 명 있는 것은 전혀 다른 사실들이나, 이 사실들이 공통하는 개념을 뽑아, 이를 1이라는 수로 부르는 것이다. - 위키백과

이처럼 숫자 1이라는 기호는 여러 분야에서 나타나는 양을 추상적으로 표시한 것이다. 일반적으로 수학 이외의 분야에서는 양이 사용되므로 수와 양의 관계는 매우 중요하다고 할 수 있다.

일상생활에는 여러 가지 양이 존재한다. 예를 들면 TV라는 상품을 표시하는 요소 중에서 가격, 무게, 체적이라는 3개 성분을 고려하여보자. 특정한 TV의 가격은 60만 원, 무게는 3kg, 체적은 $0.4m^3$ 이라고 하자. 각각의 성분은 단지 크기만을 표시하는 것으로, 이와 같은 물리적인 양을 스칼라(scalar)라고 한다.

앞의 TV 문제는 다음과 같이 행렬의 모양으로 나타낼 수 있으며, 이 중에서 상품의 특성인 단위를 제거하고 단순히 수로 나타내보면 다음과 같다.

$$\begin{bmatrix} 60\text{만원} \\ 3kg \\ 0.4\,m^3 \end{bmatrix} \Rightarrow \begin{bmatrix} 60 \\ 3 \\ 0.4 \end{bmatrix}$$

7.2 벡터

단순히 수를 나타낸 행렬 외에 방향까지 고려한 행렬을 벡터라고 부른다. 예를 들어, 바람이 북동향으로 $20km/h$로 불고 있다고 하면 이것은 하나의 벡터라고 볼 수 있다.

벡터는 2차원, 3차원 공간에서는 기하학적으로 표현할 수 있다.[1] 보통은 화살표를 사용하고 화살의 길이로 크기를 표시한다. 이 경우, 화살표의 시작되는 출발점을 시점(initial point)이라고 하고 화살표의 끝을 종점(terminal point)라고 부른다.

벡터는 **a**, **b**, **x**, **y** 처럼 고딕 활자로 나타내기도 하고, $\vec{a}, \vec{b}, \vec{c}$ 등과 같이 문자 위에 화살표를 긋기도 한다. 벡터 **v**의 시점이 A이고 종점이 B인 경우는

$$\mathbf{v} = \overrightarrow{AB}$$

로 쓰기도 한다.

다음은 시점이 (1,2)이고 종점이 (3,5)인 벡터를 그리는 R 프로그램이다.

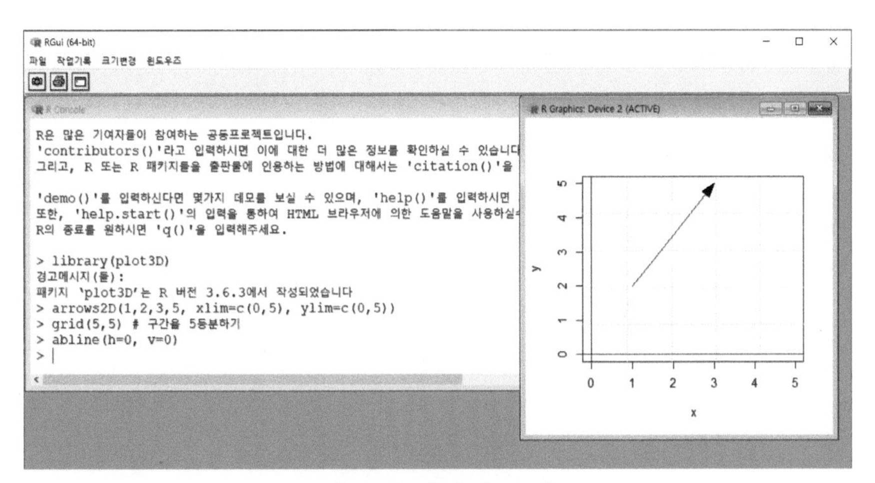

그림 7-1 벡터의 그래프

화면에 다른 벡터를 추가시킬 수 있다. 시점이 (1,2)이고 종점이 (4,3)인 벡터를 추가하는 프로그램은 다음과 같다.

---

1) 통상적으로 2차원 공간은 평면, 3차원 공간은 입체를 나타낼 수 있다.

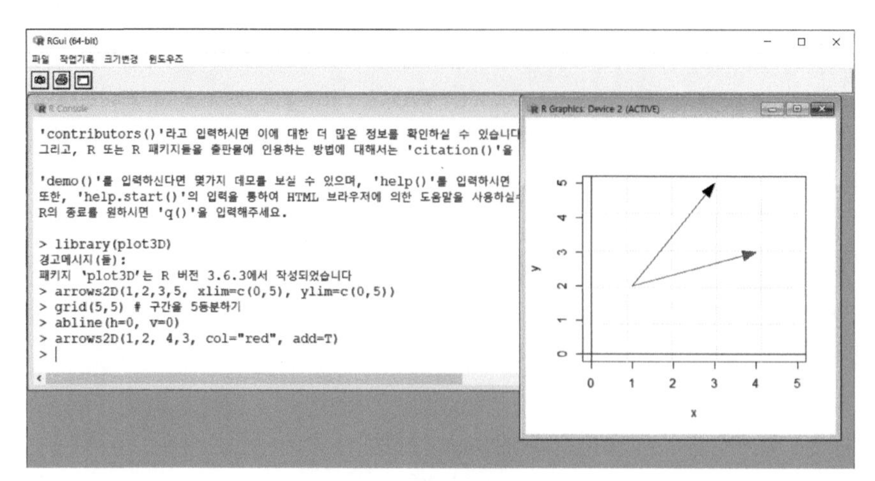

그림 7-2 벡터 겹쳐 그리기

벡터의 시점은 다르더라도 같은 방향, 같은 크기를 가지는 벡터를 동치벡터(equivalent vector)라고 부르며, 두 개의 벡터 **a**와 **b**가 동치일 때는 **a**=**b** 로 나타낸다. 다음 그림은 벡터 **p**를 붉은색으로 표시하였으며 크기와 방향은 같고 시점이 서로 다른 세 개의 동치 벡터를 동시에 나타낸 것이다.

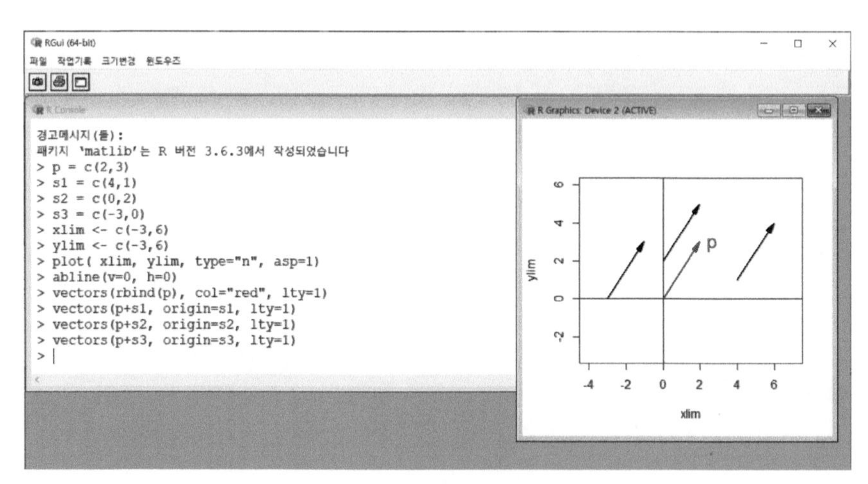

그림 7-3 세 개의 동치 벡터

벡터 $\mathbf{A}=\begin{bmatrix} a_1 \\ a_2 \end{bmatrix}$ 일 때, 벡터 **A**는 원점을 출발점으로 하여 좌표가 (a_1, a_2)인 점까지 화살로 나타낼 수 있다. 따라서 $\mathbf{A}=(a_1, a_2)$로 나타내기도 한다. 예를

들어 **A**$=(4,3)$인 벡터는 다음과 같이 표현된다.

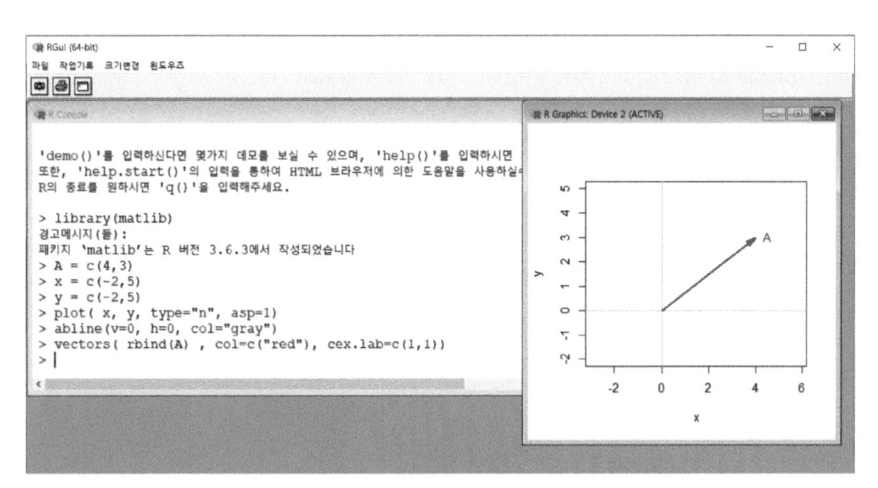

그림 7-4 벡터와 좌표

3차원 벡터 **A**$=(x,y,z)$는 3차원 공간으로 표시된다. **A**$=(2,1,1)$인 벡터는 다음과 같이 표현된다.

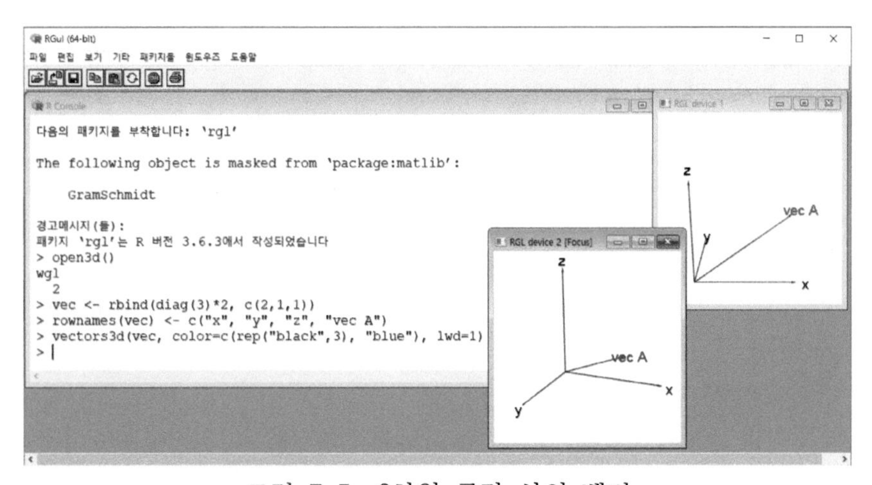

그림 7-5 3차원 공간 상의 벡터

그림 7-5에는 2개의 창에 벡터가 표시되어 있다. 상단의 그림이 원형이고 하단의 그림(device 2)은 마우스를 움직여 벡터를 회전시킨 것이다. 다음은 그림 7-5를 만드는 R 프로그램이다.

```
1 library(matlib)
2 vec <- rbind(diag(3)*2, c(2,1,1))
3 rownames(vec) <- c("x", "y", "z", "vec A")
4 vectors3d(vec, color=c(rep("black",3), "red"), lwd=1)
5 library(rgl)
6 open3d()
7 vec <- rbind(diag(3)*2, c(2,1,1))
8 rownames(vec) <- c("x", "y", "z", "vec A")
9 vectors3d(vec, color=c(rep("black",3), "blue"), lwd=1)
```

▶ 프로그램 설명 ◀

1. 벡터 연산에 필요한 명령어 호출
2. diag(3)*2는 길이가 1인 벡터를 2배로 늘인 것이다. (2,1,1)은 벡터 **A**
3. 3차원 공간의 축을 출력하고, 벡터 **A**는 "vec A"라는 이름으로 출력
4. 기본축은 검정색, 벡터 **A**는 붉은색으로 출력하되 글자의 크기는 1.
5. rgl은 open3d()를 불러오기 위한 라이브러리
6. 두 번째 창(device 2)을 open 함

7~9. 기본축과 벡터 **A**를 청색으로 표시함

【정의 7-1】 두 벡터 **u** , **v**에 대해 **u**의 종점에 **v**의 시점을 일치시켰을 때, 이를 **u** + **v**로 쓰고 두 벡터의 합이라고 하며, **u** + **v** = **v** + **u** 이다.

【예제 7-1】 두 개의 2차원 벡터 $\mathbf{u} = (1, 2)$, $\mathbf{v} = (3, 1)$ 의 합을 구하여라.

◖ 풀이 ◗ 정의에 따라 벡터 **u**를 **v**의 종점으로 평행이동하면 **u** + **v**의 값을 구할 수 있으며 결국은 성분끼리의 합과 동일한 것을 알 수 있다. 즉,

$$\mathbf{u} + \mathbf{v} = (4, 3)$$

다음 그림에서 보듯이 벡터 **u**의 종점을 벡터 **v**의 종점 (3,1)로 평행 이동시키면 (4,3)이 된다. 이것을 녹색으로 나타내었고 벡터 **uv**라고 표시하였다.

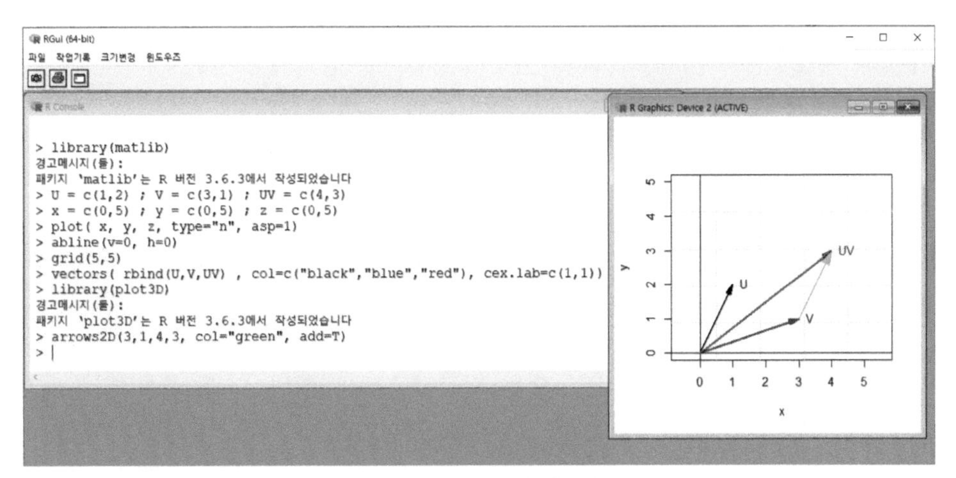

그림 7-6 벡터의 합

【정리 7-1】 3차원 공간의 벡터 $\mathbf{u} = (u_1, u_2, u_3)$, $\mathbf{v} = (v_1, v_2, v_3)$ 의 합은

$$\mathbf{u} + \mathbf{v} = (u_1 + v_1, u_2 + v_2, u_3 + v_3)$$

다음 그림은 $\mathbf{u} = (1, 2)$ 일 때 $-\mathbf{u}$ 는 어떻게 표시되는 가를 보인 것이다. 크기는 같고 방향은 정반대인 것을 확인할 수 있다.

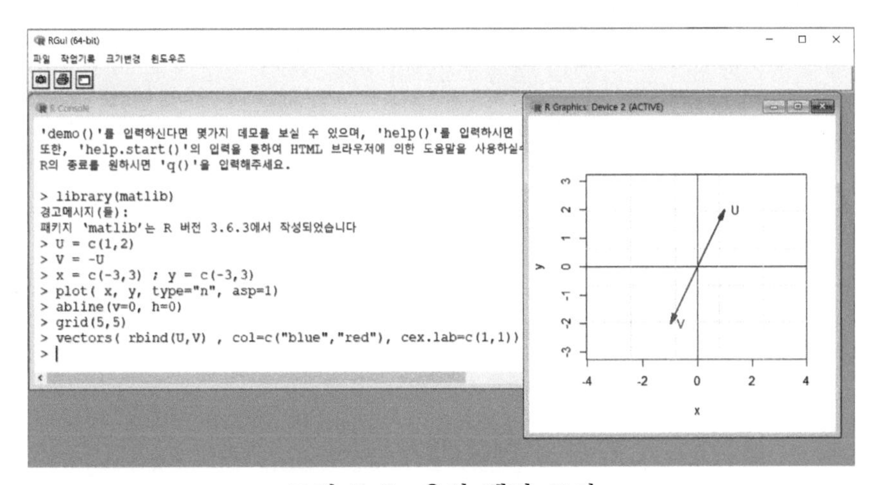

그림 7-7 음의 벡터 표시

【정의 7-2】 두 벡터 **u**, **v**의 차는 **u** - **v** 로 정의하며, -**v** 는 벡터 **v**의 시점과 종점이 반대인 벡터를 의미한다.

위의 정의에서 만일 **v** = **u** 이면 두 벡터의 차는 **u** - **u** = **0** 이 된다. 즉, 결과는 영벡터(null vector)가 된다.

R 프로그램은 벡터의 형태로 값을 저장하므로 벡터의 합과 차를 단순하게 처리한다. 예를 들어, $\mathbf{u}=(1,2)$, $\mathbf{v}=(3,1)$ 이라고 하면 벡터의 합과 차는 다음과 같이 구할 수 있다.

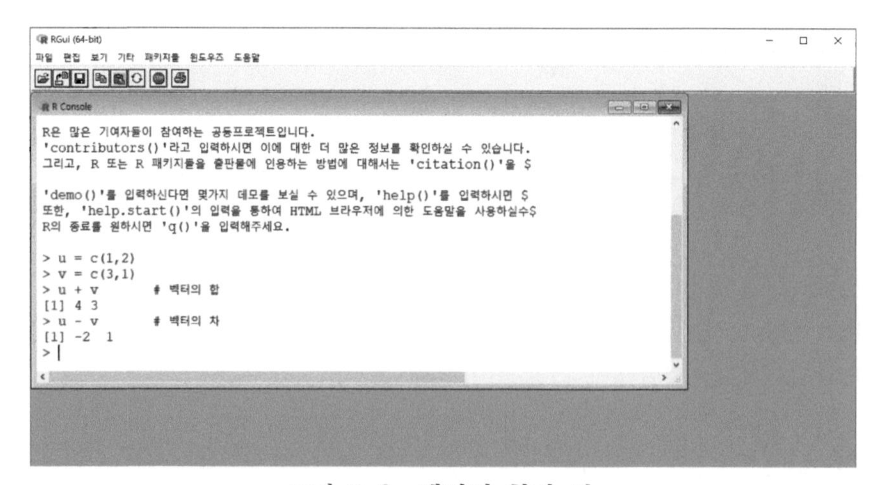

그림 7-8 벡터의 합과 차

【예제 7-2】 두 개의 벡터 $\mathbf{u}=(2,7,5)$ 와 $\mathbf{v}=(1,4,1)$ 과의 차를 **A** 라고 할 때 두 벡터의 차를 3차원 공간에 표시하여라.

◖ 풀이 ◗ **A** = **u** - **v** $=(1,3,4)$이므로 xyz축으로 각각 1, 3, 4 만큼 이동시킨 점이 공간 상의 벡터 **A**의 그림(붉은색)이다.[2]

2) 그림 7-9의 3line에 표시된 "+" 는 하나의 명령문이 여러 줄로 연결되어있다는 표시이다.

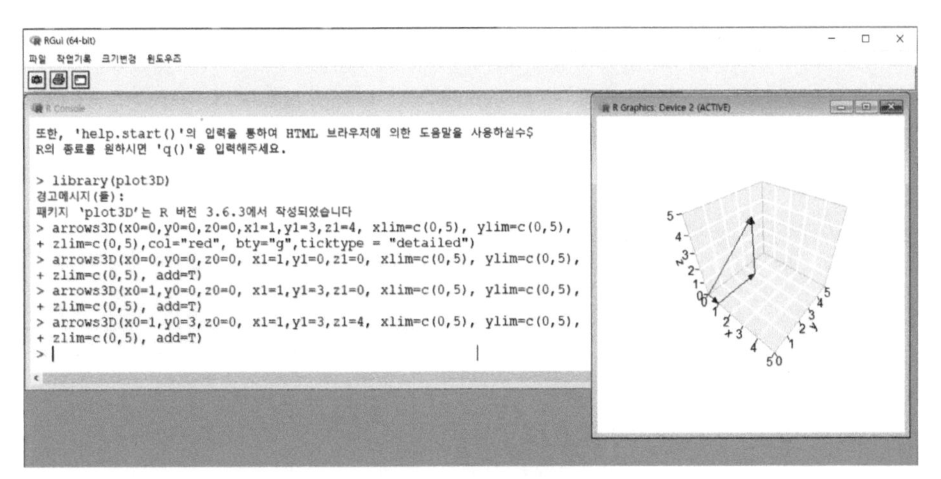

그림 7-9 3차원 공간에 표시된 벡터의 차

그림 7-9에서는 **u** $=(2,7,5)$ 와 **v** $=(1,4,1)$ 의 벡터를 표시하지 않았다.

【예제 7-3】 **u** $=(1,-2,4)$, **v** $=(4,3,1)$ 일 때, **u** + **v** 와 **u** - 2**v** 를 구하여라.

◀ 풀이 ▶ **u** + **v** $=(5,1,5)$, **u** - 2**v** $=(-7,-8,2)$

벡터는 항상 원점에서 출발하는 것은 아니다. 벡터 $\overrightarrow{P_1P_2}$ 의 시점을 $P_1(x_1,y_1)$, 종점을 $P_2(x_2,y_2)$라고 하면, $\overrightarrow{OP_1}+\overrightarrow{P_1P_2}=\overrightarrow{OP_2}$ 의 관계가 성립한다. 즉,

$$\overrightarrow{P_1P_2}=\overrightarrow{OP_2}-\overrightarrow{OP_1}=(x_2,y_2)-(x_1,y_1)=(x_2-x_1,y_2-y_1)$$

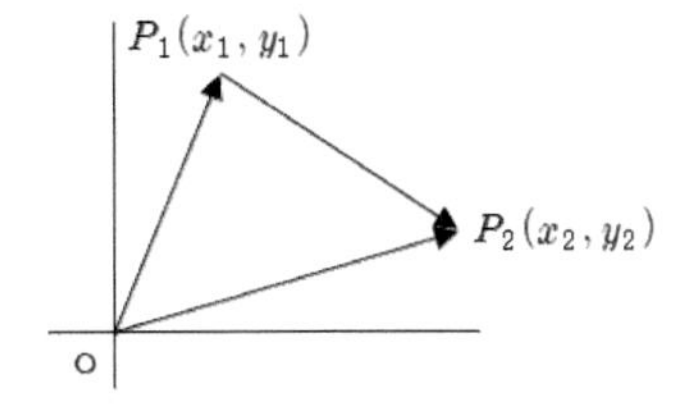

그림 7-10 두 점을 지나는 벡터

이상을 벡터로 표시하여보자. $\overrightarrow{OP_1}$과 $\overrightarrow{OP_2}$를 각각 벡터 **u** , **v** 라고 하면

$$\overrightarrow{P_1P_2} = \overrightarrow{OP_2} - \overrightarrow{OP_1} = \mathbf{v} - \mathbf{u}$$

이므로 $\overrightarrow{P_1P_2}$는 두 벡터의 차로 표시된다.[3)]

예를 들어, $P_1(1,4)$, $P_2(5,2)$ 이면 $\overrightarrow{OP_1} = \mathbf{u} = (1,4)$, $\overrightarrow{OP_2} = \mathbf{v} = (5,2)$ 로 표시할 수 있으므로

$$\overrightarrow{P_1P_2} = \mathbf{v} - \mathbf{u} = (4,-2)$$

가 된다. 이러한 벡터를 이동하여 $\overrightarrow{P_1P_2}$(붉은색) 벡터를 만들 수 있다.

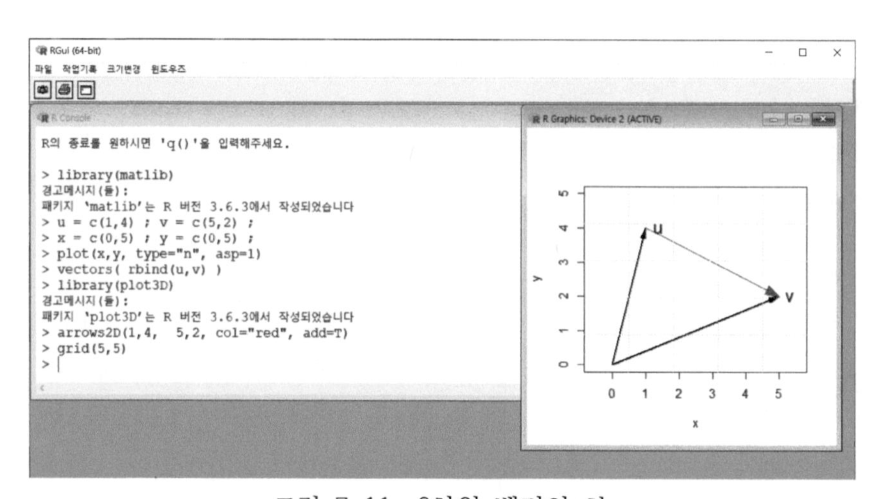

그림 7-11 2차원 벡터의 차

【예제 7-4】 3차원 공간상의 두 점을 $P_1 = (2,7,5)$, $P_2 = (3,4,1)$ 이라고 할 때, $\overrightarrow{P_1P_2}$를 구하여라.

◖ 풀이 ◗ $\overrightarrow{P_1P_2} = (1,-3,-4)$

3) 벡터는 화살표로 표시되므로 벡터의 차는 (화살촉 - 화살끝) 으로 외우면 편리하다.

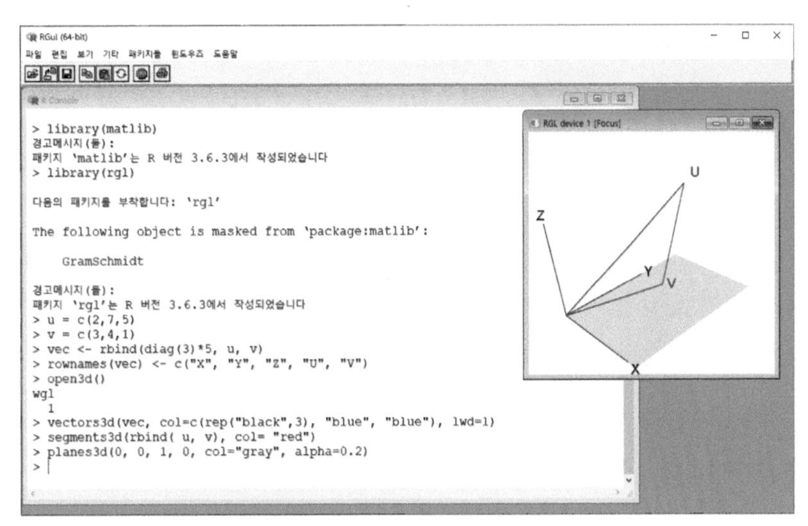

그림 7-12 3차원 벡터의 차

그림 7-12 에서는 3차원 공간상의 두 점 P_1, P_2에 이르는 벡터를 **u** , **v** 라고 하였으며 $\overrightarrow{P_1P_2}$는 붉은색으로 표시하였다. 벡터의 그림은 가급적이면 다음의 그림 7-13 과 유사한 모양을 만들기 위해 마우스를 이용하여 축을 회전시킨 것이다.

그림 7-13 은 동일한 벡터의 차를 그린 것이며 $\overrightarrow{P_1P_2}$는 그림 7-11처럼 붉은색으로 표시하였다.

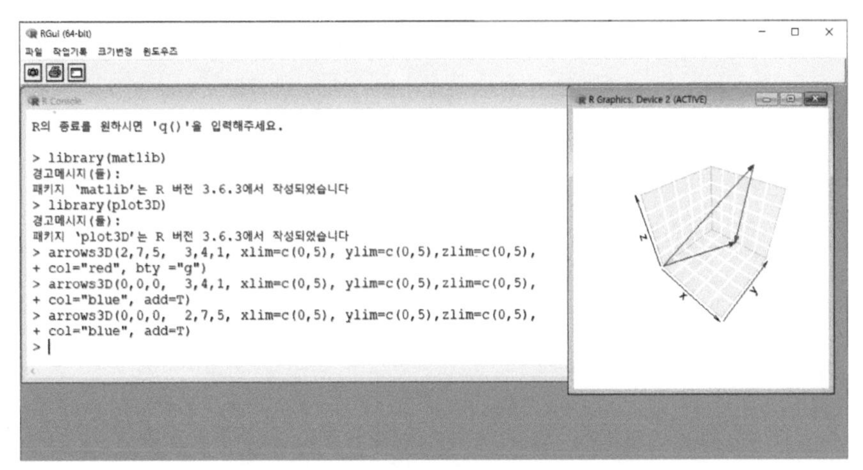

그림 7-13 공간상의 벡터의 그래프

7.3 벡터공간과 노름

본 장에서는 3차원 공간까지의 벡터를 다루기로 하였는데, 이것은 가시적으로 벡터를 표현할 수 있기 때문이다.

이제 **u** + **v** $\in V$ 이고 k**u** $\in V$ 를 만족하는 집합 V에 속한 벡터 **u** , **v**를 고려해보자. 만일 **u** , **v** 가 xy 평면상의 벡터라고 하면, 즉 2차원 공간상의 벡터라고 하면 **u** , **v** 를 더하거나 빼더라도 2차원 공간을 벗어날 수는 없다. 마찬가지로 스칼라곱을 하더라도 2차원 공간상에 벡터가 표시될 것이다.

이러한 조건을 만족하는 벡터에 대해 다음과 같은 벡터 연산 규칙을 만족하면 벡터공간이라고 한다.

【정리 7-2】 **u** , **v** , **w**는 2차원 또는 3차원 공간의 벡터라고 하고 a, b는 스칼라라고 할 때 집합 V에 대하여 다음의 연산이 성립하면 V를 벡터공간(vector space)이라고 부른다.
1) **u** , **v** $\in V$ 이면 **u** + **v** = **v** + **u**
2) **u** , **v** , **w** $\in V$ 이면 (**u** + **v**) + **w** = **u** + (**v** + **w**)
3) **u** $\in V$ 에 대하여 **u** + **0** = **u**인 영벡터가 존재한다. 단, **0** $\in V$
4) **u** $\in V$ 이면 **u** + (- **u**) = **0** 인 - **u** $\in V$ 가 존재한다.
5) **u** $\in V$ 이면 $(a+b)$**u** = a**u** + b**u**
6) **u** , **v** $\in V$ 이면 a(**u** + **v**) = a**u** + a**v**
7) **u** $\in V$ 이면 $a(b$**u**$)$ = ab**u**
8) **u** $\in V$ 이면 I**u** = **u** 이다. 여기서 I는 단위행렬이다.

증명. 여기서는 모두 증명하지는 않고 2)만 증명하도록 한다.

V는 3차원 유클리드공간[4] 이라고 하면 **u** , **v** , **w** 는 3차원 공간상의 점으로 표시할 수 있다.

4) 유클리드의 평행선의 공리와 피타고라스의 정리가 성립하는 n차원 공간으로 직선은 1차원 유클리드공간, 평면은 2차원 유클리드공간, 공간은 3차원 유클리드공간이다. 공간은 확장가능하다. (두산백과 중에서)

이제 **u** $= (u_1, u_2, u_3)$, **v** $= (v_1, v_2, v_3)$, **w** $= (w_1, w_2, w_3)$ 이라고 하면

$$\begin{aligned}(\mathbf{u} + \mathbf{v}) + \mathbf{w} &= (u_1+v_1\,,\, u_2+v_2\,,\, u_3+v_3) + (w_1, w_2, w_3) \\ &= (u_1+v_1+w_1\,,\, u_2+v_2+w_2\,,\, u_3+v_3+w_3) \\ &= (u_1+u_2+u_3) + (v_1+w_1\,,\, v_2+w_2\,,\, v_3+w_3) \\ &= \mathbf{u} + (\mathbf{v} + \mathbf{w})\end{aligned}$$

【예제 7-5】 3차원 유클리드공간 V상의 벡터 **x** $= (x_1, x_2, x_3)$에 대하여 $x_1 + x_2 = 0$을 만족하는 것은 벡터공간임을 보여라.

◖ 풀이 ◗ $x_1 + x_2 = 0$을 만족하는 벡터가 **u** $= (u_1, -u_1, u_3)$, **v** $= (v_1, -v_1, v_3)$ 이면

$$\mathbf{u} + \mathbf{v} = (u_1+v_1, -u_1-v_1, u_3+v_3) \in V$$
$$k\mathbf{u} = (ku_1, -ku_1, ku_3) \in V$$

이다. 벡터의 첫째, 둘째 성분의 합은 0 이므로 벡터공간이 된다.

【정의 7-3】 벡터의 길이는 노름(norm)이라고 부르며, 벡터 **v**의 노름은 ‖**v**‖ 로 표기한다.

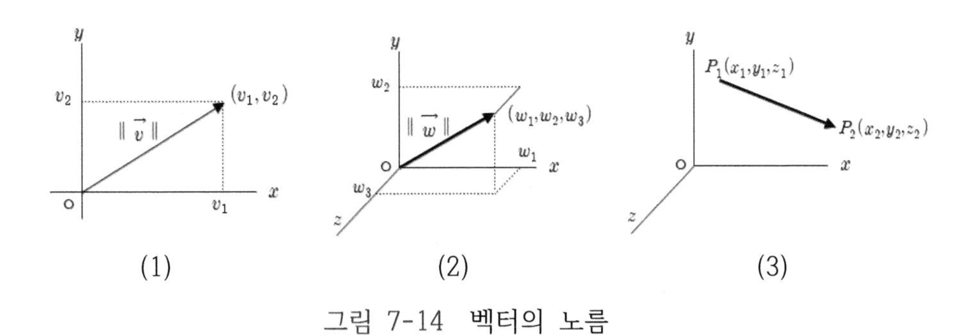

(1) (2) (3)

그림 7-14 벡터의 노름

그림 (1), (2)는 원점에서 출발하는 벡터이다. 2차원 공간 벡터 $\mathbf{v} = (v_1, v_2)$의 노름과 3차원 공간 벡터 $\mathbf{w} = (w_1, w_2, w_3)$의 노름은 피타고라스 정리로부터

$$\|\mathbf{v}\| = \sqrt{v_1^2 + v_2^2}$$
$$\|\mathbf{w}\| = \sqrt{w_1^2 + w_2^2 + w_3^2}$$

가 된다. (3)번 그림처럼 공간상의 두 점 $P_1(x_1, y_1, z_1)$, $P_2(x_2, y_2, z_2)$의 거리 d는 $\overrightarrow{P_1P_2}$의 노름이므로 피타고라스 정리를 적용하면 d는 다음과 같다.

$$d = \| \overrightarrow{P_1P_2} \| = \sqrt{(x_2 - x_1)^2 + (y_2 - y_1)^2 + (z_2 - z_1)^2}$$

예를 들어, $\mathbf{u} = (2, 4, 5)$일 때 R 프로그램으로 노름을 구하면 다음과 같다.

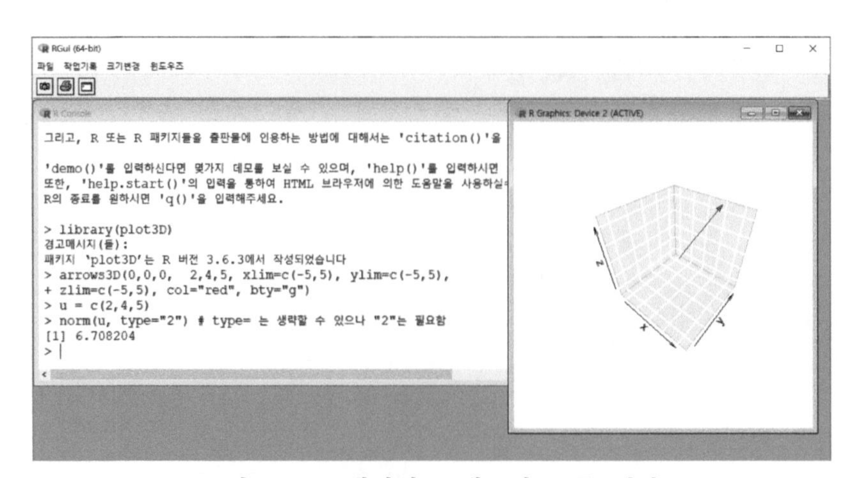

그림 7-15 벡터의 그래프와 노름 계산

【예제 7-6】 다음의 자료로부터 벡터 $\mathbf{v}$ 와 $\overrightarrow{P_1P_2}$의 노름을 구하여라.

$$\mathbf{v} = (2, -3, 1) \ , \ P_1(3, -1, 1) \ , \ P_2(4, -3, 1)$$

◖풀이◗ $\|\mathbf{v}\| = \sqrt{2^2 + (-3)^2 + 1^2} = \sqrt{14}$

$$\| \overrightarrow{P_1P_2} \| = \sqrt{(3-4)^2 + (-1+3)^2 + (1-1)^2} = \sqrt{5}$$

7.4 유클리드 내적

벡터 **u** , **v** 의 시점이 일치한다고 할 때, 다음의 정의에 따라 두 벡터의 사잇각을 구하는 것이 가능하다.

【정의 7-4】 2차원 또는 3차원 벡터 **u** , **v** 가 이루는 사잇각을 θ라고 할 때 유클리드 내적(inner product) 또는 도트적(dot product) **u** · **v** 는

$$\mathbf{u} \cdot \mathbf{v} = \|\mathbf{u}\| \; \|\mathbf{v}\| \cos\theta \;,\quad \|\mathbf{u}\| \neq 0 \;,\; \|\mathbf{v}\| \neq 0$$

으로 정의한다. 단, $0 \leqq \theta \leqq \pi$

【예제 7-7】 두 개의 벡터 $\mathbf{u} = (\sqrt{3}, 1)$, $\mathbf{v} = (1, \sqrt{3})$ 의 내적을 구하여라.

◖ 풀이 ◗ 각각의 벡터가 만드는 삼각형은 특수삼각형5) 이므로 사잇각은 30° 이고, 노름은 $\|\mathbf{u}\| = \|\mathbf{v}\| = 2$ 이다. 따라서

$$\mathbf{u} \cdot \mathbf{v} = 2 \times 2 \times \cos 30^\circ = 4 \times \frac{\sqrt{3}}{2} = 2\sqrt{3}$$

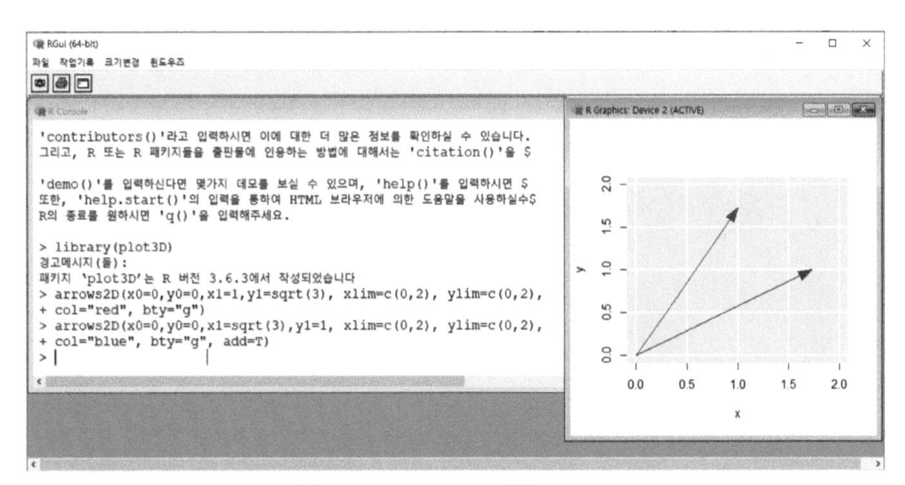

그림 7-16 $\mathbf{u} = (\sqrt{3}, 1)$, $\mathbf{v} = (1, \sqrt{3})$ 의 그래프 uv 표시할 것.

5) $1:2:\sqrt{3}$ 의 관계를 갖는 특수삼각형이므로 예각은 30° 이다.

【예제 7-8】 두 개의 벡터 $\mathbf{u}=(1,1,0)$, $\mathbf{v}=(0,1,0)$의 내적을 구하여라.

◖ 풀이 ◗ 두 개의 벡터는 세 번째 성분이 0이므로 xy평면상의 벡터가 된다. 사잇각은 45°가 되므로

$$\mathbf{u}\cdot\mathbf{v}=\sqrt{2}\times 1\times\cos 45^{\circ}=\sqrt{2}\times\frac{1}{\sqrt{2}}=1$$ [6]

앞의 두 개의 예제는 두 벡터의 사잇각을 유추할 수 있으므로 내적을 구하는 것이 가능하지만 사잇각을 모르면 정의에 따른 내적 계산이 불가능하다.

이제 다음의 그림과 같은 벡터 $\overrightarrow{P_1P_2}$를 고려해보자.

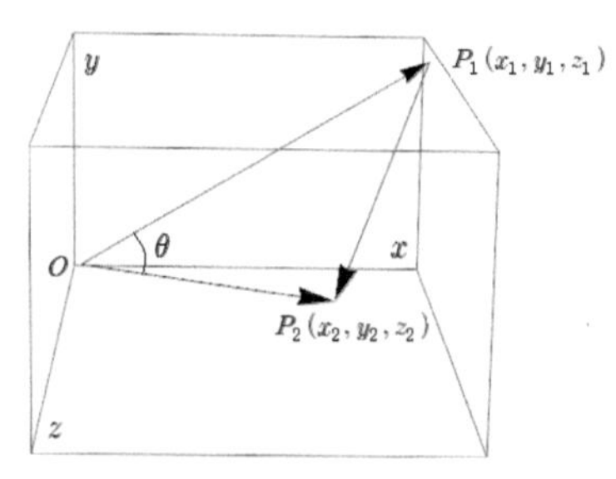

그림 7-17 공간 상의 두 벡터

$\triangle OP_1P_2$에 코사인 제2법칙을 적용하면 다음과 같은 관계식을 얻게 된다.[7]

$$\|\overrightarrow{P_1P_2}\|^2=\|\overrightarrow{OP_1}\|^2+\|\overrightarrow{OP_2}\|^2-2\|\overrightarrow{OP_1}\|\,\|\overrightarrow{OP_2}\|\cos\theta$$

$\overrightarrow{OP_1}=\mathbf{u}$, $\overrightarrow{OP_2}=\mathbf{v}$ 라고 하고, 벡터의 노름을 직접 계산하면

$$\|\overrightarrow{P_1P_2}\|^2=(x_2-x_1)^2+(y_2-y_1)^2+(z_2-z_1)^2$$
$$\|\mathbf{u}\|^2=(x_1^2+y_1^2+z_1^2)$$
$$\|\mathbf{v}\|^2=(x_2^2+y_2^2+z_2^2)$$

---

6) $1:1:\sqrt{2}$의 관계를 갖는 특수삼각형이므로 예각은 45°이다.
7) $a^2=b^2+c^2-2bc\times\cos\theta$

이므로 다음과 같은 식이 얻어진다.

$$-2x_1x_2 - 2y_1y_2 - 2z_1z_2 = -2\ \|\mathbf{u}\|\ \|\mathbf{v}\|\cos\theta$$

$\mathbf{u} \cdot \mathbf{v} = \|\mathbf{u}\|\ \|\mathbf{v}\|\cos\theta$ 이므로 다음 관계식을 얻을 수 있다.

$$\mathbf{u} \cdot \mathbf{v} = x_1x_2 + y_1y_2 + z_1z_2$$

> **【정리 7-3】** 3차원의 두 벡터 $\mathbf{u} = (u_1, u_2, u_3)$, $\mathbf{v} = (v_1, v_2, v_3)$ 의 내적은 다음과 같다.
>
> $\mathbf{u} \cdot \mathbf{v} = u_1v_1 + u_2v_2 + u_3v_3$

【예제 7-9】 두 벡터 $\mathbf{u} = (4, 1)$, $\mathbf{v} = (-1, 4)$ 의 내적과 사잇각을 구하여라.

◖ 풀이 ◗ 먼저 내적을 구해보면 $\mathbf{u} \cdot \mathbf{v} = 4 \times (-1) + 1 \times 4 = 0$ 이다. 두 벡터의 내적이 0 이므로 정의에 따라 직교한다.

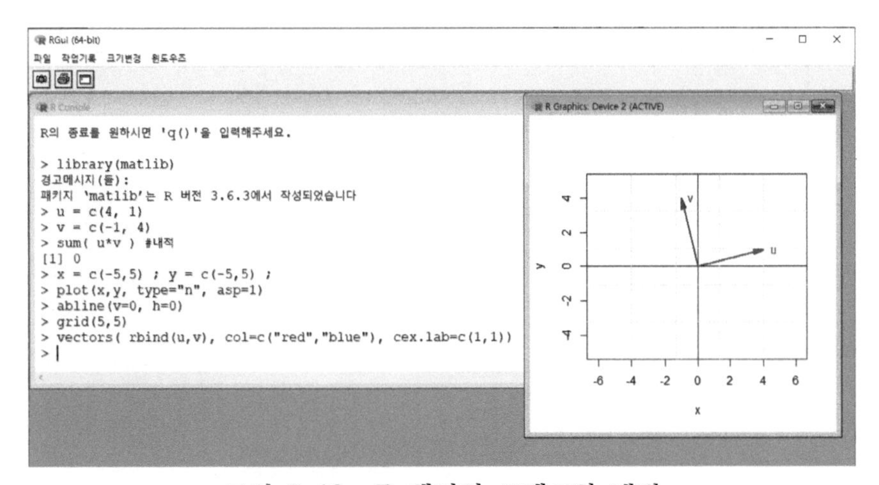

그림 7-18 두 벡터의 그래프와 내적

【예제 7-10】 두 벡터 $\mathbf{u}=(3,-1,1)$, $\mathbf{v}=(4,-3,1)$ 의 내적을 구하여라.

◖ 풀이 ◗ $\mathbf{u}\cdot\mathbf{v}=3\times4+(-1)\times(-3)+1\times1=16$

<< 프로그램 7-1 >>을 사용하여도 내적계산을 할 수 있다.

```
C:\WINDOWS\system32\cmd.exe
벡터의 개수는 몇 개인가? : 2
벡터의 차원은 얼마인가? : 3
벡터의 성분을 입력하라
 3  -1  1
 4  -3  1
1 번 벡터 :     3   -1    1
2 번 벡터 :     4   -3    1
번호선택을 하라(1:노름  2:내적 3:사잇각) : 2
1,2벡터의 내적 = 16.000000
계속하려면 아무 키나 누르십시오 . . .
```

그림 7-19 내적계산

【예제 7-11】 두 벡터 $\mathbf{u}=(3,-1,1)$, $\mathbf{v}=(4,-3,1)$ 의 사잇각을 구하여라.

◖ 풀이 ◗ $\|\mathbf{u}\|=\sqrt{11}$, $\|\mathbf{v}\|=\sqrt{26}$ 이고, $\cos\theta=\dfrac{(\mathbf{u}\cdot\mathbf{v})}{\|\mathbf{u}\|\ \|\mathbf{v}\|}$ 이므로

$$\cos\theta\ =\frac{16}{\sqrt{11}\,\sqrt{26}}=0.9461\ \rightarrow\ \theta=0.3298\ (\text{라디안})$$

이다. 0.3298 라디안을 각도로 변환하려면 $0.3298\times\dfrac{180}{\pi}$ 으로 바꾸는 과정이 필요하며, 계산 결과를 보면 **u** , **v** 가 이루는 사잇각은 18.89° 가 된다.

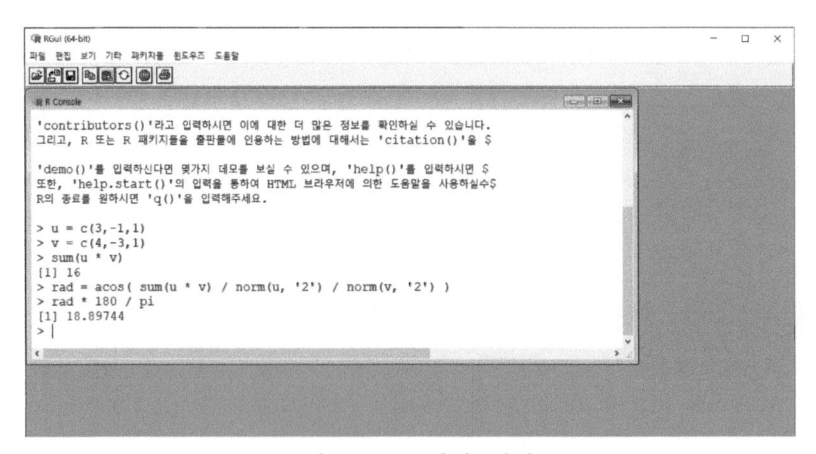

그림 7-20 내적 계산

다음은 << 프로그램 7-1 >>을 사용하여 두 벡터의 사잇각을 계산한 것이다.

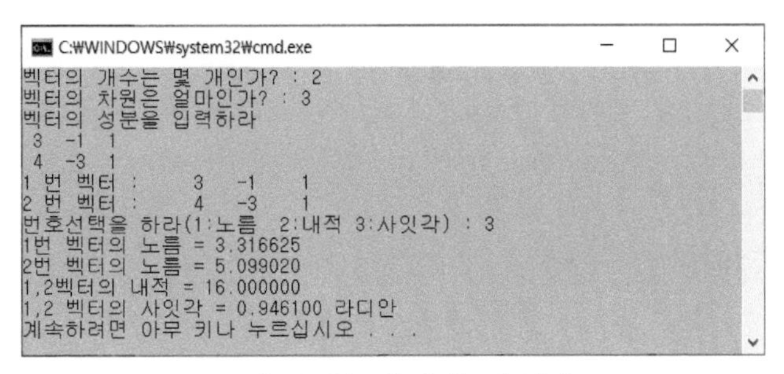

그림 7-21 벡터의 사잇각

【예제 7-12】 다음 그림에서 D는 길이가 1 인 정육면체의 대각선이다. 이러한 대각선 D가 아랫면 대각선인 d 와 이루는 각도를 구하여라.

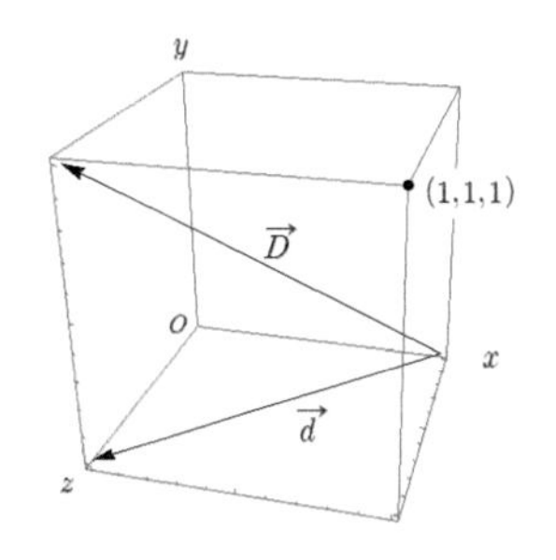

그림 7-22 대각선 벡터

◖ 풀이 ◗ 벡터의 시점을 A 라고 하면 벡터

$$\mathbf{D} = (0,1,1) - (1,0,0) = (-1,1,1)$$
$$\mathbf{d} = (0,0,1) - (1,0,0) = (-1,0,1)$$

이다. 노름과 내적을 계산하면

$$\|\mathbf{D}\| = \sqrt{3} \ , \ \|\mathbf{d}\| = \sqrt{2} \ , \ \mathbf{D} \cdot \mathbf{d} = 2$$

이므로 두 벡터가 이루는 코사인 값은

$$\cos\theta = \frac{2}{\sqrt{3}\,\sqrt{2}} = \sqrt{\frac{2}{3}}$$ 8)

【정리 7-4】 영벡터가 아닌 두 벡터의 내적이 영(0)이면 두 벡터는 직교벡터(orthogonal vector)의 관계가 성립한다.

【예제 7-13】 두 벡터 $\mathbf{u} = (3, 2)$, $\mathbf{v} = (x, y)$ 의 내적이 영(0)일 때의 도형의 그래프를 구하여라.

◀ 풀이 ▶ $\mathbf{u} \cdot \mathbf{v} = 3x + 2y = 0$ 이므로

$$y = -\frac{3}{2}x \quad , x \text{는 임의의 실수}$$

이며 그래프는 다음과 같다.9)

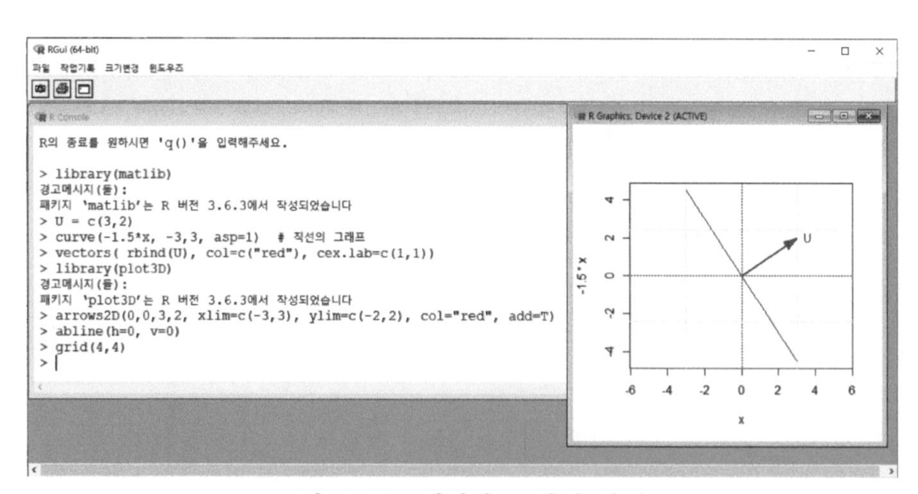

그림 7-23 벡터와 수직인 직선

8) 라디안 값을 각도로 환산하면 35.26° 이다.
9) 벡터 **u** 의 기울기와 직선의 기울기를 곱하면 -1 임을 확인할 수 있다.

【예제 7-14】 두 벡터 $\mathbf{u}=(m,0,0)$, $\mathbf{v}=(0,n,0)$ 의 사잇각을 구하여라. 단, m,n은 임의의 실수이다.

◖풀이◗ $\mathbf{u}\cdot\mathbf{v}=0$ 이므로 $\cos\theta=0$ 이다. 따라서 두 벡터가 이루는 각은 90° 이다.

【예제 7-15】 영이 아닌 벡터 $\mathbf{n}=(a,b)$ 는 직선 $ax+by+c=0$에 수직임을 보여라.

◖풀이◗ 직선 위의 두 점을 $P_1=(x_1,y_1)$, $P_2=(x_2,y_2)$라고 하면 $\overrightarrow{P_1P_2}=(x_2-x_1\ ,\ y_2-y_1)$ 이고

$$ax_1+by_1+c=0$$
$$ax_2+by_2+c=0$$

의 관계식이 성립한다. 두 식으로부터

$$a(x_2-x_1)+b(y_2-y_1)=0$$

을 얻을 수 있으며, 이를 벡터의 내적으로 표현하면

$$(a,b)\cdot(x_2-x_1\ ,\ y_2-y_1)=0$$

이다. 따라서 벡터 $\mathbf{n}=(a,b)$ 는 직선 $ax+by+c=0$에 수직이다.

【정리 7-5】 $\mathbf{u}$, $\mathbf{v}$, $\mathbf{w}$ 는 2차원 또는 3차원 공간벡터라고 할 때 다음이 성립한다.

1) $\mathbf{u}\cdot\mathbf{v}=\mathbf{v}\cdot\mathbf{u}$
2) $\mathbf{u}\cdot(\mathbf{v}+\mathbf{w})=\mathbf{u}\cdot\mathbf{v}+\mathbf{u}\cdot\mathbf{w}$
3) $k(\mathbf{u}\cdot\mathbf{v})=(k\mathbf{u})\cdot\mathbf{v}=\mathbf{u}\cdot(k\mathbf{v})$, k는 스칼라

증명. 2)번만 증명하기로 한다. 3차원 벡터 $\mathbf{u}$, $\mathbf{v}$, $\mathbf{w}$는 각각 $\mathbf{u}=(u_1,u_2,u_3)$,

$\mathbf{v}=(v_1,v_2,v_3)$, $\mathbf{w}=(w_1,w_2,w_3)$ 라고 하자.

$$\begin{aligned}\mathbf{u}\cdot(\mathbf{v}+\mathbf{w}) &= (u_1,u_2,u_3)\cdot(v_1+w_1\ ,\ v_2+w_2\ ,\ v_3+w_3)\\ &= u_1(v_1+w_1)+u_2(v_2+w_2)+u_3(v_3+w_3)\\ &= (u_1v_1+u_2v_2+u_3v_3)+(u_1w_1+u_2w_2+u_3w_3)\\ &= \mathbf{u}\cdot\mathbf{v}+\mathbf{u}\cdot\mathbf{w}\end{aligned}$$

【예제 7-16】 3차원 공간의 벡터 **u** , **v**에 대하여 (2**u** + **v**) · (**u** + 3**v**) 계산을 하여라.

◖ 풀이 ◗ $(2\mathbf{u}+\mathbf{v})\cdot(\mathbf{u}+3\mathbf{v}) = (2\mathbf{u}+\mathbf{v})\cdot\mathbf{u}+(2\mathbf{u}+\mathbf{v})\cdot 3\mathbf{v}$

$= 2\mathbf{u}\cdot\mathbf{u}+7\mathbf{u}\cdot\mathbf{v}+3\mathbf{v}\cdot\mathbf{v}$

7.5 정사영

하나의 벡터 **u**를 영(0)이 아닌 벡터 $\mathbf{a}(\neq\mathbf{0})$와 **a**에 수직인 벡터의 합으로 분할하는 경우를 고려하여보자.

다음 그림처럼 **u**에서 **a**에 수선의 발을 내린 것을 $\mathbf{w}_1$ 이라 하고, $\mathbf{w}_1$ 에 수직인 벡터를 $\mathbf{w}_2$ 라고 하면

$$\mathbf{u}=\mathbf{w}_1+\mathbf{w}_2$$

의 관계식을 얻을 수 있다.[10]

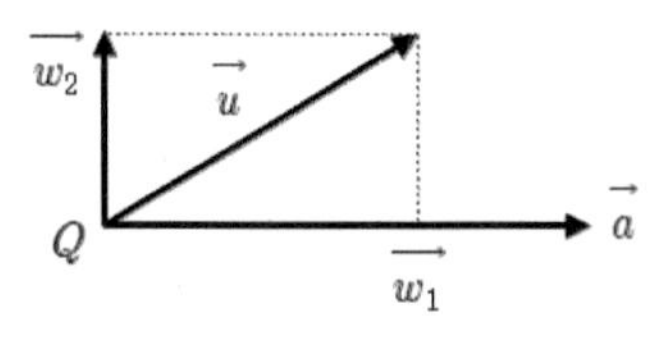

그림 7-24 벡터의 분할

10) **a**와 $\mathbf{w}_1$ 의 크기가 반드시 같아야 하는 것은 아니며, 벡터는 화살표로 표시하였다.

여기서 $\mathbf{w}_1$ 을 $\mathbf{u}$에서 $\mathbf{a}$로의 직교사영(orthogonal projection)이라고 부르며 $proj_a\mathbf{u}$로 표시한다. $\mathbf{u} = \mathbf{w}_1 + \mathbf{w}_2$ 이므로 다음의 관계식도 얻을 수 있다.

$$\mathbf{w}_2 = \mathbf{u} - proj_a\mathbf{u}$$

【정리 7-6】 **u**와 벡터 $\mathbf{a}(\neq \mathbf{0})$에 대하여 다음이 성립한다.

$$proj_a\mathbf{u} = \frac{\mathbf{u}\cdot\mathbf{a}}{\|\mathbf{a}\|^2}\mathbf{a}$$

증명. $\mathbf{w}_1 = proj_a\mathbf{u}$ 라고 하면 $\mathbf{w}_1 = k\mathbf{a}$ (k는 임의의 스칼라)가 된다. 이제 $\mathbf{u} = \mathbf{w}_1 + \mathbf{w}_2$ 라고 하면

$$\mathbf{u} = \mathbf{w}_1 + \mathbf{w}_2 = k\mathbf{a} + \mathbf{w}_2$$

의 관계식을 얻을 수 있으므로 **u**와 **a**의 내적을 계산해보면

$$\mathbf{u}\cdot\mathbf{a} = (k\mathbf{a} + \mathbf{w}_2)\cdot\mathbf{a} = k\mathbf{a}\cdot\mathbf{a} + \mathbf{w}_2\cdot\mathbf{a} = k\|\mathbf{a}\|^2 + \mathbf{w}_2\cdot\mathbf{a}$$

가 된다. 그런데 **a**와 $\mathbf{w}_2$ 는 수직이므로 $\mathbf{w}_2\cdot\mathbf{a} = 0$ 이다. 따라서

$$\mathbf{u}\cdot\mathbf{a} = k\|\mathbf{a}\|^2 \quad \rightarrow \quad k = \frac{\mathbf{u}\cdot\mathbf{a}}{\|\mathbf{a}\|^2}$$

가 된다. $\mathbf{w}_1 = proj_a\mathbf{u} = k\mathbf{a}$ 라고 하였으므로 정리의 식을 얻게 된다.

【예제 7-17】 두 개의 벡터를 $\mathbf{u} = (2,1,3)$, $\mathbf{a} = (4,2,0)$ 이라고 하자. $proj_a\mathbf{u}$를 구하여라.

◖ 풀이 ◗ 먼저 벡터 **u**와 **a**의 그림을 그려보면 다음과 같다.

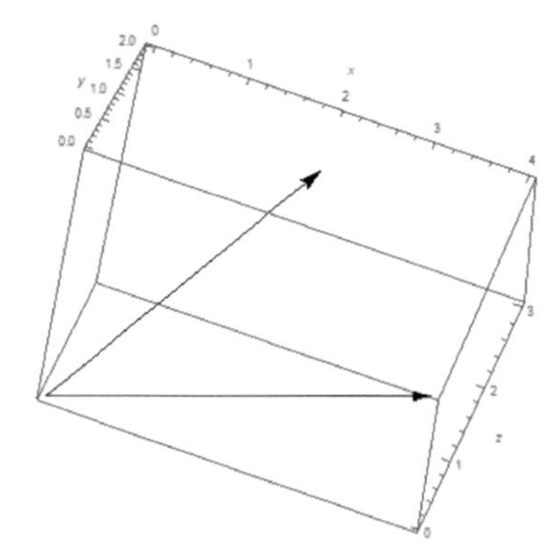

그림 7-25 3차원 공간 상의 두 벡터

$\mathbf{u} \cdot \mathbf{a} = 10$, $\|\mathbf{a}\|^2 = 20$ 이므로

$$proj_a\mathbf{u} = \frac{\mathbf{u} \cdot \mathbf{a}}{\|\mathbf{a}\|^2}\mathbf{a} = \frac{1}{2}\mathbf{a} = (2,1,0)$$

다음은 R 프로그램으로 정사영 $proj_a\mathbf{u}$ 를 녹색으로 나타내었고, RGL device 창의 객체를 회전시켜 그림 7-25의 모양으로 두 벡터를 그려보았다.

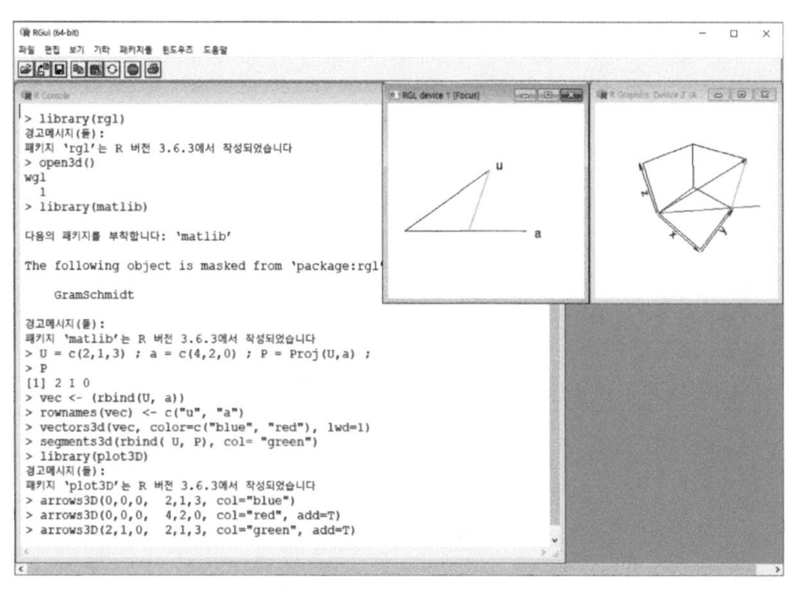

그림 7-26 정사영 그래프

<<프로그램 7-1>> 을 실행시켜 얻은 정사영 값도 다음 그림에 나와 있다.

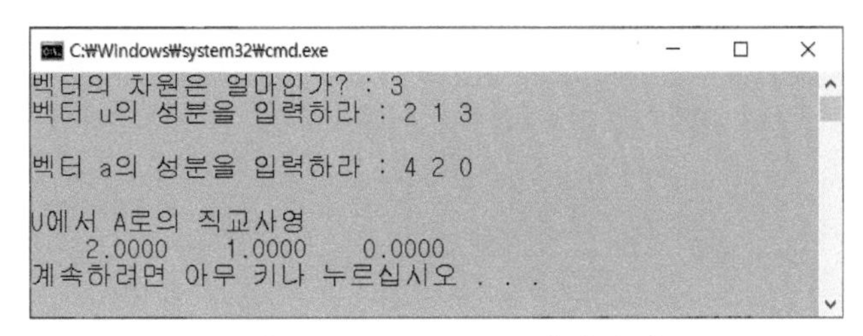

그림 7-27 $proj_a\mathbf{u}$ 계산결과

【정리 7-7】 $proj_a(\mathbf{u} + \mathbf{v}) = proj_a\mathbf{u} + proj_a\mathbf{v}$

증명. **【정리 7-6】** 으로부터

$$
\begin{aligned}
proj_a(\mathbf{u} + \mathbf{v}) &= \frac{(\mathbf{u} + \mathbf{v}) \cdot \mathbf{a}}{\|\mathbf{a}\|^2}\mathbf{a} \\
&= \frac{\mathbf{u} \cdot \mathbf{a} + \mathbf{v} \cdot \mathbf{a}}{\|\mathbf{a}\|^2}\mathbf{a} \\
&= \left(\frac{\mathbf{u} \cdot \mathbf{a}}{\|\mathbf{a}\|^2} + \frac{\mathbf{v} \cdot \mathbf{a}}{\|\mathbf{a}\|^2}\right)\mathbf{a} \\
&= \left(\frac{\mathbf{u} \cdot \mathbf{a}}{\|\mathbf{a}\|^2}\right)\mathbf{a} + \left(\frac{\mathbf{v} \cdot \mathbf{a}}{\|\mathbf{a}\|^2}\right)\mathbf{a}
\end{aligned}
$$

【예제 7-18】 $\mathbf{u} = (2,1,3)$, $\mathbf{v} = (5,5,1)$, $\mathbf{a} = (4,2,0)$ 일 때, $proj_a(\mathbf{u} + \mathbf{v})$를 구하여라.

◖ 풀이 ◗ $\|\mathbf{a}\|^2 = 20$ 이고 $\mathbf{u} \cdot \mathbf{a} = 10$, $\mathbf{v} \cdot \mathbf{a} = 30$ 이다. 따라서

$$
proj_a\mathbf{u} = \frac{\mathbf{u} \cdot \mathbf{a}}{\|\mathbf{a}\|^2}\mathbf{a} = \frac{1}{2}\mathbf{a} = (2,1,0)
$$

$$
proj_a\mathbf{v} = \frac{\mathbf{v} \cdot \mathbf{a}}{\|\mathbf{a}\|^2}\mathbf{a} = \frac{3}{2}\mathbf{a} = (6,3,0)
$$

이므로 $proj_a\mathbf{u} + proj_a\mathbf{v} = (8,4,0)$ 이 된다. 한편, $\mathbf{u} + \mathbf{v} = (7,6,4)$이므로

$$(\mathbf{u} + \mathbf{v}) \cdot \mathbf{a} = \mathbf{u} \cdot \mathbf{a} + \mathbf{v} \cdot \mathbf{a} = 10 + 30 = 40$$

따라서

$$proj_a(\mathbf{u} + \mathbf{v}) = \frac{(\mathbf{u} + \mathbf{v}) \cdot \mathbf{a}}{\|\mathbf{a}\|^2}\mathbf{a} = 2\,\mathbf{a} = (8,4,0)$$

【정리 7-8】 $\|proj_a\mathbf{u}\| = \|\mathbf{u}\| \, |\cos\theta|$ 이다.

증명. $proj_a\mathbf{u} = \frac{\mathbf{u} \cdot \mathbf{a}}{\|\mathbf{a}\|^2}\mathbf{a}$, $\mathbf{u} \cdot \mathbf{a} = \|\mathbf{u}\| \times \|\mathbf{a}\| \cos\theta$ 이므로 직교사영의 노름을 구해보면

$$\|proj_a\mathbf{u}\| = \left\| \frac{\mathbf{u} \cdot \mathbf{a}}{\|\mathbf{a}\|^2} \right\| \, \|\mathbf{a}\| = \left\| \frac{\|\mathbf{u}\| \times \|\mathbf{a}\| \cos\theta}{\|\mathbf{a}\|^2} \right\| \, \|\mathbf{a}\|$$

$$= \|\mathbf{u} \times \cos\theta\| = \|\mathbf{u}\| \, |\cos\theta|$$

【예제 7-19】 2차원 공간상의 점 $P(x_0, y_0)$와 $ax+by+c=0$ 사이의 최단 거리를 구하여라.

◖풀이◗ 직선 위의 점 $Q(x_1,y_1)$를 시점으로 하는 벡터 $\mathbf{n}=(a,b)$ 를 고려하여 보자.

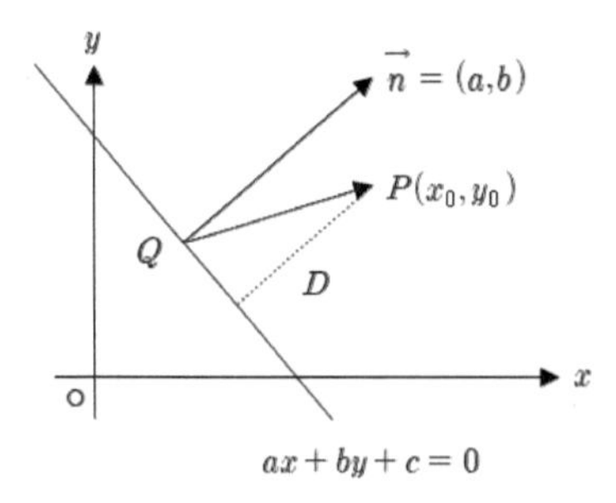

그림 7-28 점과 직선의 최단거리

$\overrightarrow{QP}$는 수직사영이 2개 존재하며, 그 중에서 거리 D는 $\overrightarrow{QP}$를 **n** 으로의 수직 사영과 같은 값을 갖는다.[11] 따라서

$$D = proj_n \overrightarrow{QP} = \frac{|\overrightarrow{QP} \cdot \mathbf{n}|}{\|\mathbf{n}\|}$$

이다. 그런데

$$\|\mathbf{n}\| = \sqrt{a^2+b^2}$$
$$\overrightarrow{QP} \cdot \mathbf{n} = (x_0 - x_1, y_0 - y_1) \cdot (a, b) = a(x_0 - x_1) + b(y_0 - y_1)$$

가 된다. Q의 좌표점은 (x_1, y_1)이고 직선 위의 점이므로

$$ax_1 + by_1 + c = 0$$

의 관계식을 만족해야 하므로

$$|\overrightarrow{QP} \cdot \mathbf{n}| = |a(x_0 - x_1) + b(y_0 - y_1)| = |ax_0 + by_0 + c|$$

이다. 따라서 거리 D는

$$D = \frac{|ax_0 + by_0 + c|}{\sqrt{a^2+b^2}}$$

【예제 7-20】 평면상의 점 $(1, 4)$와 직선 $y = 3x + 2$ 사이의 최단 거리를 구하여라.

◀ 풀이 ▶ $(a,b,c) = (3,-1,2)$ 이므로

$$D = \frac{|\ 3 \times 1 + (-1) \times 4 + 2\ |}{\sqrt{3^2 + (-1)^2}} = \frac{1}{\sqrt{10}}$$

---

11) D를 벡터 **n**에 일치하도록 평행이동할 수 있음.

7.6 벡터적

물리학, 공학 등에서는 두 개의 벡터 각각에 직교하는 제3의 벡터가 종종 나타난다. 여기서는 제3의 벡터를 쉽게 얻는 방법에 대해 다루어본다.

> **【정의 7-5】** 3차원 공간의 벡터 $\mathbf{u}=(u_{1,}u_{2,}u_3)$ 와 $\mathbf{v}=(v_1,v_2,v_3)$ 의 벡터적(vector product)은 다음과 같이 정의한다.[12]
>
> $$\mathbf{u}\times\mathbf{v}=(u_2v_3-u_3v_2\ ,\ u_3v_1-u_1v_3\ ,\ u_1v_2-u_2v_1)$$

벡터적은 상당히 복잡한 모습을 하고 있으므로 이것을 직접 외워서 적용한다는 것은 어려운 문제이다. 하지만 위의 벡터적을 쉽게 외우는 방법을 소개하여 본다. 이제 다음과 같은 행렬을 고려해보자.

$$\begin{bmatrix} 1 & 1 & 1 \\ u_1 & u_2 & u_3 \\ v_1 & v_2 & v_3 \end{bmatrix}$$

제1행에 대한 여인수(cofactor)를 구해보면

$$C_{11}=(1-)^{1+1}\begin{vmatrix} u_2 & u_3 \\ v_2 & v_3 \end{vmatrix}=u_2v_3-\ u_3v_2$$

$$C_{12}=(-1)^{1+2}\begin{vmatrix} u_1 & u_3 \\ v_1 & v_3 \end{vmatrix}=u_3v_1-u_1v_3$$

$$C_{13}=(-1)^{1+3}\begin{vmatrix} u_1 & u_2 \\ v_1 & v_2 \end{vmatrix}=u_1v_2-u_2v_1$$

을 얻게 되는데, 이 값이 벡터적의 성분과 같음을 알 수 있다.

---

12) 벡터적은 크로스곱(cross product)이라고도 부른다. 내적(inner product)에 대응한다는 의미로 외적(outer product)이라고 잘못 표시한 경우가 있음에 주의하라. 외적은 $\mathbf{u}\otimes\mathbf{v}$ 로 표기하므로 엄연히 벡터적과는 다른 것을 알 수 있다.

【예제 7-21】 $\mathbf{u}=(1,-2,3)$, $\mathbf{v}=(3,0,4)$ 일 때 벡터적을 구하여라.
◖ 풀이 ◗ $\mathbf{u}\times\mathbf{v}=(u_2v_3-u_3v_2\,,\,u_3v_1-u_1v_3\,,\,u_1v_2-u_2v_1)=(-8,5,6)$

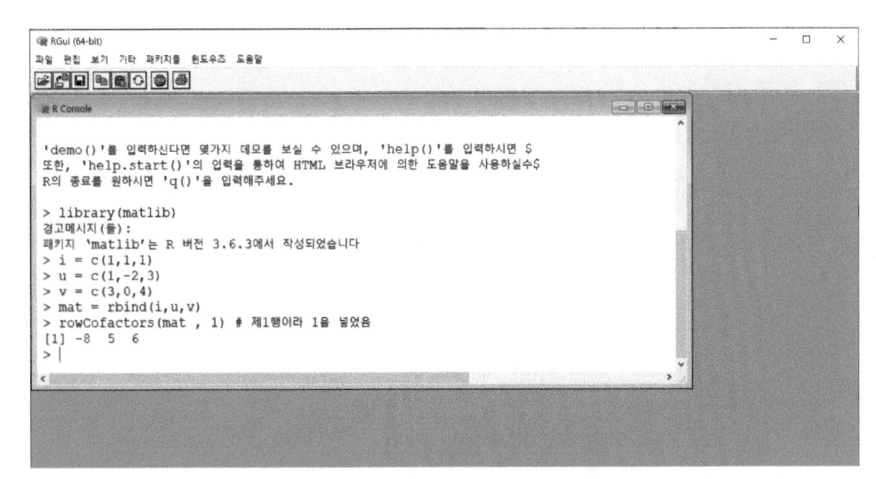

그림 7-29 제1행의 여인수계산

【정의 7-5】의 문제점은 **u** , **v**에 수직인 벡터는 2개가 존재한다는 것이다. 즉, 하나의 벡터적 **u**×**v** 이 계산되었다면 -(**u**×**v**)도 벡터적이 되기 때문이다. 본 교재에서 계산하는 벡터적은 우수(right hand)계로 구한 것이다.

【예제 7-22】 $\mathbf{u}=(1,-2,3)$ 와 $\mathbf{x}=(8,-5,-6)$ 가 이루는 각을 계산하라.[13)]
◖ 풀이 ◗ 두 벡터의 내적을 계산하면 $\mathbf{u}\cdot\mathbf{x}=8+10-18=0$ 이므로 두 벡터가 이루는 사잇각은 90° 이다.

> **【정리 7-9】** **u** , **v** 를 3차원 공간의 벡터라고 하면 다음이 성립한다.
> 1) $\mathbf{u}\cdot(\mathbf{u}\times\mathbf{v}) = 0$
> 2) $\mathbf{v}\cdot(\mathbf{u}\times\mathbf{v}) = 0$
> 3) $\|\mathbf{u}\times\mathbf{v}\|^2 = \|\mathbf{u}\|^2\|\mathbf{v}\|^2-(\mathbf{u}\cdot\mathbf{v})^2$

---

13) **x** 는 앞에서 계산한 벡터적 $(-8,5,6)$과는 부호가 반대인 벡터이다.

증명. $\mathbf{u}=(u_1,u_2,u_3)$, $\mathbf{v}=(v_1,v_2,v_3)$ 라고 하자.

1) $\mathbf{u}\cdot(\mathbf{u}\times\mathbf{v})=(u_1,u_2,u_3)\cdot(u_2v_3-u_3v_2\,,\,u_3v_1-u_1v_3\,,\,u_1v_2-u_2v_1)$
$=u_1(u_2v_3-u_3v_2)+u_2(u_3v_1-u_1v_3)+u_3(u_1v_2-u_2v_1)=0$

3) $\mathbf{u}\times\mathbf{v}=(u_2v_3-u_3v_2\,,\,u_3v_1-u_1v_3\,,\,u_1v_2-u_2v_1)$ 이므로

$$\|\mathbf{u}\times\mathbf{v}\|^2=(u_2v_3-u_3v_2)^2+(u_3v_1-u_1v_3)^2+(u_1v_2-u_2v_1)^2$$
$$=u_2^2v_1^2+u_3^2v_1^2+u_1^2v_2^2+u_3^2v_2^2+u_1^2v_3^2+u_2^2v_3^2-2u_1u_2v_1v_2-2u_1u_3v_1v_3-2u_2u_3v_2v_3$$

가 된다.

$$(u_1^2+u_2^2+u_3^2)(v_1^2+v_2^2+v_3^2)=u_1^2v_1^2+u_2^2v_1^2+u_3^2v_1^2+u_1^2v_2^2+u_2^2v_2^2+u_3^2v_2^2+u_1^2v_3^2+u_2^2v_3^2+u_3^2v_3^2$$
$$(u_1v_1+u_2v_2+u_3v_3)^2=u_1^2v_1^2+2u_1u_2v_1v_2+u_2^2v_2^2+2u_1u_3v_1v_3+2u_2u_3v_2v_3+u_3^2v_3^2$$

이므로

$$(u_1^2+u_2^2+u_3^2)(v_1^2+v_2^2+v_3^2)-(u_1v_1+u_2v_2+u_3v_3)^2$$
$$=u_2^2v_1^2+u_3^2v_1^2+u_1^2v_2^2+u_3^2v_2^2+u_1^2v_3^2+u_2^2v_3^2-2u_1u_2v_1v_2-2u_1u_3v_1v_3-2u_2u_3v_2v_3$$

따라서 $\|\mathbf{u}\times\mathbf{v}\|^2=\|\mathbf{u}\|^2\|\mathbf{v}\|^2-(\mathbf{u}\cdot\mathbf{v})^2$ 의 관계식을 얻을 수 있다.

【예제 7-23】 $\mathbf{u}=(1,-2,3)$, $\mathbf{v}=(3,0,4)$ 일 때 1), 2), 3)의 값을 구하여라.

◖ 풀이 ◗ 두 벡터의 노름은 $\|\mathbf{u}\|^2=14$, $\|\mathbf{v}\|^2=25$ 이고 내적과 벡터적은 각각

$$\mathbf{u}\cdot\mathbf{v}=15\ ,\quad \mathbf{u}\times\mathbf{v}=(-8,5,6)\ ,\quad \|\mathbf{u}\times\mathbf{v}\|^2=125$$

이므로

$$\mathbf{u}\cdot(\mathbf{u}\times\mathbf{v})=(1,-2,3)\cdot(-8,5,6)=-8-10+18=0$$
$$\mathbf{v}\cdot(\mathbf{u}\times\mathbf{v})=(3,0,4)\cdot(-8,5,6)=-24+0+24=0$$
$$\|\mathbf{u}\|^2\|\mathbf{v}\|^2-(\mathbf{u}\cdot\mathbf{v})^2=14\times25-15^2=125$$

【정리 7-10】 **u** , **v** , **w** 는 3차원 공간의 벡터이고 k는 임의의 스칼라일 때 다음이 성립한다.

1) $\mathbf{u}\times\mathbf{v} = -(\mathbf{v}\times\mathbf{u})$
2) $\mathbf{u}\times(\mathbf{v}+\mathbf{w}) = \mathbf{u}\times\mathbf{v} + \mathbf{u}\times\mathbf{w}$
3) $(\mathbf{u}+\mathbf{v})\times\mathbf{w} = (\mathbf{u}\times\mathbf{w}) + (\mathbf{v}\times\mathbf{w})$
4) $k(\mathbf{u}\times\mathbf{v}) = (k(\mathbf{u})\times\mathbf{v} = \mathbf{u}\times(k\mathbf{v})$
5) $\mathbf{u}\times\mathbf{0} = \mathbf{0}\times\mathbf{u} = \mathbf{0}$
6) $\mathbf{u}\times\mathbf{u} = \mathbf{0}$

증명. 1) 다음 행렬의 제1행 성분에 관한 여인수가 $\mathbf{u}\times\mathbf{v}$ 이다.

$$\begin{bmatrix} 1 & 1 & 1 \\ u_1 & u_2 & u_3 \\ v_1 & v_2 & v_3 \end{bmatrix}$$

만일 **u** , **v** 를 교환하면

$$\begin{bmatrix} 1 & 1 & 1 \\ v_1 & v_2 & v_3 \\ u_1 & u_2 & u_3 \end{bmatrix}$$

이므로 여인수의 부호가 바뀌게 된다. 따라서 $\mathbf{u}\times\mathbf{v} = -(\mathbf{v}\times\mathbf{u})$

2) $\mathbf{u}\times(\mathbf{v}+\mathbf{w})$ 는 다음 행렬의 제1행 성분에 관한 여인수 이므로

$$\begin{bmatrix} 1 & 1 & 1 \\ u_1 & u_2 & u_3 \\ v_1+w_1 & v_2+w_2 & v_3+w_3 \end{bmatrix}$$

$$\begin{aligned} \mathbf{u}\times(\mathbf{v}+\mathbf{w}) &= [\,(u_2v_3-u_3v_2)+(u_2w_3-u_3w_2)\,, \\ &\qquad (u_1v_3-u_3v_1)+(u_1w_3-u_3w_1)\,, \\ &\qquad\quad (u_1v_2-u_2v_1)+(u_1w_2-u_2w_1)\,] \\ &= [\,u_2v_3-u_3v_2\,,\, u_1v_3-u_3v_1\,,\, u_1v_2-u_2v_1\,] \\ &\quad + [\,u_2w_3-u_3w_2\,,\, u_1w_3-u_3w_1\,,\, u_1w_2-u_2w_1\,] = \mathbf{u}\times\mathbf{v} + \mathbf{u}\times\mathbf{w} \end{aligned}$$

6) $\mathbf{u}\times\mathbf{u}$ 는 다음 행렬의 제1행 성분의 여인수이므로 계산 결과는 모두 0이다.

$$\begin{bmatrix} 1 & 1 & 1 \\ u_1 & u_2 & u_3 \\ u_1 & u_2 & u_3 \end{bmatrix} \rightarrow \mathbf{u}\times\mathbf{u} = \mathbf{0}$$

다음과 같은 3차원 벡터 중에서 특수한 벡터인

$$\mathbf{i} = (1, 0, 0) \ , \ \mathbf{j} = (0, 1, 0) \ , \ \mathbf{k} = (0, 0, 1)$$

를 고려해보자. 이러한 벡터를 xyz 3차원 공간의 표준단위벡터(standard unit vector)라고 부른다. 3차원 벡터인 $\mathbf{v} = (v_1, v_2, v_3)$ 는

$$\begin{aligned} \mathbf{v} = (v_1, v_2, v_3) &= v_1(1,0,0) + v_2(0,1,0) + v_3(0,0,1) \\ &= v_1\mathbf{i} + v_2\mathbf{j} + v_3\mathbf{k} \end{aligned}$$

로 표시할 수 있다.

R 프로그램으로 세 개의 벡터를 그리는 프로그램과 결과는 다음과 같다.[14]

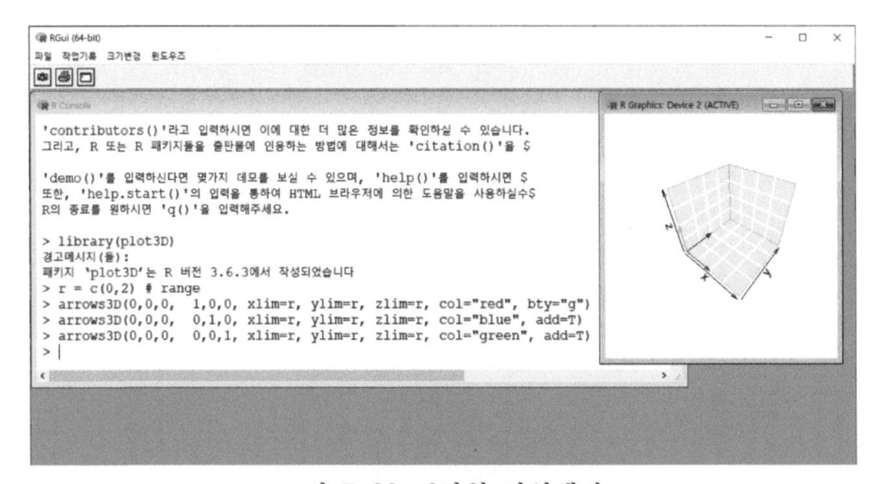

그림 7-30 3차원 단위벡터

14) xyz 축의 길이는 2로 잡았다.

이제 **i**×**j** 의 계산을 하여보자. 벡터적은 다음 행렬의 제1행 성분의 여인수이다.

$$\begin{bmatrix} 1 & 1 & 1 \\ 1 & 0 & 0 \\ 0 & 1 & 0 \end{bmatrix}$$

계산 결과는 $\mathbf{i}\times\mathbf{j} = (0,0,1) = \mathbf{k}$ 이며, 다음 관계식도 얻을 수 있다.

$$\mathbf{j}\times\mathbf{k} = \mathbf{i}\ ,\ \mathbf{k}\times\mathbf{i} = \mathbf{j}$$

【정리 7-11】 3차원 공간의 벡터 $\mathbf{u} = (u_1, u_2, u_3)$ 와 $\mathbf{v} = (v_1, v_2, v_3)$ 의 벡터적은 제1행에 관한 여인수이다.

$$\mathbf{u}\times\mathbf{v} = \begin{bmatrix} \vec{i} & \vec{j} & \vec{k} \\ u_1 & u_2 & u_3 \\ v_1 & v_2 & v_3 \end{bmatrix}$$

【정리 7-12】 3차원 공간의 벡터 $\mathbf{u} = (u_1, u_2, u_3)$ 와 $\mathbf{v} = (v_1, v_2, v_3)$ 에 대하여

$$\|\mathbf{u}\times\mathbf{v}\| = \|\mathbf{u}\|\|\mathbf{v}\|\sin\theta$$

증명. $\|\mathbf{u}\times\mathbf{v}\|^2 = \|\mathbf{u}\|^2\|\mathbf{v}\|^2 - (\ \mathbf{u}\cdot\mathbf{v}\ )^2$

$$= \|\mathbf{u}\|^2\|\mathbf{v}\|^2 - \|\mathbf{u}\|^2\|\mathbf{v}\|^2\cos^2\theta$$

$$= \|\mathbf{u}\|^2\|\mathbf{v}\|^2(1-\cos^2\theta)$$

$$= \|\mathbf{u}\|^2\|\mathbf{v}\|^2\sin^2\theta$$

이상의 벡터적의 노름은 평행사변형의 넓이와 밀접한 연관이 있다. 이제 다음과 같은 평행사변형을 고려해보자.

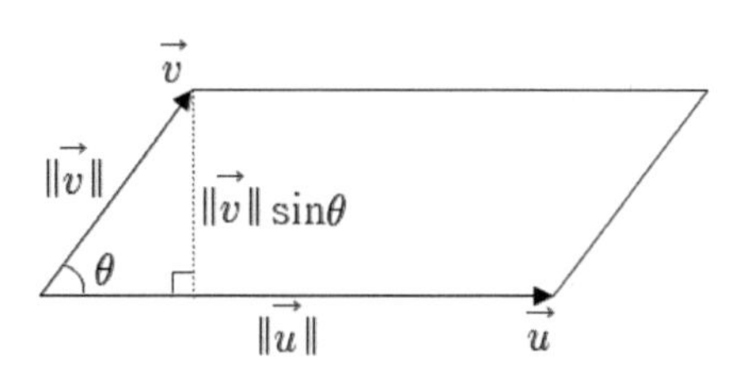

그림 7-31 평행사변형의 넓이

그림에서 보듯이, 밑변의 길이는 $\|\mathbf{u}\|$ 이고, 높이는 $\|\mathbf{v}\|\sin\theta$ 이므로

$$\text{평행사변형 넓이} = \|\mathbf{u}\|\|\mathbf{v}\|\sin\theta = \|\mathbf{u}\times\mathbf{v}\|$$

가 된다. 이러한 사실을 이용한다면 공간상의 세 점으로 만들어진 삼각형의 넓이를 구할 수 있게 된다.

【예제 7-24】 3차원 공간상의 세 점 $P(2,-1,4)$, $Q(0,1,8)$, $R(-3,7,-1)$ 을 지나는 삼각형의 넓이를 구하여라.

◀ 풀이 ▶ $\overrightarrow{PQ}=(-2,2,4)$, $\overrightarrow{PR}=(-5,8,-5)$ 이므로 벡터적을 구하고, 노름 계산을 하면 평행사변형의 넓이가 구해진다.

$$\overrightarrow{PQ}\times\overrightarrow{PR}=(-42,-40,-6)$$

$$\|\overrightarrow{PQ}\times\overrightarrow{PR}\|=\sqrt{(-42)^2+(-40)^2+(-6)^2}=\sqrt{3400}$$

따라서

$$\text{삼각형의 넓이} = \frac{1}{2}\sqrt{3400}=5\sqrt{34}$$

7.7 3차원 공간에서의 직선과 평면

2차원 공간인 xy(또는 yz, 또는 zx) 평면에서의 직선의 식은 일반적으로

$$ax+by+c=0$$

으로 나타내며, 직선은 $\mathbf{n}=(a,b)$ 라는 벡터와 수직으로 만난다. 이러한 벡터를 법선벡터(normal vector)라고 부른다.[15)]

마찬가지로 평면은 공간상의 점과 평면에 수직인 법선벡터가 주어지면 수식이 결정된다.

이제 공간상의 점 $P_0(x_0, y_0, z_0)$와 법선벡터 $\mathbf{n}=(a,b,c)$가 주어졌다고 하자. 법선벡터가 평면과 만나는 점을 $P(x,y,z)$라고 하면

$$\mathbf{n}\cdot\overrightarrow{P_0P}=0$$

이 된다. 여기서 $\overrightarrow{P_0P}=(x-x_0, y-y_0, z-z_0)$ 이므로

$$\begin{aligned}\mathbf{n}\cdot\overrightarrow{P_0P}&=a(x-x_0)+b(y-y_0)+c(z-z_0)\\&=ax+by+cz+(ax_0+by_0+cz_0)=0\end{aligned}$$

윗 식의 괄호 부분은 일정한 상수이므로 d로 치환할 수 있다. 따라서 구하는 평면의 방정식은 다음과 같다.

$$ax+by+cz+d=0 \quad , \quad d=ax_0+by_0+cz_0$$

【예제 7-25】 3차원 공간상의 점 (2,3,4)을 지나면서 $\mathbf{n}=(4,2,3)$ 에 수직인 평면의 방정식을 구하여라.

◖ 풀이 ◗ 구하는 방정식은

$$4(x-2)+2(y-3)+3(z-4)=0$$

15) 그림 7-18을 참조하라.

이므로 정리하면

$$4x+2y+3z-26=0$$

【예제 7-26】 공간상의 세 점 $P(1,2,-1)$, $Q(2,3,1)$, $R(3,-1,2)$ 을 지나는 평면의 방정식을 구하여라.

◖ 풀이 ◗ $\overrightarrow{PQ}=(1,1,2)$, $\overrightarrow{PR}=(2,-3,3)$ 이다. 벡터적 $\overrightarrow{PQ}\times\overrightarrow{PR}$ 은 다음 행렬의 제1행에 관한 여인수행렬이다.

$$\begin{bmatrix} 1 & 1 & 1 \\ 1 & 1 & 2 \\ 2 & -3 & 3 \end{bmatrix}$$

따라서 벡터적은

$$\overrightarrow{PQ}\times\overrightarrow{PR}=(9,1,-5)$$

앞에서 **u** · (**u**×**v**) = 0 인 관계식을 보인 바 있으므로 $\mathbf{n}=(9,1,-5)$ 와 $\overrightarrow{PQ}$ 는 수직이 된다. 따라서 평면의 방정식은 $9(x-1)+1(y-1)-5(z-2)=0$ 이고 이를 정리하면

$$9x+y-5z-16=0$$

【정리 7-13】 공간 상의 점 $P_0(x_0,y_0,z_0)$에서 평면 $ax+by+cz+d=0$ 사이의 거리 D는

$$D=\frac{|ax_0+by_0+cz_0+d|}{\sqrt{a^2+b^2+c^2}}$$

증명. 다음 그림에서 보듯이, 평면 일부를 자른 곳의 점 $Q(x,y,z)$를 시점으로 하는 평면에 수직인 벡터 $\mathbf{n}=(a,b,c)$ 을 고려해보자.

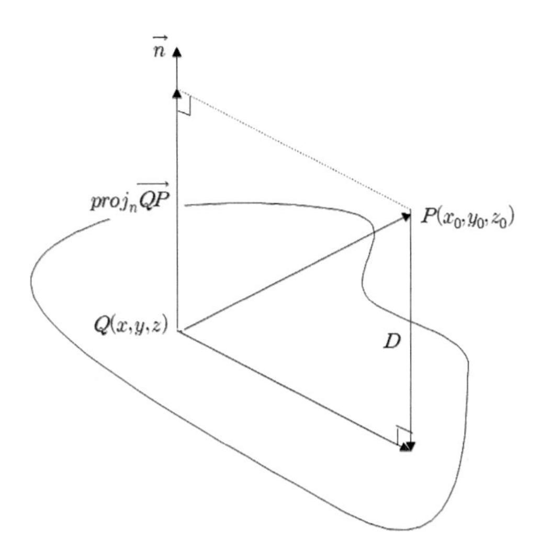

그림 7-32 공간상의 점에서 평면까지의 최단거리

평면 밖의 점 $P(x_0, y_0, z_0)$에서 평면으로 수선의 발을 내리면 최단거리 D가 만들어지며 D를 평행이동하면 $proj_n\overrightarrow{PQ}$ 와 같은 값을 갖는다. 즉,

$$D = \|proj_n\overrightarrow{QP}\| = \frac{|\ \overrightarrow{QP} \cdot \mathbf{n}\ |}{\|\mathbf{n}\|}$$

여기서

$$\begin{aligned}\overrightarrow{QP} \cdot \mathbf{n} &= (x_0 - x, y_0 - y, z_0 - z) \cdot (a, b, c) \\ &= a(x_0 - x) + b(y_0 - y) + c(z_0 - z) \\ &= ax_0 + by_0 + cz_0 - (ax + by + c)\end{aligned}$$

$$\|\mathbf{n}\| = \sqrt{a^2 + b^2 + c^2}$$

이고, 평면방정식으로부터 $ax + by + cz = -d$ 이므로

$$D = \frac{|\ ax_0 + by_0 + cz_0 + d\ |}{\sqrt{a^2 + b^2 + c^2}}$$

【예제 7-27】 점 (2,3,5)와 평면 $3x-2y+3z=4$ 사이의 최단 거리를 구하여라.

◖ 풀이 ◗ $D=\dfrac{|\ 3\times 2+(-2)\times 3+3\times 5-4\ |}{\sqrt{3^2+(-2)^2+3^2}}=\dfrac{11}{\sqrt{22}}$

7.8 회귀분석

우리가 획득한 자료들의 상호 관련성을 알 수 있다면 하나의 변수로부터 다른 변수의 변화를 예측할 수 있다. 회귀분석(regression analysis)은 변수들간의 관련성을 수학적 모형, 즉 관계식으로 나타내는 것이다.

회귀분석을 적용할 수 있는 자료는 우리의 주변에서 흔히 볼 수 있다. 예를 들면, 스마트폰 사용시간과 수면시간과의 관계, 국제원유가격의 변동과 주유소 기름값의 변화, 종합주가지수의 변동에 따른 달러화의 변동 등등, 손으로 꼽을 수도 없을 만큼 많은 경우가 회귀분석과 관련이 있는 것이다.

수학적 관련성을 측정하기 시작한 것은 찰스 다윈의 조카인 영국의 우생학자 갈톤(Fransis Galton)이다. 갈톤은 928쌍의 아버지와 아들의 키에 대한 관계식을 구하여 아버지의 키가 아들의 키에 미치는 영향을 조사하였다.[16)]

그가 얻은 결론은 아버지의 키가 크면 아들은 아버지에 비해 상대적으로 작고(물론 평균키보다는 큼), 아버지의 키가 작으면 아들의 키는 상대적으로 크다(물론 평균키보다는 작음)는 것이었다. 이에 갈톤은 아버지 세대의 키에 대한 범위가 아들 세대에서는 줄어들기 때문에 세대가 흐르면 키는 평균값으로 되돌아가게 된다고 주장하였다. 갈톤은 아버지와 아들의 키에 대한 관계식을 나타내는 직선을 회귀선(regression line)이라고 불렀는데 여기서부터 회귀(regression)라는 통계용어가 나타난 것이다.[17)]

현대적 의미의 회귀분석은 앞서 언급한 것처럼 변수간의 관계식을 찾아내고 관계식의 정밀도를 파악하는 통계적 방법론이다.

주어진 자료를 분석할 때의 회귀모형은 다음과 같은 종류가 있다.

---

16) 928쌍의 데이터는 R 프로그램에서 얻을 수 있다.

17) "Regression to Mediocrity" 라는 제목의 강연에서 Co-Relation과 Regression라는 단어를 사용해 오늘 날의 상관분석, 회귀분석의 시초가 되는 연구결과를 발표했다. [출처] 통계학의 역사|작성자 통계계산 연구실

단순회귀모형 : $y_i = \beta_0 + \beta_1 x_1 + \epsilon_i$
중회귀모형 : $y_i = \beta_0 + \beta_1 x_{11} + \beta_2 x_{21} + \beta_3 x_{31} + \cdots + \epsilon_i$

단순회귀모형은 독립변수가 한 개인 모형이고, 중회귀모형은 독립변수가 여러 개인 모형이다.

독립변수가 $X_1, X_2, X_3, \ldots, X_k$ 라고 하면 n 개의 데이터에 대한 중회귀모형은

$$Y_j = \beta_0 + \beta_1 X_{1j} + \beta_2 X_{2j} + \cdots + \beta_k X_{kj} + \epsilon_j \ , \ j = 1, 2, \ldots, n$$

이다. 이 모형을 행렬의 곱으로 표시하면

$$Y_j = [1, X_1, X_2, \ldots, X_k] \begin{bmatrix} \beta_0 \\ \beta_1 \\ \beta_2 \\ \vdots \\ \beta_k \end{bmatrix} + \epsilon_j$$

이며, n 개의 관찰점에 대해 행렬을 사용하여 표현하면 다음과 같다.

$$\boldsymbol{\varepsilon} = (\mathbf{Y} - \mathbf{X}\boldsymbol{\beta})$$

이다. 최소자승법의 원리에 따라 오차 $\boldsymbol{\varepsilon}$ 을 최소화하기 위해서는 다음 그림처럼 $\boldsymbol{\varepsilon} = (\mathbf{Y} - \mathbf{X}\boldsymbol{\beta})$ 와 평면에 포함되어 있는 회귀선 $\mathbf{X}\boldsymbol{\beta}$ 는 수직관계에 있어야 하며, 그러한 경우에 $(\mathbf{Y} - \mathbf{X}\boldsymbol{\beta})$ 와 $\mathbf{X}\boldsymbol{\beta}$ 사이의 거리가 최소가 될 것이다.

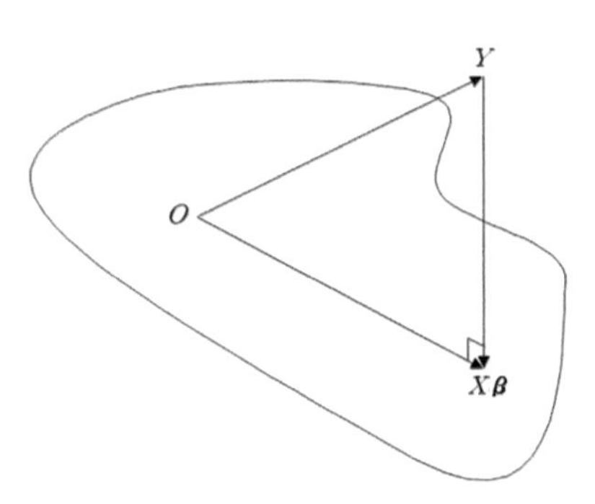

그림 7-33 최소자승법의 원리

벡터 ($\mathbf{Y}$ - $\mathbf{X}\boldsymbol{\beta}$) 와 $\mathbf{X}\boldsymbol{\beta}$는 수직의 관계를 가지므로 내적(Inner Product)은 0 이 된다. 즉

$$(\mathbf{Y} - \mathbf{X}\boldsymbol{\beta}) \cdot \mathbf{X}\boldsymbol{\beta} = 0$$

그런데 ($\mathbf{Y}$ - $\mathbf{X}\boldsymbol{\beta}$) 와 $\mathbf{X}\boldsymbol{\beta}$ 의 차원(dimension)은 $(n\times 1)$로 동일하므로 직접 행렬의 곱으로 표시할 수는 없다. 따라서 하나의 행렬을 전치행렬로 만들어야만 행렬의 곱으로 나타낼 수 있으므로 다음 관계식이 성립한다.

$$(\mathbf{X}\boldsymbol{\beta})^T (\mathbf{Y} - \mathbf{X}\boldsymbol{\beta}) = 0$$

이 식을 정리하면 다음과 같이 회귀계수를 추정하는 식을 얻게 된다. 여기서 계산된 $\boldsymbol{\beta}$ 는

$$\boldsymbol{\beta} = (\mathbf{X}^T\mathbf{X})^{-1}\mathbf{X}^T\mathbf{Y}$$

【예제 7-28】 다음 데이터를 지나는 회귀직선을 구하여라.

x	1	2	3	5
y	1	4	5	6

◖ 풀이 ◗ 이러한 자료를 행렬로 나타내면[18)]

$$\mathbf{X} = \begin{bmatrix} 1 & 1 \\ 1 & 2 \\ 1 & 3 \\ 1 & 5 \end{bmatrix} \qquad \mathbf{Y} = \begin{bmatrix} 1 \\ 4 \\ 5 \\ 6 \end{bmatrix}$$

이다. 이제 $\mathbf{X}^T\mathbf{X}$ 로부터 $(\mathbf{X}^T\mathbf{X})^{-1}$ 를 계산해보면

18) 벡터 $\mathbf{x}$ 의 제1열의 값은 반드시 1로 놓아야 한다.

$$\mathbf{X}^T\mathbf{X} = \begin{bmatrix} 1 & 1 & 1 & 1 \\ 1 & 2 & 3 & 5 \end{bmatrix} \begin{bmatrix} 1 & 1 \\ 1 & 2 \\ 1 & 3 \\ 1 & 5 \end{bmatrix} = \begin{bmatrix} 4 & 11 \\ 11 & 39 \end{bmatrix}$$

이므로 역행렬은

$$(\mathbf{X}^T\mathbf{X})^{-1} = \begin{bmatrix} 1.1143 & -0.3143 \\ -0.3143 & 0.1143 \end{bmatrix}$$

가 된다. 계속하여 $\mathbf{X}^T\mathbf{Y}$ 를 계산하면

$$\mathbf{X}^T\mathbf{Y} = \begin{bmatrix} 16 \\ 54 \end{bmatrix}$$

이다. 따라서 회귀계수는

$$\boldsymbol{\beta} = \begin{bmatrix} 1.1143 & -0.3143 \\ -0.3143 & 0.1143 \end{bmatrix} \begin{bmatrix} 16 \\ 54 \end{bmatrix} = \begin{bmatrix} 0.8571 \\ 1.1429 \end{bmatrix}$$

이것은 주어진 자료를 만족하는 회귀직선이 다음과 같다는 것이다.

$$y = 0.8571 + 1.1429$$

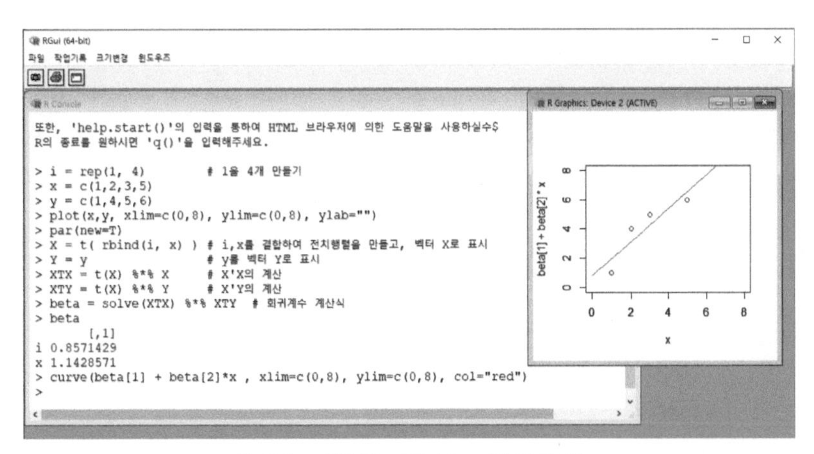

7-34 4점을 지나는 회귀모형

【예제 7-29】 광고비, 상점의 크기 그리고 총판매액에 대한 자료가 다음과 같이 주어져 있다. 자료를 회귀분석하라. (박성현, 회귀분석 중에서)

광고비	상점의 크기	총판매액
4	4	9
8	10	20
9	8	22
8	5	15
8	10	17
12	15	30
6	8	18
10	13	25
6	5	10
9	12	20

◖ 풀이 ◗ 독립변수는 광고비, 상점의 크기가 되며 종속변수는 총판매액이다. 이상의 자료에 관한 중회귀모형을 만드는 R 프로그램과 결과는 다음과 같다.

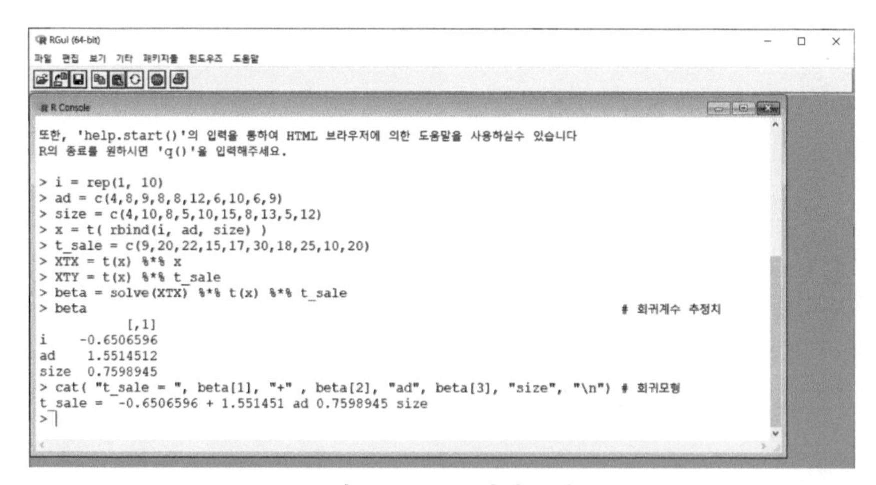

그림 7-35 중회귀모형

총판매액 = -0.6507 + 1.5515*광고비 + 0.7599*상점의 크기

만들어진 회귀모형은 어떻게 사용되는지 알아보기로 한다. 만일 A 상점의 광고비는 8이고 크기가 9라고 하면 A 상점의 총판매액은

총판매액 = -0.6507 + 1.5515*8 + 0.7599*9 = 18.6004

로 예상된다.

♣ 연습문제 ♣

1. 2차원 벡터 $\mathbf{u} = (1, 2)$, $\mathbf{v} = (2, 3)$ 와 ($\mathbf{u}$ + $\mathbf{v}$)의 그래프를 그려라.

2. 3차원 벡터 $\mathbf{u} = (2, 7, 5)$, $\mathbf{v} = (4, 3, 1)$ 에 대해 때 각각에 답하여라.

   (1) ($\mathbf{u}$ + $\mathbf{v}$)　　　　(2) 2$\mathbf{u}$
   (3) -3$\mathbf{v}$　　　　(4) 2$\mathbf{u}$ - 3$\mathbf{v}$

3. 다음 벡터의 노름을 구하여라.

   (1) $\mathbf{u} = (1, 2)$
   (2) $\mathbf{v} = (4, 3, 1)$
   (3) $\mathbf{u} = (2, 7, 5)$, $\mathbf{v} = (4, 3, 1)$ 일 때 ($\mathbf{u}$ + $\mathbf{v}$)의 노름

4. 두 벡터 $\mathbf{u} = (-1, 2)$, $\mathbf{v} = (4, 3)$ 의 사잇각을 구하려고 한다. 각각에 답하여라.

   (1) 두 벡터의 그래프를 그려라.
   (2) 두 벡터 의 내적을 구하여라.
   (3) 두 벡터 각각의 노름을 구하여라.
   (4) 라디안 값을 구하여라.
   (5) 각도를 구하여라.

5. 두 벡터 $\mathbf{u}=(2,7,5)$, $\mathbf{v}=(4,3,1)$ 의 사잇각을 구하려고 한다. 각각에 답하여라.

(1) 두 벡터의 내적을 구하여라.
(2) 두 벡터 각각의 노름을 구하여라.
(3) 라디안 값을 구하여라.

6. 세 점의 좌표가 각각 $P(0,0)$, $Q(0,3)$. $R(3,4)$ 라고 할 때, 가장 긴 변에서 마주보는 꼭지점의 각도를 구하여라.

7. 세 점의 좌표가 각각 $P(0,0)$, $Q(0,3)$. $R(3,4)$ 라고 할 때, 가장 짧은 변에서 마주보는 꼭지점의 각도를 구하여라.

8. $\mathbf{a}=(2,7,5)$, $\mathbf{v}=(4,3,1)$ 일 때, $proj_a\mathbf{u}$를 구하여라.

9. $\mathbf{u}=(2,7,5)$, $\mathbf{v}=(4,3,1)$ 의 벡터적을 구하여라.

10. 3차원 공간상의 세 점 $P(2,-1,4)$, $Q(2,3,4)$, $R(-3,7,1)$ 을 지나는 삼각형에 대해 각각에 답하여라.

(1) $\overrightarrow{PQ}$, $\overrightarrow{QR}$, $\overrightarrow{PR}$의 노름을 구하여라.
(2) 가장 긴 변에서 마주보는 꼭지점의 각도(라디안)를 구하여라.
(3) $\overrightarrow{PQ}\times\overrightarrow{PR}$ 계산을 하여라.
(4) 삼각형의 넓이를 구하여라.

11. 공간상의 세 점 $P(2,-1,4)$, $Q(2,3,4)$, $R(-3,7,1)$ 을 지나는 평면의 방정식을 구하여라.

12. 공간상의 세 점 $P(2,-1,4)$, $Q(2,3,4)$, $R(-3,7,1)$ 을 지나는 평면에 수직인 벡터를 구하여라.

13. 고혈압 환자 15명에게 콜레스테롤 강하제를 투여하기 전·후의 콜레스테롤 양(gram/리터)을 측정한 결과 다음과 같은 자료를 얻었다.

번 호	1	2	3	4	5	6	7	8	9	10	11	12	13	14	15
복용 전	0.9	2.2	1.6	2.8	4.2	3.7	2.6	2.9	3.3	1.2	3.2	2.7	3.8	4.5	4.0
복용 후	1.4	2.7	2.1	1.8	3.0	3.2	1.6	1.9	2.3	2.5	2.3	1.4	2.6	3.5	2.1

복용 전의 자료를 독립변수, 복용 후를 종속변수로 하여 회귀분석을 하여라.

14. 다음의 자료는 온도와 일조량에 따른 박하나무의 성장속도 데이터이다.

박하나무 성장 데이터

온도	일조량	성장속도	온도	일조량	성장속도
3.5	5.0	5.0	4.0	5.5	4.5
3.0	4.0	5.0	4.5	3.5	4.6
2.5	3.5	5.5	4.5	3.5	6.0
5.5	3.0	5.0	5.0	4.0	5.0
3.0	4.5	5.5	3.0	4.0	4.5
2.5	4.0	6.5	3.0	5.0	5.5
8.5	6.0	7.0	6.0	5.5	9.0
8.5	7.0	8.5	6.5	6.0	8.5
7.0	8.5	6.0	8.0	4.5	7.0
6.5	7.5	7.0	9.0	3.5	7.0

(1) 중회귀분석 모형을 구하여라.

(2) 온도는 8.0, 일조량은 6.0일 때, 박하나무 성장속도를 구하여라.

프로그램

<<프로그램 7-1>> 노름, 내적, 사잇각 구하기

```
float norm(int x[10][10], int m, int n, float nom[10])
{
          int i, j ; float sq ;
          for(i=1; i<=m; i++)
          {
                    sq = 0 ;
          for(j=1; j<=n; j++)
                    sq = sq + x[i][j]*x[i][j] ;
          nom[i] = sqrt( sq ) ;
          printf("%d번 벡터의 노름 = %f \n", i, nom[i]) ;
          }
          return 0 ;
}

float dotp(int x[10][10], int m, int n, float dp[10][10])
{
          int i, j, k ;
          for(i=1; i<=m; i++)
          for(k=1; k<=m; k++)
          {
                    dp[i][i+k] = 0 ;
                    for(j=1; j<=n; j++)
                    {
                              if(i+k>m) goto aa ;
                              dp[i][i+k] = dp[i][i+k] + x[i][j]*x[i+k][j] ;
                    }
          printf("%d,%d벡터의 내적 = %f \n", i, i+k, dp[i][i+k]) ;
aa:       ;
          }
          return 0 ;
}

void angle(int x[10][10], int m, int n)
{
          int i, j ;
          float nom[10], dp[10][10], rad ;
          norm(x,m,n,nom) ;
          dotp(x,m,n,dp) ;
```

```
        for(i=1; i<=m; i++)
        for(j=1; j<=n; j++)
        {
                if(i+j>m) goto aa ;
                rad = dp[i][i+j] / nom[i]/nom[i+j] ;
                printf("%d,%d 벡터의 사잇각 = %f 라디안\n", i, i+j, rad) ;
aa:     ;
        }
}

int main()
{
        int i, j, m, n, method, x[10][10] ; float dp[10][10], nom[10] ;

        printf("벡터의 개수는 몇 개인가? : ") ;
                scanf("%d", &m) ;
        printf("벡터의 차원은 얼마인가? : ") ;
        scanf("%d", &n) ;
        printf("벡터의 성분을 입력하라 : ") ;
        for(i=1; i<=m; i++)
                for(j=1; j<=n; j++)
                        scanf("%d", &x[i][j]) ;
        for(i=1; i<=m; i++)
        {
                printf("%d 번 벡터 : ", i) ;
                for(j=1; j<=n; j++)
                        printf("%5d", x[i][j]) ;
                printf("\n") ;
        }
        printf("번호선택을 하라(1:노름   2:내적  3:사잇각) : ") ; scanf("%d",
&method) ;
        switch(method)
        {
        case 1 : norm(x,m,n, nom) ; break ;
        case 2 : dotp(x,m,n, dp) ; break ;
        case 3 : angle(x,m,n) ; break ;
        }
}
```

<<프로그램 7-2>> 직교사영 구하기

```
int main()
{
	int i, n, u[10], a[10] ; float dp=0, norm=0, p ;
	printf("벡터의 차원은 얼마인가? : ") ;
	scanf("%d", &n) ;
	printf("벡터 u의 성분을 입력하라 : ") ;
	for(i=1; i<=n; i++)
		scanf("%d", &u[i]) ;

	printf("\n벡터 a의 성분을 입력하라 : ") ;
	for(i=1; i<=n; i++)
		scanf("%d", &a[i]) ;

	for(i=1; i<=n; i++)
	{
		norm = norm + a[i]*a[i] ;
		dp = dp + u[i]*a[i] ;
	}
	p = dp/norm ;
	printf("\nU에서 A로의 직교사영 \n") ;
	for(i=1; i<=n; i++)
		printf("%10.4f", p*a[i]) ;
	printf("\n") ;

}
```

제8장 공간벡터

2차원 3차원 공간벡터는 벡터의 위치를 눈으로 볼 수 있는 좌표계로 나타낼 수 있어서 이해하기가 수월하였다. 하지만 차원이 높아지면 가시적으로 표현할 수는 없지만 앞에서 배운 것의 일반화이기 때문에 두려움을 가질 것은 없다.

8.1 n차원 유클리드공간

유클리드공간은 유클리드가 연구했던 평면과 공간을 일반화한 것이다. 이 일반화는 유클리드가 생각했던 거리와 길이와 각도를 좌표계를 도입하여, 임의 차원의 공간으로 확장한 것이다. (위키백과)

오늘날까지 보존되어 있는 지도는 기원전 7세기경에 점토판에 그린 고대 바빌로니아 지방(현재의 이라크 남부지역)의 세계지도가 가장 오래되었다고 한다. 이 지도는 두 개의 큰 원을 그려 안쪽에는 육지를, 바깥쪽에는 육지를 둘러싸고 있는 바다를 나타낸 것이라고 한다. 바빌로니아 세계지도를 보면 평면에 대한 개념이 오래전부터 자리 잡고 있었음을 알 수 있으며, 또한 점성술은 공간상의 별자리 위치를 관찰하는 학문이었으므로 평면과 공간에 대한 개념은 오래전부터 존재한 것으로 추정된다. 하지만 평면과 공간에 대한 개념이 학술적으로 전개되지는 못하였다.

그림 8-1 바빌로니아 지도

프랑스의 수학자인 데카르트(R. Descartes)는 방 안에서 날아다니는 파리를 보고 영감을 얻어 좌표계를 만들었다고 알려지고 있다. 따라서 우리가 친숙하게 사용하고 있는 좌표계는 대략 17세기 중반부터 시작된 것으로 보면 된다.[1)]

2차원 직교좌표는 평면상의 점으로 나타낼 수 있고, 3차원 직교좌표는 공간상의 점을 나타낼 수 있다. 이러한 직교좌표는 임의의 차원으로 확장이 가능하다는 장점을 갖고 있다. 4차원 이상의 좌표계는 이후에 수학자, 물리학자 등에 의해 차원 확장의 필요성이 요구되었고 구체화하였다.

【정의 8-1】 n이 양의 정수일 때 n개의 실수를 묶은 $(a_1, a_2, \dots, a_n)$을 n중 순서쌍(ordered n-tuple)이라 하며 n중 순서쌍 전체를 n차원 유클리드 공간이라고 부르며 R^n으로 표시한다.

정의에서 $n = 1$이면 하나의 실숫값이 되므로 R^1은 실수의 집합을 나타내는 것으로 설명할 수 있다. 이 경우는 예외적으로 R로 표기한다.

평면 또는 공간상의 특정한 위치는 좌표점으로 나타낼 수 있고, 원점을 시점으로 하는 벡터로도 표시 가능하므로 좌표점과 벡터는 동일한 개념이다.

【정의 8-2】 R^n인 두 개의 벡터 $\mathbf{u} = (u_1, u_2, \dots, u_n)$, $\mathbf{v} = (v_1, v_2, \dots, v_n)$, 에 대하여 합 $\mathbf{u} + \mathbf{v}$ 와 스칼라 곱 $k\mathbf{u}$ 는 다음과 같이 정의한다.

$$\mathbf{u} + \mathbf{v} = (u_1 + v_1, u_2 + v_2, u_3 + v_3, \dots, u_n + v_n)$$

$$k\mathbf{u} = (ku_1, ku_2, ku_3, \dots, ku_n) \quad , \; k\text{는 임의의 실수}$$

R^n인 벡터 중의 특수벡터인 영벡터(zero vector)는 다음과 같이 정의한다.

$$\mathbf{0} = (0, 0, 0, \dots, 0)$$

1) 직교좌표계는 카테시안 좌표계(Cartesian coordinate system)라고도 불린다.

R^n 인 **0** 벡터는 임의의 벡터 **u** $= (u_1, u_2, u_3, \ldots, u_n)$ 의 합에 관한 항등원(additive identity)이다.

두 벡터 **u** $= (u_1, u_2, u_3, \ldots, u_n)$, **v** $= (v_1, v_2, v_3, \ldots, v_n)$ 의 합이 **0** 벡터이면

$$\mathbf{u} + \mathbf{v} = \mathbf{0} \;\rightarrow\; \mathbf{v} = -\mathbf{u} = (-u_1, -u_2, \ldots, -u_n)$$

이고, 벡터 **v** 를 **u** 의 덧셈에 대한 역원(additive inverse)이라고 부른다.

다음의 정리는 제7장에서 다룬 3차원 벡터를 n차원으로 확장한 것이다.

【정리 8-1】 R^n 인 세 개의 벡터 **u** $= (u_1, u_2, \ldots, u_n)$, **v** $= (v_1, v_2, \ldots, v_n)$, **w** $= (w_1, w_2, \ldots, w_n)$ 에 대하여 a, b는 스칼라라고 할 때 다음의 연산이 성립한다.

1) **u** + **v** = **v** + **u**
2) (**u** + **v**) + **w** = **u** + (**v** + **w**)
3) **u** + **0** = **0** + **u** = **u**
4) **u** + (- **u**) = **0**
5) $(a+b)$**u** = a**u** + b**u**
6) a(**u** + **v**) = a**u** + a**v**
7) $a(b$**u**$)$ = ab**u**
8) I**u** = **u**I = **u** 이다. 여기서 I는 단위행렬이다.

증명. 5) 번만 증명하기로 한다.

$$\begin{aligned}(a+b)\mathbf{u} &= (a+b)(u_1, u_2, \ldots, u_n)\\ &= ((a+b)u_1, (a+b)u_2, \ldots, (a+b)u_n)\\ &= (au_1, au_2, \ldots, au_n) + (bu_1, bu_2, \ldots, bu_n)\end{aligned}$$

이므로 $(a+b)$**u** = a**u** + b**u**

【정의 8-3】 R^n인 벡터 $\mathbf{u}=(u_1,u_2,u_3,\ldots,u_n)$의 노름은 $\|\mathbf{u}\|$ 로 표기하고, 다음과 같이 정의한다.

$$\|\mathbf{u}\| = \sqrt{u_1^2+u_2^2+\cdots+u_n^2}$$

【예제 8-1】 R^4인 벡터 $\mathbf{u}=(-1,1,2,3)$, $\mathbf{v}=(3,2,5,5)$의 노름을 구하여라.

◖ 풀이 ◗ $\|\mathbf{u}\| = \sqrt{(-1)^2+1^2+2^2+3^2} = \sqrt{15} = 3.872983$

$\|\mathbf{v}\| = \sqrt{3^2+2^2+5^2+5^2} = \sqrt{63} = 7.937254$

【정리 8-2】 R^n인 두 개의 벡터 $\mathbf{u}=(u_1,u_2,\ldots,u_n)$, $\mathbf{v}=(v_1,v_2,\ldots,v_n)$의 유클리드 내적은 다음과 같다.

$$\mathbf{u}\cdot\mathbf{v} = u_1v_1+u_2v_2+\cdots+u_nv_n$$

【예제 8-2】 $\mathbf{u}=(-1,1,2,3)$, $\mathbf{v}=(3,2,5,5)$ 의 유클리드 내적을 구하여라.

◖ 풀이 ◗ $\mathbf{u}\cdot\mathbf{v}=(-1)\times3+1\times2+2\times5+3\times5=24$

【예제 8-3】 $\mathbf{u}=(-1,1,2,3)$, $\mathbf{v}=(3,2,5,5)$ 일 때, 벡터 **uv**의 노름을 구하여라.

◖ 풀이 ◗ $\mathbf{uv} = \mathbf{v} - \mathbf{u} = (4,1,3,2)$ 이므로

$$\|\mathbf{uv}\| = \sqrt{4^2+1^2+3^2+2^2} = \sqrt{30}$$

이상의 두 벡터에 대해 << 프로그램 7-1 >> 사용하여 계산한 결과는 다음과 같다.

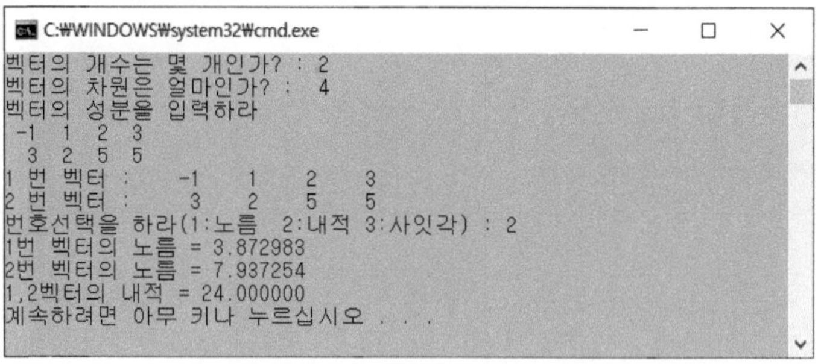
C:₩WINDOWS₩system32₩cmd.exe
벡터의 개수는 몇 개인가? : 2
벡터의 차원은 얼마인가? : 4
벡터의 성분을 입력하라
-1 1 2 3
3 2 5 5
1 번 벡터 :   -1   1   2   3
2 번 벡터 :   3   2   5   5
번호선택을 하라(1:노름 2:내적 3:사잇각) : 2
1번 벡터의 노름 = 3.872983
2번 벡터의 노름 = 7.937254
1,2벡터의 내적 = 24.000000
계속하려면 아무 키나 누르십시오 . . .

그림 8-2 벡터의 노름과 내적

【정리 8-3】 **u** , **v** , **w** 는 R^n 공간벡터라고 할 때 다음이 성립한다.

1) **u** · **v** = **v** · **u**

2) **u** · (**v** + **w**) = **u** · **v** + **u** · **w**

3) k(**u** · **v**) = (k**u**) · **v** = **u** · (k**v**), k는 스칼라

4) **u** · **u** ≥ 0 , 등호는 **u** = **0** 일 때

증명. 3)번만 증명하기로 한다.

$$k(\mathbf{u} \cdot \mathbf{v}) = k(u_1v_1 + u_2v_2 + \cdots + u_nv_n) = ku_1v_1 + ku_2v_2 + \cdots + ku_nv_n$$

$$(k\mathbf{u}) \cdot \mathbf{v} = = (ku_1, ku_2, \cdots, ku_n) \cdot (v_1, v_2, \ldots, v_n)$$

$$= ku_1v_1 + ku_2v_2 + \cdots + ku_nv_n$$

따라서 k(**u** · **v**) = (k**u**) · **v**

【예제 8-4】 n차원 공간의 벡터 **u** , **v**에 대하여 (2**u** + **v**) · (**u** + 3**v**) 계산을 하여라.

◖ 풀이 ◗ (2**u** + **v**) · (**u** + 3**v**) = (2**u** + **v**) · **u** + (2**u** + **v**) · 3**v**

= 2**u** · **u** + 7**u** · **v** + 3**v** · **v**

8.2 선형공간

7.3절에서 3차원 벡터공간을 소개하였으므로 참고하기를 바라며, 차원이 높아지더라도 정리는 동일하게 적용시킬 수 있다.

【정리 8-4】 **u** , **v** , **w** 는 R^n 차원의 벡터라고 하고 a, b는 스칼라라고 할 때 집합 V에 대하여 다음의 연산이 성립하면 집합 V를 벡터공간 또는 선형공간이라고 부른다.[2)]

1) **u** , **v** $\in V$ 이면 **u** + **v** = **v** + **u** $\in V$
2) **u** , **v** , **w** $\in V$ 이면 (**u** + **v**) + **w** = **u** + (**v** + **w**) $\in V$
3) **u** $\in V$ 에 대하여 **u** + **0** = **u** 인 영벡터가 존재한다. 단, **0** $\in V$
4) **u** $\in V$ 이면 **u** + (- **u**) = **0** 인 - **u** $\in V$ 가 존재한다.
5) **u** $\in V$ 이면 $(a+b)$**u** = a**u** + b**u** $\in V$
6) **u** , **v** $\in V$ 이면 a(**u** + **v**) = a**u** + a**v** $\in V$
7) **u** $\in V$ 이면 $a(b$**u**$)$ = ab**u** $\in V$
8) **u** $\in V$ 이면 I**u** = **u** 이다. 여기서 I는 단위행렬이다.

【예제 8-5】 R^2 상의 벡터 **w**$=(x, y)$ 는 제1사분면의 집합이라고 할 때, **w** 는 선형공간을 생성하지 못함을 보여라.

◀ 풀이 ▶ - **w**$=-(x, y)=(-x, -y)$ 는 제3사분면의 벡터가 된다. 따라서 제1사분면에 속하는 집합을 만들 수 없으므로 선형공간이 만들어지지 않는다.

【예제 8-6】 R^4 상의 벡터 **u**$=(u_1, u_2, u_3, u_4)$ 에 대하여 $u_1+u_2+u_3+u_4=1$의 관계식을 가지면 선형공간이 아님을 보여라.

◀ 풀이 ▶ 벡터의 성분이 모두 0이라면 주어진 관계식으로는 영벡터 **0** 이 만들어지지 않는다. 따라서 선형공간이 만들어지지 않는다.

---

2) 일반적으로 (**u** + **v**) $\in V$ 이고 k**u** $\in V$ 임을 보이면 된다.

【예제 8-7】 다음의 집합 $\{(x,y,z,w) \in V\}$의 성분이 $x=2y=3z$의 관계식을 만족하면 선형공간을 만드는 것을 보여라.

◖ 풀이 ◗ 관계식을 만족하는 벡터를 **u** 라고 하면 $\mathbf{u}=(x,\frac{x}{2},\frac{x}{3},w) \in V$ 가 된다. 만일 $x=w=0$ 이면 영벡터 **0** 이 만들어진다. 또한 $\mathbf{v}=(6x,3x,2x,w) \in V$ 이므로

$$\mathbf{u}+\mathbf{v}=(7x,\frac{7}{2}x,\frac{7}{3}x,2w)=7(x,\frac{1}{2}x,\frac{1}{3}x,w')=7\mathbf{u} \in V$$

인 관계식을 얻을 수 있다. 즉, $(\mathbf{u}+\mathbf{v}) \in V$ 이고 $k\mathbf{u} \in V$ 이므로 선형공간이 만들어진다.

【예제 8-8】 벡터 **u**의 **a**로의 정사영인 $proj_a\mathbf{u}$ 는 선형공간을 만드는 것을 보여라.

◖ 풀이 ◗ 두 개의 벡터를 **u** , **v** 라고 하자.

$$proj_a(\mathbf{u}+\mathbf{v}) = \frac{(\mathbf{u}+\mathbf{v})\cdot\mathbf{a}}{\|\mathbf{a}\|^2}\mathbf{a}$$

$$= \frac{\mathbf{u}\cdot\mathbf{a}+\mathbf{v}\cdot\mathbf{a}}{\|\mathbf{a}\|^2}\mathbf{a} = proj_a\mathbf{u} + proj_a\mathbf{v}$$

$$proj_a k\mathbf{u} = \frac{(k\mathbf{u})\cdot\mathbf{a}}{\|\mathbf{a}\|^2}\mathbf{a} = k\frac{\mathbf{u}\cdot\mathbf{a}}{\|\mathbf{a}\|^2}\mathbf{a} = k\,proj_a\mathbf{u}$$

이므로 선형공간을 만든다.

8.3 부분공간

원점을 지나는 직선은 원점을 포함하는 평면에 포함되어 있다. 또한 원점을 지나는 평면은 R^3 공간에 속해 있음을 우리는 알고 있다. 이처럼 하나의 선형

공간은 보다 더 큰 선형공간의 일부가 될 수 있다는 것이다.

【정의 8-4】 선형공간 V의 부분집합인 W에 대하여, V에서 정의된 덧셈과 스칼라 곱이 선형공간을 이루면 W를 V의 부분공간(subspace)이라고 한다.

【정리 8-5】 선형공간 V의 공집합이 아닌 부분집합 W가 부분공간이 되기 위한 필요충분조건은 다음과 같다.

1) V에 속하는 영벡터(zero vector) **0** 은 W의 성분이다.
2) **u** , **v**$\in W$ 이면 (**u** + **v**) = (**v** + **u**)$\in W$
3) **u**$\in W$ 이면 k**u**$\in W$, k는 임의의 스칼라

【예제 8-9】 주대각성분이 0인 (2×2) 행렬 전체의 집합 W는 (2×2)행렬 전체의 부분집합임을 보여라.

◖ 풀이 ◗ W에 속하는 두 개의 집합 A, B를 고려해보자.

$$A=\begin{bmatrix} 0 & a_{12} \\ a_{21} & 0 \end{bmatrix} \quad B=\begin{bmatrix} 0 & b_{12} \\ b_{21} & 0 \end{bmatrix}$$

k를 임의의 스칼라라고 하면

$$A+B=\begin{bmatrix} 0 & a_{12}+b_{12} \\ a_{21}+b_{21} & 0 \end{bmatrix}\in W$$

$$kA=\begin{bmatrix} 0 & ka_{12} \\ ka_{21} & 0 \end{bmatrix}\in W$$

또한 성분이 모두 0인 경우도 W의 부분집합이므로 (2×2)행렬 전체의 부분집합이다.

【예제 8-10】 2차 함수로 이루어진 집합 W는 3차 함수 전체로 만들어진 V의 부분공간임을 보여라.3)

◖ 풀이 ◗ W의 성분 중에서 p, q를 다음과 같이 정해보자.

$$p(x) = a_0 + a_1 x + a_2 x^2 \qquad q(x) = b_0 + b_1 x + b_2 x^2$$

k는 임의의 스칼라일 때, x^3의 계수가 0인 특수형태라는 것을 보이면 된다. 즉, $0x^3$을 연산에 포함시키더라도 W의 성분임을 보이면 된다.

$$(p+q)(x) = p(x) + q(x) = (a_0 + b_0) + (a_1 + b_1)x + (a_2 + b_2)x^2 + 0x^3 \in W$$
$$(kp)(x) = kp(x) = ka_0 + ka_1 x + ka_2 x^2 + 0x^3 \in W$$

따라서 $(p+q) \in W$, $kp \in W$ 이므로 2차함수로 만들어진 집합 W는 3차함수의 부분공간이 된다.

【정의 8-5】 R^n 벡터의 집합 { $\mathbf{v}_1, \mathbf{v}_2, \ldots, \mathbf{v}_r$ }을 사용하여

$$\mathbf{w} = k_1 \mathbf{v}_1 + k_2 \mathbf{v}_2 + \cdots + k_r \mathbf{v}_r$$

을 만들 수 있을 때, $\mathbf{w}$는 $\mathbf{v}_1, \mathbf{v}_2, \ldots, \mathbf{v}_r$의 1차결합(linear combination)이라 한다. 여기서 $k_1, k_2, \ldots, k_r$은 스칼라이다.

【예제 8-11】 R^3 공간 상의 두 벡터 $\mathbf{u} = (2, 0, 3)$, $\mathbf{v} = (-1, 1, -1)$를 1차결합하여 $(1, 3, 3)$이 되도록 스칼라를 정하여라.

◖ 풀이 ◗ $k_1 \mathbf{u} + k_2 \mathbf{v} = k_1(2, 0, 3) + k_2(-1, 1, -1) = (1, 3, 3)$을 만족하는 k_1, k_2를 구하면 된다. 관계식으로부터 다음과 같은 연립방정식

$$\begin{cases} 2k_1 - k_2 = 1 \\ 0k_1 + k_2 = 3 \\ 3k_1 - k_2 = 3 \end{cases}$$

3) 3차 함수의 전체 집합 중에서 3차항의 계수가 0인 경우는 2차 함수가 된다.

을 만들 수 있으며 $k_1 = 2, k_2 = 3$을 얻게 된다.

【예제 8-12】 R^3 공간 상의 두 벡터 $\mathbf{u} = (2, 0, 3)$, $\mathbf{v} = (-1, 1, -1)$ 각각에 k_1, k_2를 곱하여 더한 값이 $(1, 2, 3)$이 되도록 스칼라를 구하여라.

◀ 풀이 ▶ $k_1 \mathbf{u} + k_2 \mathbf{v} = k_1(2, 0, 3) + k_2(-1, 1, -1) = (1, 2, 3)$ 이므로

$$\begin{cases} 2k_1 - k_2 = 1 \\ 0k_1 + k_2 = 2 \\ 3k_1 - k_2 = 3 \end{cases}$$

인 관계식이 만들어진다. 둘째 식에서 $k_2 = 2$를 얻을 수 있다. 이 값을 첫째, 셋째 식에 대입하면 $k_1 = 1.5$, $k_1 = \frac{5}{3}$이 되므로 k_1, k_2를 정할 수 없다.

【정의 8-6】 R^n 벡터의 집합 $S = \{\mathbf{v}_1, \mathbf{v}_2, \dots, \mathbf{v}_r\}$을 사용하여 $\mathbf{w} = k_1 \mathbf{v}_1 + k_2 \mathbf{v}_2 + \cdots + k_r \mathbf{v}_r$, 여기서 $k_1, k_2, \dots, k_r$은 스칼라로 만들 수 있는 벡터의 집합 $W = \{k_1 \mathbf{v}_1 + k_2 \mathbf{v}_2 + \cdots + k_r \mathbf{v}_r\}$ 가 존재하면 S는 W를 생성(span)한다고 부른다.

【예제 8-13】 R^2 공간의 두 벡터 $\mathbf{u} = (1, 2)$, $\mathbf{v} = (-1, 2)$는 2차원 공간을 생성하는 가를 보여라.

◀ 풀이 ▶ 2차원 공간의 임의의 벡터를 (x, y)라고 하면

$$k_1 \mathbf{u} + k_2 \mathbf{v} = k_1(1, 2) + k_2(-1, 2) = (x, y)$$

를 만족하는 다음과 같은 연립방정식을 얻게 된다.

$$\begin{cases} k_1 - k_2 = x \\ 2k_1 + 2k_2 = y \end{cases}$$

연립방정식을 풀면

$$k_1 = \frac{2x+y}{4} \quad k_2 = \frac{y-2x}{4}$$

를 얻게 되므로 **u** , **v**는 2차원 공간을 생성한다.

【예제 8-14】 3차원 표준단위벡터 $\mathbf{i}=(1,0,0)$, $\mathbf{j}=(0,1,0)$, $\mathbf{k}=(0,0,1)$ 는 3차원 공간 R^3을 생성함을 보여라.

◖ 풀이 ◗ R^3 공간의 임의의 벡터를 (a,b,c)라고 하면

$$(a,b,c)=a(1,0,0)+b(0,1,0)+c(0,0,1)= a\mathbf{i}+b\mathbf{j}+c\mathbf{k}$$

가 된다. 따라서 **i** , **j** . **k** 의 1차 결합으로 표시되므로 (a,b,c)는 **i** , **j** . **k** 로 생성할 수 있다.

【예제 8-15】 세 개의 벡터 $\mathbf{v}_1=(1,1,2)$, $\mathbf{v}_2=(1,0,1)$, $\mathbf{v}_3=(2,1,3)$ 는 R^3 공간을 생성하는가를 알아보라.

◖ 풀이 ◗ $\mathbf{v}_1, \mathbf{v}_2, \mathbf{v}_3$의 선형결합으로 생성된 공간을 (x,y,z)라고 하면

$$(x,y,z)= k_1\mathbf{v}_1+k_2\mathbf{v}_2+\mathbf{v}_3=k_1(1,1,2)+k_2(1,0,1)+k_3(2,1,3)$$

이다. 따라서

$$\begin{cases} k_1+k_2+2k_3=x \\ k_1 \quad\quad +k_3=y \\ 2k_1+k_2+3k_3=z \end{cases} \rightarrow \begin{bmatrix} 1&1&2 \\ 1&0&1 \\ 2&1&3 \end{bmatrix} \begin{bmatrix} k_1 \\ k_2 \\ k_3 \end{bmatrix} = \begin{bmatrix} x \\ y \\ z \end{bmatrix}$$

가 만들어진다. 그런데 계수행렬을 살펴보면 (1행 + 2행 = 3행)의 관계가 성립하므로 행렬식은 0이 된다. 따라서 세 개의 벡터 $\mathbf{v}_1, \mathbf{v}_2, \mathbf{v}_3$을 사용해서 (x,y,z)를 만들 수 없다.

8.4 1차 독립

【정의 8-7】 R^n 벡터의 집합 $S = \{\mathbf{v}_1, \mathbf{v}_2, \dots, \mathbf{v}_r\}$와 $k_1, k_2, \dots, k_r$ 은 임의의 스칼라일 때

$$k_1\mathbf{v}_1 + k_2\mathbf{v}_2 + \cdots + k_r\mathbf{v}_r = \mathbf{0}$$

은 적어도 하나의 해

$$k_1 = k_2 = \cdots = k_r = 0$$

을 갖는다. 만일 이것이 유일한 해(solution)이면 S를 1차 독립(linearly independent)집합이라고 부른다. 그 이외의 해가 존재하면 1차 종속(linearly dependent)집합이라 한다.

【예제 8-16】 $\mathbf{v}_1 = (1,1)$, $\mathbf{v}_2 = (2,3)$ 는 1차 독립인 가를 판정하라.

◀ 풀이 ▶ $k_1(1,1) + k_2(2,3) = (k_1 + 2k_2, k_1 + 3k_2) = (0,0)$ 을 만족하는 해를 구해보자.

$$\begin{cases} k_1 + 2k_2 = 0 \\ k_1 + 3k_2 = 0 \end{cases}$$

두 식의 차를 계산하면 $k_2 = 0$ 을 얻을 수 있다. 이 값을 연립방정식에 대입하면 $k_1 = 0$ 을 얻게 되므로 두 벡터 $\mathbf{v}_1, \mathbf{v}_2$는 1차 독립이다.

【예제 8-17】 세 개의 벡터 $\mathbf{v}_1 = (1,1)$, $\mathbf{v}_2 = (2,3)$, $\mathbf{v}_3 = (2,4)$ 의 1차 독립 여부를 판정하라.

◀ 풀이 ▶ $k_1(1,1) + k_2(2,3) + k_3(2,4) = (k_1 + 2k_2 + 2k_3, k_1 + 3k_2 + 4k_3) = (0,0)$ 을 만족하는 해를 구해야 한다. 즉

$$\begin{cases} k_1 + 2k_2 + 2k_3 = 0 \\ k_1 + 3k_2 + 4k_3 = 0 \end{cases}$$

주어진 연립방정식의 해는

$$\begin{cases} k_1 = \ \ 2k_3 \\ k_2 = -2k_3 \\ k_3 = \ \ k_3 \end{cases}$$

이므로 $2\mathbf{v}_1 - 2\mathbf{v}_2 + \mathbf{v}_3 = \mathbf{0}$ 의 관계식이 만들어지므로 1차 종속이다.

위의 예제에서 두 개의 연립방정식을 행렬로 나타내면

$$\begin{bmatrix} 1 & 2 & 2 \\ 1 & 3 & 4 \end{bmatrix} \begin{bmatrix} k_1 \\ k_2 \\ k_3 \end{bmatrix} = (0, 0)$$

의 형태가 되며, 계수행렬의 행렬식은 계산할 수 없다. 이런 절차를 통해서도 1차 독립 여부를 알 수 있다.

【예제 8-18】 3차원 표준단위벡터 $\mathbf{i} = (1, 0, 0)$, $\mathbf{j} = (0, 1, 0)$, $\mathbf{k} = (0, 0, 1)$ 는 1차 독립임을 보여라.

◖ 풀이 ◗ R^3 공간의 임의의 벡터를 (a, b, c)라고 하면

$$a\mathbf{i} + b\mathbf{j} + c\mathbf{k} = a(1,0,0) + b(0,1,0) + c(0,0,1) = (0, 0, 0)$$

을 만족하는 (a, b, c)를 구해보면

$$(a, b, c) = (0, 0, 0)$$

이므로 $S = \{ \mathbf{i}, \mathbf{j}, \mathbf{k} \}$는 1차 독립집합이다. 이 문제도 행렬로 처리하면

$$\begin{bmatrix} 1 & 0 & 0 \\ 0 & 1 & 0 \\ 0 & 0 & 1 \end{bmatrix} \begin{bmatrix} a \\ b \\ c \end{bmatrix} = \begin{bmatrix} 0 \\ 0 \\ 0 \end{bmatrix}$$

이고, 계수행렬은 행렬식이 1이므로 역행렬이 존재한다. 따라서 1차 독립이라고 할 수 있다.

【예제 8-19】 $\mathbf{v}_1 = (1, -2, 3)$, $\mathbf{v}_2 = (5, 6, -1)$, $\mathbf{v}_3 = (3, 2, 1)$은 1차 독립인가를 판정하라.

◖ 풀이 ◗ $k_1 \mathbf{v}_1 + k_2 \mathbf{v}_2 + k_3 \mathbf{v}_3 = (0, 0, 0)$ 으로부터 연립방정식을 만들고 이를 행렬로 나타내면

$$\begin{cases} k_1 + 5k_2 + 3k_3 = 0 \\ -2k_1 + 6k_2 + 2k_3 = 0 \\ 3k_1 - k_2 + k_3 = 0 \end{cases} \rightarrow \begin{bmatrix} 1 & 5 & 3 \\ -2 & 6 & 2 \\ 3 & -1 & 1 \end{bmatrix} \begin{bmatrix} k_1 \\ k_2 \\ k_3 \end{bmatrix} = \begin{bmatrix} 0 \\ 0 \\ 0 \end{bmatrix}$$

이 된다. 실제로 연립방정식을 풀면

$$k_1 = -\frac{1}{2}t, \ k_2 = -\frac{1}{2}t, \ k_3 = t \quad . \ t\text{는 임의의 실수}$$

이므로 무수히 많은 해를 갖는다.

다음 그림에서 보듯이, 계수행렬의 행렬식은 0 이므로 세 개의 벡터는 1차 종속이다.

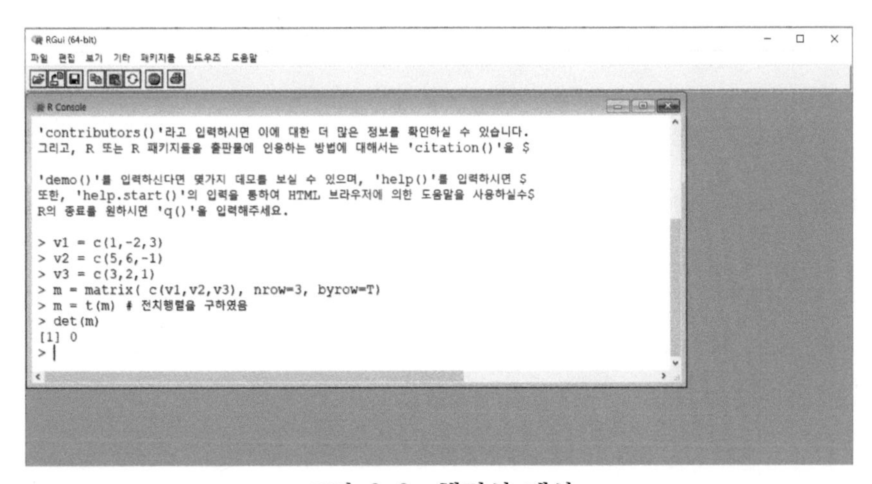

그림 8-3 행렬식 계산

【정리 8-6】 2개 이상의 벡터를 갖는 집합 S가 1차 독립이 되기 위한 필요충분조건은 S에 속한 어떤 벡터가 S의 다른 벡터의 1차 결합으로 표현될 수 없을 때이다.

【예제 8-20】 $\mathbf{v}_1=(1,-2,3)$, $\mathbf{v}_2=(5,6,-1)$, $\mathbf{v}_3=(3,2,1)$ 중의 하나의 벡터는 다른 2개의 벡터의 선형결합으로 표현됨을 보여라.

◀ 풀이 ▶ 앞에서 연립방정식을 직접 풀어 $k_1=-\frac{1}{2}t,\ k_2=-\frac{1}{2}t,\ k_3=t$ 를 얻었으므로

$$-\frac{1}{2}t\mathbf{v}_1-\frac{1}{2}t\mathbf{v}_2+t\mathbf{v}_3=\mathbf{0}$$

이다. 정리하면

$$\mathbf{v}_1+\mathbf{v}_2-2\mathbf{v}_3=\mathbf{0} \rightarrow \mathbf{v}_1=2\mathbf{v}_3-\mathbf{v}_2$$

【예제 8-21】 3차원 표준단위벡터 $\mathbf{i}=(1,0,0)$, $\mathbf{j}=(0,1,0)$, $\mathbf{k}=(0,0,1)$ 중의 한 벡터는 나머지 2개의 1차 결합으로 표시되지 않음을 보여라.

◀ 풀이 ▶ 벡터 $\mathbf{k}$는

$$\mathbf{k}=a_1\mathbf{i}+a_2\mathbf{j}$$

로 표현할 수 있다고 가정하고 a_1, a_2를 결정하면 된다.

$$(0,0,1)=a_1(1,0,0)+a_2(0,1,0)=(a_1,a_2,0)$$

이므로 좌변≠우변이 된다. 따라서 가정은 잘못된 것이며 결국 $\mathbf{k}$는 $\mathbf{i},\mathbf{j}$의 1차 결합이 되지 않는다.

【정리 8-7】 어떤 집합 S가 영벡터 $\mathbf{0}$을 포함하고 있으면 이 집합은 1차 종속이다.

증명. 집합들로 만들어진 계수행렬의 특정한 행의 성분이 모두 0이 되므로 행렬식은 0이 된다. 따라서 1차 종속인 집합이 된다.

8.5 기저와 벡터

【정의 8-8】 V가 선형공간이고 $S=\{\mathbf{v}_1, \mathbf{v}_2, \dots, \mathbf{v}_r\}$는 V의 벡터들의 유한집합일 때 S가 다음의 두 가지를 만족하면 S는 V의 기저(basis)라고 부른다.

1) S는 1차 독립이다.
2) S는 V를 생성한다.

【예제 8-22】 벡터가 $\mathbf{v}_1=(2,1)$, $\mathbf{v}_2=(-1,1)$일 때 $S=\{\mathbf{v}_1, \mathbf{v}_2\}$는 R^2의 기저임을 보여라.

◖ 풀이 ◗ 임의의 벡터 $\mathbf{p}=(x,y)$는 $\mathbf{v}_1, \mathbf{v}_2$에 의해 생성된다고 가정하면

$$\mathbf{p}=(x,y)=k_1(2,1)+k_2(-1,1)$$

이면 되므로

$$\begin{cases} 2k_1 - k_2 = x \\ k_1 + k_2 = y \end{cases} \quad \rightarrow \quad \begin{bmatrix} 2 & -1 \\ 1 & 1 \end{bmatrix} \begin{bmatrix} k_1 \\ k_2 \end{bmatrix} = \begin{bmatrix} x \\ y \end{bmatrix}$$

인 관계식을 얻게 된다. 여기서 k_1, k_2는 0 이 아닌 값이므로 $\mathbf{v}_1, \mathbf{v}_2$에 의해 2차원 공간상의 임의의 벡터 $\mathbf{p}=(x,y)$가 생성된다. 또한 계수행렬의 행렬식은 3이므로 S는 1차 독립집합임을 알 수 있다.

【예제 8-23】 벡터가 $\mathbf{v}_1=(1,-1,-2)$, $\mathbf{v}_2=(1,1,2)$, $\mathbf{v}_3=(3,2,5)$ 일 때 집합 $S=\{\mathbf{v}_1,\mathbf{v}_2,\mathbf{v}_3\}$ 는 R^3의 기저임을 보여라.

◖ 풀이 ◗ 먼저 3개의 벡터로 이루어진 행렬의 행렬식을 구하면

$$\begin{vmatrix} 1 & -1 & -2 \\ 1 & 1 & 2 \\ 3 & 2 & 5 \end{vmatrix} = 2$$

이므로 $\mathbf{v}_1,\mathbf{v}_2,\mathbf{v}_3$는 1차독립이다. 임의의 벡터 $\mathbf{v}=(x,y,z)$는 $\mathbf{v}_1,\mathbf{v}_2,\mathbf{v}_3$에 의해 생성된다고 하면

$$\mathbf{v}= k_1\mathbf{v}_1 + k_2\mathbf{v}_2 + k_3\mathbf{v}_3$$

을 만족하는 k_1,k_2,k_3을 구하면 된다. 즉

$$(x,y,z)= k_1(1,-1,-2)+k_2(1,1,2)+k_3(3,2,5)$$

이므로 연립방정식으로 나타내고, 이를 행렬로 표시하면

$$\begin{cases} k_1 + k_2 + 3k_3 = x \\ -k_1 + k_2 + 2k_3 = y \\ -2k_1 + 2k_2 + 5k_3 = z \end{cases} \rightarrow \begin{bmatrix} 1 & 1 & 3 \\ -1 & 1 & 2 \\ -2 & 2 & 5 \end{bmatrix} \begin{bmatrix} k_1 \\ k_2 \\ k_3 \end{bmatrix} = \begin{bmatrix} x \\ y \\ z \end{bmatrix}$$

이다. 계수행렬의 역행렬이 존재하므로 k_1,k_2,k_3의 값을 얻을 수 있다.[4)]
즉

$$\begin{bmatrix} k_1 \\ k_2 \\ k_3 \end{bmatrix} = \begin{bmatrix} 1 & 1 & 3 \\ -1 & 1 & 2 \\ -2 & 2 & 5 \end{bmatrix}^{-1} \begin{bmatrix} x \\ y \\ z \end{bmatrix} = \begin{bmatrix} 0.5 & 0.5 & -0.5 \\ 0.5 & 5.5 & -2.5 \\ 0.0 & -2.0 & 1.0 \end{bmatrix} \begin{bmatrix} x \\ y \\ z \end{bmatrix}$$

따라서 $k_1=\dfrac{x+y-z}{2}$, $k_2=\dfrac{x+11y-5z}{2}$, $k_3=-2y+z$ 이므로 집합 S는

4) 역행렬 계산 결과는 그림 8-4를 참조하라.

R^3의 기저이다.

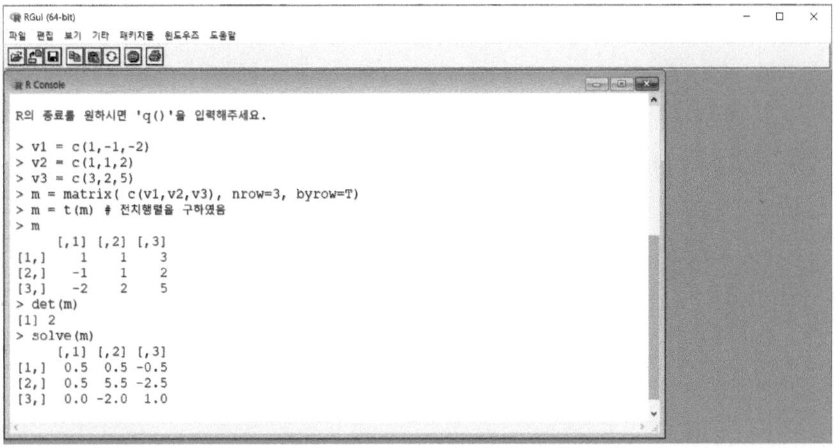

```
RGui (64-bit)
파일 편집 보기 기타 패키지들 윈도우즈 도움말
R Console

R의 종료를 원하시면 'q()'을 입력해주세요.

> v1 = c(1,-1,-2)
> v2 = c(1,1,2)
> v3 = c(3,2,5)
> m = matrix( c(v1,v2,v3), nrow=3, byrow=T)
> m = t(m) # 전치행렬을 구하였음
> m
     [,1] [,2] [,3]
[1,]    1    1    3
[2,]   -1    1    2
[3,]   -2    2    5
> det(m)
[1] 2
> solve(m)
     [,1] [,2] [,3]
[1,]  0.5  0.5 -0.5
[2,]  0.5  5.5 -2.5
[3,]  0.0 -2.0  1.0
```

그림 8-4 벡터 **v**의 행렬식과 역행렬

예를 들어, 임의의 벡터가 **v** $=(1,3,5)$이면 $k_1=-0.5$, $k_2=4.5$, $k_3=-1$ 이므로

$$\mathbf{v} = -0.5\,\mathbf{v}_1 + 4.5\,\mathbf{v}_2 - \mathbf{v}_3$$

으로 생성할 수 있다.

【예제 8-24】 4개의 (2×2)행렬이 다음과 같다고 할 때, $m1, m2, m3, m4$는 (2×2)행렬의 기저임을 보여라.

$$m1=\begin{bmatrix}1&0\\0&0\end{bmatrix}\quad m2=\begin{bmatrix}0&1\\0&0\end{bmatrix}\quad m3=\begin{bmatrix}0&0\\1&0\end{bmatrix}\quad m4=\begin{bmatrix}0&0\\0&1\end{bmatrix}$$

◖ 풀이 ◗ 집합 $S=\{m1, m2, m3, m4\}$ 는 (2×2)행렬이라고 하자. 일반적인 (2×2)행렬을 $M=\begin{bmatrix}a&b\\c&d\end{bmatrix}$ 라고 하면

$$M= \begin{bmatrix} a & b \\ c & d \end{bmatrix} = a\begin{bmatrix} 1 & 0 \\ 0 & 0 \end{bmatrix} + b\begin{bmatrix} 0 & 1 \\ 0 & 0 \end{bmatrix} + c\begin{bmatrix} 0 & 0 \\ 1 & 0 \end{bmatrix} + d\begin{bmatrix} 0 & 0 \\ 0 & 1 \end{bmatrix}$$

$$= a\times m1 + b\times m2 + c\times m3 + d\times m4$$

이므로 $m1, m2, m3, m4$는 모든 (2×2)행렬을 생성한다. 또한

$$a\times m1 + b\times m2 + c\times m3 + d\times m4 = \begin{bmatrix} 0 & 0 \\ 0 & 0 \end{bmatrix}$$

이라고 하면 $a=b=c=d=0$ 이므로 S는 1차 독립집합이 된다. 따라서 S는 기저이다.

【정의 8-9】 선형공간 V가 유한개의 벡터 $\{\mathbf{v}_1, \mathbf{v}_2, \dots, \mathbf{v}_n\}$으로 이루어진 기저를 가질 때 유한차원(finite dimension)이라 한다.

【정리 8-8】 집합 $S=\{\mathbf{v}_1, \mathbf{v}_2, \dots, \mathbf{v}_n\}$가 선형공간 V의 기저라고 하면 V의 n개보다 많은 벡터가 만든 모든 집합은 1차 종속이다.

증명. $S'=\{\mathbf{w}_1, \mathbf{w}_2, \dots, \mathbf{w}_m\}$는 V의 m개의 벡터 집합이라고 하자. n보다 많다고 하였으므로 $\mathbf{w}_1, \mathbf{w}_2, \dots, \mathbf{w}_m\ (m>n)$을 사용하여 1차 결합을 하면

$$k_1\mathbf{w}_1 + k_2\mathbf{w}_2 + \cdots + k_m\mathbf{w}_m = \mathbf{0}$$

이며, 이 식이 1차 독립인 것을 보이면 된다. 조건에 따라 $\mathbf{w}_i(i=1,2,\dots m)$는 $\{\mathbf{v}_1, \mathbf{v}_2, \dots, \mathbf{v}_n\}$의 1차 결합으로 나타낼 수 있으므로

$$\begin{aligned}
\mathbf{w}_1 &= a_{11}\mathbf{v}_1 + a_{12}\mathbf{v}_2 + \cdots + a_{1n}\mathbf{v}_n \\
\mathbf{w}_2 &= a_{21}\mathbf{v}_1 + a_{22}\mathbf{v}_2 + \cdots + a_{2n}\mathbf{v}_n \\
\cdots & \quad \cdots \quad \cdots \quad \cdots \quad \cdots \\
\mathbf{w}_n &= a_{n1}\mathbf{v}_1 + a_{n2}\mathbf{v}_2 + \cdots + a_{nn}\mathbf{v}_n \\
\cdots & \quad \cdots \quad \cdots \quad \cdots \quad \cdots \\
\mathbf{w}_m &= a_{m1}\mathbf{v}_1 + a_{m2}\mathbf{v}_2 + \cdots + a_{mn}\mathbf{v}_n
\end{aligned}$$

이를 1차 독립인 식에 대입하고,5) 1차 독립인 것을 보이면 되므로 다음과 같은 관계식을 만족해야 한다.

$$\begin{bmatrix} a_{11} & a_{12} & \cdots & a_{1n} \\ a_{21} & a_{22} & \cdots & a_{2n} \\ \vdots & \vdots & \vdots & \vdots \\ a_{n1} & a_{n2} & \cdots & a_{nn} \\ \vdots & \vdots & \vdots & \vdots \\ a_{m1} & a_{m2} & \cdots & a_{mn} \end{bmatrix} \begin{bmatrix} k_1 \\ k_2 \\ \vdots \\ k_n \\ \vdots \\ k_m \end{bmatrix} = \begin{bmatrix} 0 \\ 0 \\ \vdots \\ 0 \\ \vdots \\ 0 \end{bmatrix}$$

그런데 계수행렬은 정방행렬이 아니므로 행렬식 계산을 할 수가 없다. 따라서 스칼라 $k_i(i=1,2,...m)$의 값이 모두 0이라고 볼 수 없으므로 1차 독립이라는 가설은 틀린 것이 된다.

> **【정의 8-10】** 선형공간 V의 기저를 구성하는 벡터의 개수를 차원(dimension)이라 한다.

【예제 8-25】 동차 연립방정식의 기저와 차원을 구하여라.6)

$$\begin{cases} 2x_1 + 2x_2 - x_3 + x_5 = 0 \\ -x_1 - x_2 + 2x_3 - 3x_4 + x_5 = 0 \\ x_1 + x_2 - 2x_3 - x_5 = 0 \\ x_3 + x_4 + x_5 = 0 \end{cases}$$

---

5) 1차 독립이라고 가정하였음.
6) 동차 연립방정식이란 우변이 모두 0 으로 구성된 연립방정식이다.

◖ 풀이 ◗ 증대행렬을 만들고 기약가우스 행렬을 만들어보자.

$$\begin{bmatrix} 2 & 2 & -1 & 0 & 1 & 0 \\ -1 & -1 & 2 & -3 & 1 & 0 \\ 1 & 1 & -2 & 0 & -1 & 0 \\ 0 & 0 & 1 & 1 & 1 & 0 \end{bmatrix} \begin{matrix} R_1 \\ R_2 \\ R_3 \\ R_4 \end{matrix}$$

1단계 : $R_1 \leftarrow R_1,\ R_2 \leftarrow R_2 + 0.5R_1,\ R_3 \leftarrow R_3 - 0.5R_1,\ R_4 \leftarrow R_4 + 0R_1$

$$\begin{bmatrix} 2 & 2 & -1 & 0 & 1 & 0 \\ 0 & 0 & 1.5 & -3 & 1.5 & 0 \\ 0 & 0 & -1.5 & 0 & -1.5 & 0 \\ 0 & 0 & 1 & 1 & 1 & 0 \end{bmatrix} \begin{matrix} R_1 \\ R_2 \\ R_3 \\ R_4 \end{matrix}$$

2단계 : $R_1 \leftarrow R_1 + \dfrac{R_2}{1.5},\ R_2 \leftarrow R_2,\ R_3 \leftarrow R_3 + R_2,\ R_4 \leftarrow R_4 - \dfrac{R_2}{1.5}$

$$\begin{bmatrix} 2 & 2 & 0 & -2 & 2 & 0 \\ 0 & 0 & 1.5 & -3 & 1.5 & 0 \\ 0 & 0 & 0 & -3 & 0 & 0 \\ 0 & 0 & 0 & 3 & 0 & 0 \end{bmatrix} \begin{matrix} R_1 \\ R_2 \\ R_3 \\ R_4 \end{matrix}$$

3단계 : $R_1 \leftarrow R_1 - \dfrac{2}{3}R_3,\ R_2 \leftarrow R_2 - 2R_3,\ R_3 \leftarrow R_3,\ R_4 \leftarrow R_4 + R_3$

$$\begin{bmatrix} 2 & 2 & 0 & 0 & 2 & 0 \\ 0 & 0 & 1.5 & 0 & 1.5 & 0 \\ 0 & 0 & 0 & -3 & 0 & 0 \\ 0 & 0 & 0 & 0 & 0 & 0 \end{bmatrix} \begin{matrix} R_1 \\ R_2 \\ R_3 \\ R_4 \end{matrix}$$

기약가우스 행렬이 만들어졌으므로 원래의 방정식으로 환원하면 다음과 같이 된다.[7)]

$$\begin{cases} x_1 + x_2 + x_5 = 0 \\ x_3 + x_5 = 0 \\ x_4 = 0 \end{cases}$$

7) 기약가우스 행렬은 그림 8-5를 참조하라.

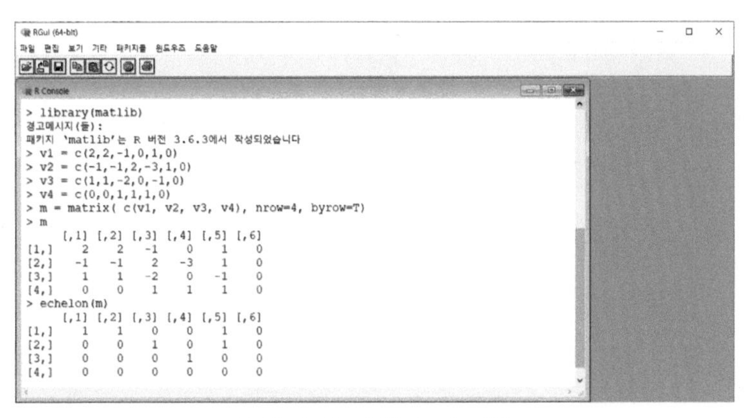

그림 8-5 가우스 소거법

따라서 방정식의 해는

$$\begin{bmatrix} x_1 \\ x_2 \\ x_3 \\ x_4 \\ x_5 \end{bmatrix} = \begin{bmatrix} -x_2 - x_5 \\ x_2 \\ -x_5 \\ 0 \\ x_5 \end{bmatrix} = \begin{bmatrix} -x_2 \\ x_2 \\ 0 \\ 0 \\ 0 \end{bmatrix} + \begin{bmatrix} -x_5 \\ 0 \\ -x_5 \\ 0 \\ x_5 \end{bmatrix}$$

이므로 $x_2 = s$, $x_5 = t$로 놓으면 해가 구해진다. 즉

$$\begin{bmatrix} x_1 \\ x_2 \\ x_3 \\ x_4 \\ x_5 \end{bmatrix} = s\begin{bmatrix} -1 \\ 1 \\ 0 \\ 0 \\ 0 \end{bmatrix} + t\begin{bmatrix} -1 \\ 0 \\ -1 \\ 0 \\ 1 \end{bmatrix}$$

이므로 $\mathbf{v}_1 = (-1, 1, 0, 0, 0)$, $\mathbf{v}_2 = (-1, 0, -1, 0, 1)$ 는 해벡터를 생성한다. 또한 1차독립인 가를 알아보기 위해

$$k_1 \mathbf{v}_1 + k_2 \mathbf{v}_2 = k_1(-1, 1, 0, 0, 0) + k_2(-1, 0, -1, 0, 1) = (0, 0, 0, 0, 0)$$

이므로 $k_1 = 0, k_2 = 0$ 이 되어 1차 독립이다. 따라서 기저이며, 차원은 2가 된다.

8.6 행공간과 열공간

행렬에서 행벡터와 열벡터에 관해 설명한 바 있다. 여기서는 가우스 행렬을 이용하여 선형공간의 기저를 구하는 방법을 다루어본다.

【정의 8-11】 $(m \times n)$행렬 A의 행벡터에 의해 생성되는 R^n의 부분공간을 행공간(row space), A의 열벡터에 의해 생성되는 R^n의 부분공간을 열공간(column space)라 한다.

다음과 같은 행렬을 고려해보자.

$$A = \begin{bmatrix} 1 & 2 & 3 \\ 4 & 5 & 6 \end{bmatrix}$$

행벡터는 $\mathbf{u}_1 = (1,2,3)$, $\mathbf{u}_2 = (4,5,6)$ 이므로 행공간은 $\{\mathbf{u}_1, \mathbf{u}_2\}$이다. 열벡터는 $\mathbf{v}_1 = (1,4)$, $\mathbf{v}_2 = (2,5)$, $\mathbf{v}_3 = (3,6)$ 이므로 열공간은 $\{\mathbf{v}_1, \mathbf{v}_2, \mathbf{v}_3\}$이다.

【정리 8-9】 행렬에 기본 연산을 수행할지라도 행공간은 변하지 않는다.

증명. 행공간은 집합의 개념이며, 집합을 표시할 때 성분의 순서는 무관하므로 행공간은 변하지 않는 것이다.

【정리 8-10】 행렬 A의 가우스 행렬에서 $\mathbf{0}$ 이 아닌 행벡터 전체는 행렬 A의 행공간의 기저를 이룬다.[8)]

8) 증명은 【예제 8-25】의 동차 연립방정식의 해와 기저 생성의 관계로 확인할 수 있다.

【예제 8-26】 다음 4개의 벡터에 의해 생성되는 선형공간의 기저를 구하여라.

$$\mathbf{v}_1 = (1, -2, 0, 0, 3) \qquad \mathbf{v}_2 = (2, -5, -3, -2, 6)$$
$$\mathbf{v}_3 = (0, 5, 15, 10, 0) \qquad \mathbf{v}_4 = (2, 6, 18, 8, 6)$$

◖ 풀이 ◗ 4개의 벡터로 이루어진 증대행렬을 만들고 기약가우스 행렬을 만들어 보자.

$$\begin{bmatrix} 1 & -2 & 0 & 0 & 3 \\ 2 & -5 & -3 & -2 & 6 \\ 0 & 5 & 15 & 10 & 0 \\ 2 & 6 & 18 & 8 & 6 \end{bmatrix} \begin{matrix} R_1 \\ R_2 \\ R_3 \\ R_4 \end{matrix}$$

1단계 : $R_1 \leftarrow R_1$, $R_2 \leftarrow R_2 - 2R_1$, $R_3 \leftarrow R_3 - 0R_1$, $R_4 \leftarrow R_4 - 2R_1$

$$\begin{bmatrix} 1 & -2 & 0 & 0 & 3 \\ 0 & -1 & -3 & -2 & 0 \\ 0 & 5 & 15 & 10 & 0 \\ 0 & 10 & 18 & 8 & 0 \end{bmatrix} \begin{matrix} R_1 \\ R_2 \\ R_3 \\ R_4 \end{matrix}$$

2단계 : $R_1 \leftarrow R_1 - 2R_2$, $R_2 \leftarrow R_2$, $R_3 \leftarrow R_3 + 5R_2$, $R_4 \leftarrow R_4 + 10R_2$

$$\begin{bmatrix} 1 & 0 & 6 & 4 & 3 \\ 0 & -1 & -3 & -2 & 0 \\ 0 & 0 & 0 & 0 & 0 \\ 0 & 0 & -12 & -12 & 0 \end{bmatrix} \begin{matrix} R_1 \\ R_2 \\ R_3 \\ R_4 \end{matrix}$$

2′ 단계 : 제3행의 성분이 모두 0이므로 제3행과 제4행을 교환한다.

$$\begin{bmatrix} 1 & 0 & 6 & 4 & 3 \\ 0 & 1 & 3 & 2 & 0 \\ 0 & 0 & 1 & 1 & 0 \\ 0 & 0 & 0 & 0 & 0 \end{bmatrix} \begin{matrix} R_1 \\ R_2 \\ R_3 \\ R_4 \end{matrix}$$

3단계 : $R_1 \leftarrow R_1 - 6R_3$, $R_2 \leftarrow R_2 - 3R_3$, $R_3 \leftarrow R_3$, $R_4 \leftarrow R_4 + 0R_3$

$$\begin{bmatrix} 1 & 0 & 0 & -2 & 3 \\ 0 & 1 & 0 & -1 & 0 \\ 0 & 0 & 1 & 1 & 0 \\ 0 & 0 & 0 & 0 & 0 \end{bmatrix} \begin{matrix} R_1 \\ R_2 \\ R_3 \\ R_4 \end{matrix}$$

따라서 영벡터(**0**)를 제외한 행벡터가 기저가 된다.

$$\mathbf{w}_1 = (1, 0, 0, -2, 3) \quad \mathbf{w}_2 = (0, 1, 0, -1, 0) \quad \mathbf{w}_3 = (0, 0, 1, 1, 0)$$

다음은 가우스-조던 소거법을 사용하여 계산한 결과이며 단계별로 동일한 결과가 나타난 것을 확인할 수 있다.

```
C:\WINDOWS\system32\cmd.exe
주어진 행렬의 행의 크기, 열의 크기를 입력하시오 : 4 5
행렬의 성분 A(i,j)의 값을 입력하시오 :
1 -2  0  0  3
2 -5 -3 -2  6
0  5 15 10  0
2  6 18  8  6

                행 렬
------------------------------------------
    1.0000   -2.0000    0.0000    0.0000    3.0000
    2.0000   -5.0000   -3.0000   -2.0000    6.0000
    0.0000    5.0000   15.0000   10.0000    0.0000
    2.0000    6.0000   18.0000    8.0000    6.0000
------------------------------------------

1 단계
------------------------------------------
    1.0000   -2.0000    0.0000    0.0000    3.0000
    0.0000   -1.0000   -3.0000   -2.0000    0.0000
    0.0000    5.0000   15.0000   10.0000    0.0000
    0.0000   10.0000   18.0000    8.0000    0.0000
------------------------------------------

2 단계
------------------------------------------
    1.0000    0.0000    6.0000    4.0000    3.0000
    0.0000   -1.0000   -3.0000   -2.0000    0.0000
    0.0000    0.0000    0.0000    0.0000    0.0000
    0.0000    0.0000  -12.0000  -12.0000    0.0000
------------------------------------------

3 단계
------------------------------------------
    1.0000    0.0000    0.0000   -2.0000    3.0000
    0.0000   -1.0000    0.0000    1.0000    0.0000
    0.0000    0.0000  -12.0000  -12.0000    0.0000
    0.0000    0.0000    0.0000    0.0000    0.0000
------------------------------------------

계속하려면 아무 키나 누르십시오 . . .
```

그림 8-6 가우스-조던 소거법을 이용한 기저 구하기

물론, R 프로그램을 이용하여 계산하더라도 동일한 결과가 나타난다. 다음 그림에서 결과를 확인할 수 있다.

```
RGui (64-bit)
파일 편집 보기 기타 패키지들 윈도우즈 도움말
R Console
> library(matlib)
경고메시지(들):
패키지 'matlib'는 R 버전 3.6.3에서 작성되었습니다
> v1 = c(1,-2,0,0,3)
> v2 = c(2,-5,-3,-2,6)
> v3 = c(0,5,15,10,0)
> v4 = c(2,6,18,8,6)
> m = matrix( c(v1, v2, v3, v4), nrow=4, byrow=T)
> m
     [,1] [,2] [,3] [,4] [,5]
[1,]    1   -2    0    0    3
[2,]    2   -5   -3   -2    6
[3,]    0    5   15   10    0
[4,]    2    6   18    8    6
> echelon(m)
     [,1] [,2] [,3] [,4] [,5]
[1,]    1    0    0   -2    3
[2,]    0    1    0   -1    0
[3,]    0    0    1    1    0
[4,]    0    0    0    0    0
```

그림 8-7 행벡터

【예제 8-27】 다음 행렬 A의 행공간의 기저를 구하여라.

$$A = \begin{bmatrix} 1 & 0 & 1 & 1 \\ 3 & 2 & 5 & 1 \\ 0 & 4 & 4 & -4 \end{bmatrix}$$

◀ 풀이 ▶ 단계별로 가우스 소거법을 적용하여 계산할 수도 있지만 여기서는 R 프로그램으로 기저를 구하였다. 행공간의 기저를 **w** 라고 하면

$$\mathbf{w}_1 = (1, 0, 1, 1) \ , \ \mathbf{w}_2 = (0, 1, 1, -1)$$

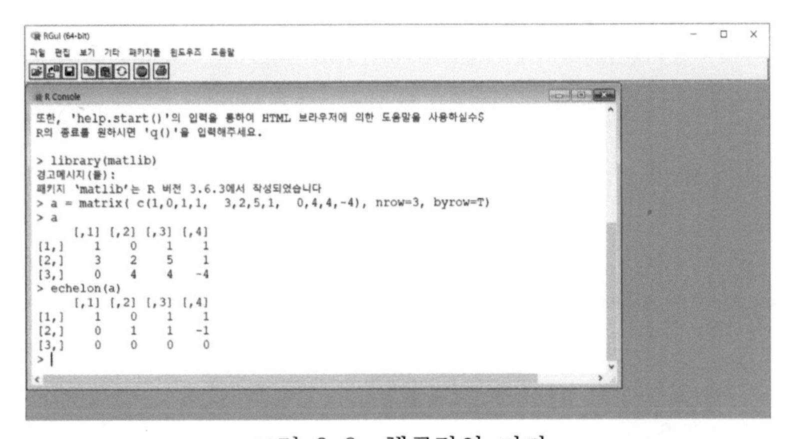

그림 8-8 행공간의 기저

【예제 8-28】 다음 행렬 A의 열공간의 기저를 구하여라.

$$A=\begin{bmatrix}1 & 0 & 1 & 1\\ 3 & 2 & 5 & 1\\ 0 & 4 & 4 & -4\end{bmatrix}$$

◖ 풀이 ◗ 열공간의 기저를 구하는 문제이므로 먼저 행렬 A의 전치행렬을 구해야 한다.

$$A^T=\begin{bmatrix}1 & 3 & 0\\ 0 & 2 & 4\\ 1 & 5 & 4\\ 1 & 1 & -4\end{bmatrix}$$

이고, 가우스 소거법 프로그램을 실행하면 다음과 같다. 여기서 영벡터는 제거하여야 하므로 열공간의 기저는 다음과 같다.[9]

$$\mathbf{w}_1=\begin{bmatrix}1\\ 0\\ -6\end{bmatrix} \qquad \mathbf{w}_2=\begin{bmatrix}0\\ 1\\ 2\end{bmatrix}$$

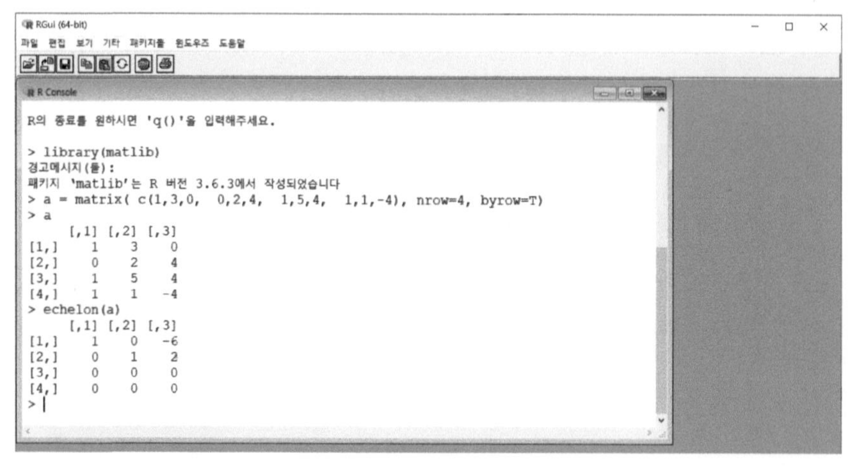

그림 8-9 열공간의 기저

9) 단계별로 기약가우스 행렬을 만드는 절차는 생략하였다. 단계별 계산이 궁금한 독자는 << 프로그램 1-3 >>을 실행시켜보기 바란다.

【정의 8-12】 행렬 A의 행공간의 차원을 A의 계수(rank)라고 부르며 rank(A)라고 표기한다.

【예제 8-29】 다음 행렬 A의 rank를 구하여라.

$$A = \begin{bmatrix} 1 & 0 & 1 & 1 \\ 3 & 2 & 5 & 1 \\ 0 & 4 & 4 & -4 \end{bmatrix}$$

◖ 풀이 ◗ 앞의 【예제 8-26】에서 이미 행공간의 기저를 계산한 바 있으며, 기저는 2개임을 보인 바 있다. 따라서 행렬 A의 계수(rank)는 2이다.

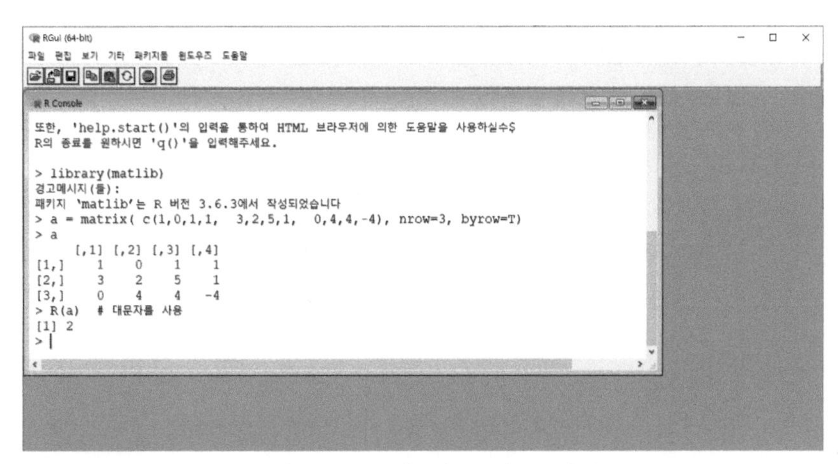

그림 8-10 계수(rank) 구하기

다음과 같은 m개의 미지수를 가진 n개의 연립방정식을

$$\begin{cases} a_{11}x_1 + a_{12}x_2 + \cdots + a_{1n}x_n = b_1 \\ a_{21}x_1 + a_{22}x_2 + \cdots + a_{2n}x_n = b_2 \\ \vdots \qquad \vdots \qquad\qquad \vdots \qquad \vdots \\ a_{m1}x_1 + a_{m2}x_2 + \cdots + a_{mn}x_n = b_m \end{cases}$$

이라고 할 때, 열벡터를 사용하여 행렬로 표현하면

$$x_1\begin{bmatrix} a_{11} \\ a_{21} \\ \vdots \\ a_{m1} \end{bmatrix} + x_2\begin{bmatrix} a_{12} \\ a_{22} \\ \vdots \\ a_{m2} \end{bmatrix} + \cdots + x_n\begin{bmatrix} a_{1n} \\ a_{2n} \\ \vdots \\ a_{mn} \end{bmatrix} = \begin{bmatrix} b_1 \\ b_2 \\ \vdots \\ b_m \end{bmatrix}$$

가 된다. 방정식의 좌변은 A의 열벡터의 1차 결합이므로 연립방정식의 해를 구하는 것과 동일하다.

> **【정리 8-11】** 연립방정식 $A\mathbf{x} = \mathbf{b}$ 가 해를 갖기 위한 필요충분조건은 $\mathbf{b}$ 가 A의 열공간의 벡터일 때이다.

【예제 8-30】 다음 연립방정식의 해를 구하여라.

$$\begin{cases} x_1 + 4\,x_2 + 3\,x_3 = 1 \\ 2\,x_1 + 5\,x_2 + 4\,x_3 = 4 \\ -\,x_1 + 3\,x_2 + 2\,x_3 = 5 \end{cases}$$

◖ 풀이 ◗ R 프로그램의 가우스-조던 소거법으로 해를 구하면 다음과 같다.

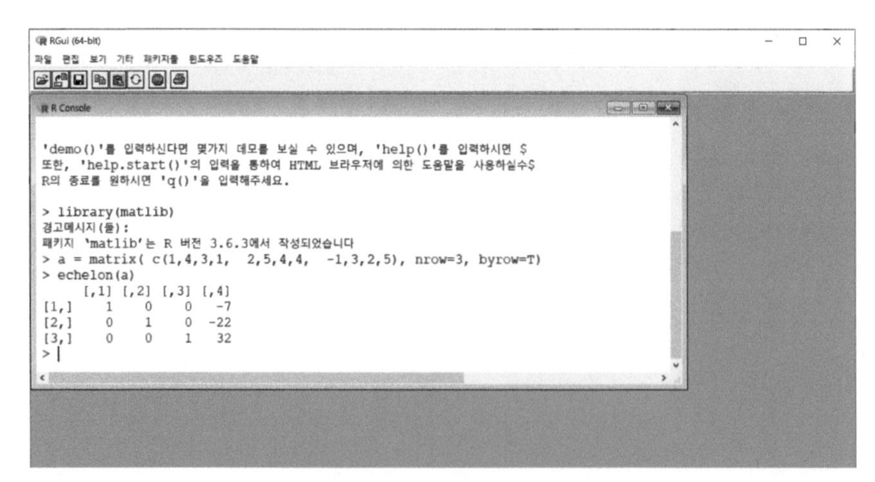

그림 8-11 연립방정식의 해

즉, $x_1 = -7$, $x_2 = -22$, $x_3 = 32$ 이므로 열공간의 벡터를 이용하여 다음 관계식을 만들 수 있다.

$$-7\begin{bmatrix} 1 \\ 2 \\ -1 \end{bmatrix} - 22\begin{bmatrix} 4 \\ 5 \\ 3 \end{bmatrix} + 32\begin{bmatrix} 3 \\ 4 \\ 2 \end{bmatrix} = \begin{bmatrix} 1 \\ 4 \\ 5 \end{bmatrix}$$

> **【정리 8-12】** 연립방정식 $A\mathbf{x} = \mathbf{b}$ 가 해를 갖기 위한 필요충분조건은 계수행렬 A 의 계수(rank)와 증대행렬의 계수(rank)가 같은 것이다.

【예제 8-31】 다음 연립방정식의 계수행렬을 A 라고 할 때, A 의 rank와 증대행렬의 rank를 구하여라.

$$\begin{cases} 2x_1 + 2x_2 - x_3 + x_5 = 1 \\ -x_1 - x_2 + 2x_3 - 3x_3 + x_5 = 2 \\ x_1 + x_2 - 2x_3 - x_5 = 3 \\ x_3 + x_4 + x_5 = 4 \end{cases}$$

◀ 풀이 ▶ 증대행렬을 Ab라고 하고, A, Ab 의 rank를 구하면 다음과 같다.

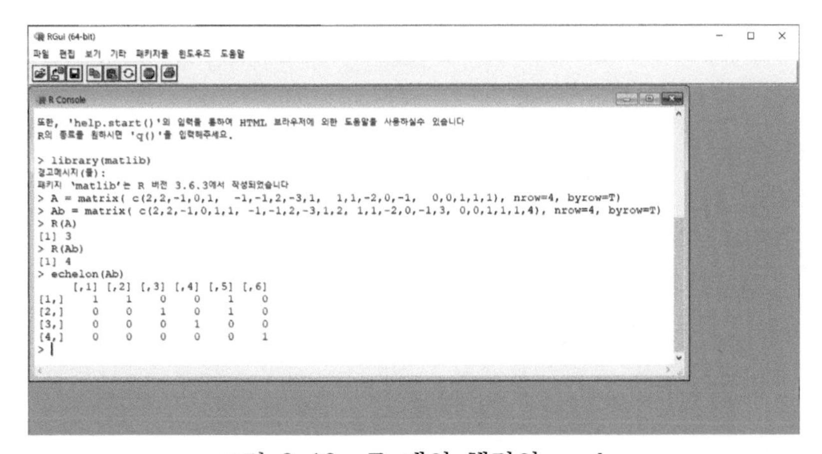

그림 8-12 두 개의 행렬의 rank

A, Ab의 rank는 각각 3, 4이므로 값이 다르다. 따라서 해는 존재하지 않는다. 특히, Ab의 기약가우스 행렬은 마지막 행을 수식으로 표현하면

$$0x_1 + 0x_2 + 0x_3 + 0x_4 + 0x_5 = 1$$

의 형태를 취하므로 불능이 된다. 즉, 연립방정식의 해는 존재하지 않는 것으로 볼 수 있다.

8.7 내적공간

내적공간(inner product space)은 두 벡터의 쌍에 스칼라를 대응시키는 일종의 함수 형태로 만들어지는 선형공간이다. 즉, 스칼라 곱을 갖춘 유클리드공간의 일반화라 할 수 있다. 쉽게 말하자면 유클리드공간에서의 내적을 일반화하여 함수 형태로 표현한 것이라고 볼 수 있다는 것이다.

여기서는 내적공간에서의 벡터의 길이나 각도 등의 개념과 예제들을 다룰 예정이다.

【정의 8-13】 실선형 공간 V에서의 내적은 V의 벡터 쌍 $\mathbf{u}, \mathbf{v}$ 에 대해 실숫값 $< \mathbf{u}, \mathbf{v} >$에 대응시키는 함수로 정의한다.

【정리 8-13】 공간벡터 V의 내적 $< \cdot , \cdot >$은 V의 모든 벡터 $\mathbf{u}$, $\mathbf{v}$, $\mathbf{w}$와 스칼라 k에 대해 다음이 성립한다.

1) $< \mathbf{u} , \mathbf{v} > = < \mathbf{v} , \mathbf{u} >$ (대칭성)
2) $< \mathbf{u} + \mathbf{v} , \mathbf{w} > = < \mathbf{u} , \mathbf{w} > + < \mathbf{v} , \mathbf{w} >$ (가법성)
3) $< k\mathbf{u} , \mathbf{v} > = k < \mathbf{u} , \mathbf{v} >$ (선형성)
4) $< \mathbf{u} , \mathbf{u} > \geq 0$ 등호는 $\mathbf{u} = \mathbf{0}$ 일 때 성립. (양의 정부호성)

【예제 8-32】 **u** , **v** 는 R^n의 벡터라고 할 때,

$$< \mathbf{u} , \mathbf{v} > = u_1v_1 + u_2v_2 + \cdots + u_nv_n$$

이라고 하면 위의 4가지 공리를 만족함을 보여라.

◖ 풀이 ◗ $< \mathbf{u} , \mathbf{v} > = u_1v_1 + u_2v_2 + \cdots + u_nv_n$ = **u** · **v** 이므로 유클리드 내적으로 표시된다. 따라서 위의 4가지 공리는 만족된다.

【예제 8-33】 R^2 상의 벡터 **u**$= (u_1, u_2)$, **v**$= (v_1, v_2)$에 대하여

$$< \mathbf{u} , \mathbf{v} > = 3u_1v_1 + 2u_2v_2$$

라고 하면 4가지의 내적 공리를 만족함을 보여라.

◖ 풀이 ◗ 1) $< \mathbf{u} , \mathbf{v} > = 3u_1v_1 + 2u_2v_2$ 이고 $< \mathbf{v} , \mathbf{u} > = 3v_1u_1 + 2v_2u_2$ 이므로 $< \mathbf{u} , \mathbf{v} > = < \mathbf{v} , \mathbf{u} >$

2) $$\begin{aligned} < \mathbf{u} + \mathbf{v} , \mathbf{w} > &= 3(u_1 + v_1)w_1 + 2(u_2 + v_2)w_2 \\ &= (3u_1w_1 + 2u_2w_2) + (3v_1w_1 + 2v_2w_2) \\ &= < \mathbf{u} , \mathbf{w} > + < \mathbf{v} , \mathbf{w} > \end{aligned}$$

3) $k\mathbf{u} = k(u_1, u_2) = (ku_1, ku_2)$ 이므로

$$\begin{aligned} < k\mathbf{u} , \mathbf{v} > &= 3(ku_1)v_1 + 2(ku_2)v_2 \\ &= k(3u_1v_1 + 2u_2v_2) = k < \mathbf{u} , \mathbf{v} > \end{aligned}$$

4) $< \mathbf{u} , \mathbf{u} > = 3u_1u_1 + 2u_2u_2 = 3u_1^2 + 2u_2^2 \geq 0$

【예제 8-34】 **u** , **v** 는 R^n의 벡터라고 하자. $(n \times n)$ 대칭행렬 A에 대해 다음과 같이 정의하면 4가지의 내적 공리를 만족함을 보여라.

$$< \mathbf{u} , \mathbf{v} > = \mathbf{v}^T A \mathbf{u}$$

◀ 풀이 ▶ $\mathbf{u}$, $\mathbf{v}$ 는 R^n의 벡터이므로 다음과 같이 나타낼 수 있다.

$$\mathbf{u} = \begin{bmatrix} u_1 \\ u_2 \\ \vdots \\ u_n \end{bmatrix} \qquad \mathbf{v} = \begin{bmatrix} v_1 \\ v_2 \\ \vdots \\ v_n \end{bmatrix}$$

1) $< \mathbf{u} , \mathbf{v} > = \mathbf{v}^T A \mathbf{u}$ 는 (1×1)행렬이므로 전치행렬과 원행렬은 같은 값을 갖는다. 즉,

$$(\mathbf{v}^T A \mathbf{u})^T = (\mathbf{v}^T A \mathbf{u}) = \mathbf{u}^T A \mathbf{v}$$

이므로 $< \mathbf{u} , \mathbf{v} > = \mathbf{v}^T A \mathbf{u} = \mathbf{u}^T A \mathbf{v} = < \mathbf{v} , \mathbf{u} >$

2) $<\mathbf{u} + \mathbf{v} , \mathbf{w}> = <\mathbf{w} , \mathbf{u} + \mathbf{v}> = (\mathbf{u}+\mathbf{v})^T A \mathbf{w} = \mathbf{u}^T A \mathbf{w} + \mathbf{v}^T A \mathbf{w}$

$= <\mathbf{u} , \mathbf{w}> + <\mathbf{v} , \mathbf{w}>$

3) $< k\mathbf{u} , \mathbf{v} > = \mathbf{v}^T A k\mathbf{u} = k\mathbf{v}^T A \mathbf{u} = k< \mathbf{u} , \mathbf{v} >$

4) $< \mathbf{u} , \mathbf{u} > = \mathbf{u}^T A \mathbf{u} = A(u_1^2 + u_2^2 + \cdots + u_n^2) \geqq 0$

【예제 8-35】 유클리드 가중내적 $< \mathbf{u} , \mathbf{v} > = 3u_1v_1 + 2u_2v_2$ 는 다음 행렬 A 에 의해 생성된 R^2 상의 내적임을 보여라.

$$A = \begin{bmatrix} \sqrt{3} & 0 \\ 0 & \sqrt{2} \end{bmatrix}$$

◀ 풀이 ▶ $< \mathbf{u} , \mathbf{v} > = 3u_1v_1 + 2u_2v_2 = [v_1\, v_2]\begin{bmatrix} 3 & 0 \\ 0 & 2 \end{bmatrix}\begin{bmatrix} u_1 \\ u_2 \end{bmatrix}$

$$= [v_1\, v_2]\begin{bmatrix} \sqrt{3} & 0 \\ 0 & \sqrt{2} \end{bmatrix}\begin{bmatrix} \sqrt{3} & 0 \\ 0 & \sqrt{2} \end{bmatrix}\begin{bmatrix} u_1 \\ u_2 \end{bmatrix}$$

$$= \mathbf{v}^T A^T A \mathbf{u} = (A\mathbf{v})^T A \mathbf{u}$$

이므로 앞의 【예제 8-34】에 의해 내적임을 보일 수 있다.

【예제 8-36】 $U=\begin{bmatrix} u_1 & u_2 \\ u_3 & u_4 \end{bmatrix}$ $V=\begin{bmatrix} v_1 & v_2 \\ v_3 & v_4 \end{bmatrix}$ 라고 할 때

$$< \mathbf{u}, \mathbf{v} > = u_1v_1 + u_2v_2 + u_3v_3 + u_4v_4$$

는 (2×2)행렬이 만드는 선형공간의 내적임을 보여라.

◖ 풀이 ◗ 1) $< \mathbf{u}, \mathbf{v} > = u_1v_1 + u_2v_2 + u_3v_3 + u_4v_4 = v_1u_1 + v_2u_2 + v_3u_3 + v_4u_4$

$= < \mathbf{v}, \mathbf{u} >$

2) $<\mathbf{u} + \mathbf{v}, \mathbf{w}> = (u_1+v_1)w_1 + (u_2+v_2)w_2 + (u_3+v_3)w_3 + (u_4+v_4)w_{14}$

$= (u_1w_1 + u_2w_2 + u_3w_3 + u_4w_4) + (v_1w_1 + v_2w_2 + v_3w_3 + v_4w_4)$

$= <\mathbf{u}, \mathbf{w}> + <\mathbf{v}, \mathbf{w}>$

3) $< k\mathbf{u}, \mathbf{v} > = (ku_1)v_1 + (ku_2)v_2 + (ku_3)v_3 + (ku_4)v_4 = k < \mathbf{u}, \mathbf{v} >$

4) $< \mathbf{u}, \mathbf{u} > = u_1^2 + u_2^2 + u_3^2 + u_4^2 \geqq 0$

【예제 8-37】 $p=p(x)$, $q=q(x)$ 는 두 개의 n차 다항식이라고 할 때

$$< p, q > = \int_a^b p(x)q(x)dx \qquad a,b \text{는 임의의 실수}$$

는 내적공간의 4가지 공리를 만족함을 보여라.[10]

◖ 풀이 ◗ 1) $< p, q > = \int_a^b p(x)q(x)dx = \int_a^b q(x)p(x)dx = < q, p >$

2) $< p+q, r > = \int_a^b [p(x)+q(x)]r(x)\,dx = \int_a^b p(x)r(x)dx + \int_a^b q(x)r(x)dx$

$= < p, r > + < q, r >$

3) $< kp, q > = \int_a^b [kp(x)]\,q(x)dx = k\int_a^b p(x)\,q(x)dx = k < p, q >$

4) $< p, p > = \int_a^b p(x)p(x)dx = \int_a^b [p(x)]^2\,dx \geqq 0$

10) 적분에 대해 학습하지 않은 경우라면 예제는 생략해도 된다.

8.8 내적공간의 길이와 각도

R^3 공간의 벡터 $\mathbf{u}=(u_1, u_2, u_3)$ 의 길이(norm)는 $\|\mathbf{u}\|$ 로 표시하며

$$\|\mathbf{u}\| = \sqrt{u_1^2+u_2^2+u_3^2} = (\mathbf{u} \cdot \mathbf{u})^{1/2}$$

인 관계식이 성립한다. 이를 일반화하여 내적공간에 적용하면 다음과 같이 노름의 정의를 할 수 있다.

【정의 8-14】 내적공간 V의 벡터 $\mathbf{u}$ 의 노름(norm)은 $\|\mathbf{u}\|$ 로 표시하며

$$\|\mathbf{u}\| = < \mathbf{u} \cdot \mathbf{u} >^{1/2}$$

로 정의한다.

【정의 8-15】 내적공간 V의 $\mathbf{u}$, $\mathbf{v}$ 사이의 거리(distance)는 $d(\mathbf{u}, \mathbf{v})$ 로 표시하며

$$d(\mathbf{u}, \mathbf{v}) = \|\mathbf{u} - \mathbf{v}\|$$

로 정의한다.

$\|\mathbf{u} - \mathbf{v}\|$는 **【정의 8-14】**에 따라 $\|\mathbf{u} - \mathbf{v}\| = < \mathbf{u} - \mathbf{v}, \mathbf{u} - \mathbf{v} >^{1/2}$로 표현할 수 있다.

【예제 8-38】 R^n의 벡터 $\mathbf{u}=(u_1, u_2, \ldots, u_n)$, $\mathbf{v}=(v_1, v_2, \ldots, v_n)$ 에 대해 $\|\mathbf{u}\|$, $d(\mathbf{u}, \mathbf{v})$ 를 구하여라.

◖ 풀이 ◗ $\|\mathbf{u}\| = < \mathbf{u} \cdot \mathbf{u} >^{1/2} = \sqrt{u_1^2+u_2^2+\cdots+u_n^2}$

$$d(\mathbf{u}, \mathbf{v}) = \|\mathbf{u} - \mathbf{v}\| = < \mathbf{u} - \mathbf{v}, \mathbf{u} - \mathbf{v} >^{1/2}$$

$$= \sqrt{(u_1-v_1)^2+(u_2-v_2)^2+\cdots+(u_n-v_n)^2}$$

【정리 8-14】 내적공간 V에서의 벡터 $\mathbf{u}$, $\mathbf{v}$ 에 대해 노름 $\|\mathbf{u}\|$, 두 벡터의 거리 $d(\mathbf{u}, \mathbf{v}) = \|\mathbf{u} - \mathbf{v}\|$ 는 다음 성질을 만족한다.
1) $\|\mathbf{u}\| \geqq 0$
2) $\|k\mathbf{u}\| = |k| \times \|\mathbf{u}\|$
3) $\|\mathbf{u} + \mathbf{v}\| \leqq \|\mathbf{u}\| + \|\mathbf{v}\|$
4) $d(\mathbf{u}, \mathbf{v}) \geqq 0$
5) $d(\mathbf{u}, \mathbf{v}) = d(\mathbf{v}, \mathbf{u})$
6) $d(\mathbf{u}, \mathbf{v}) \leqq d(\mathbf{u}, \mathbf{w}) + d(\mathbf{v}, \mathbf{w})$

증명. 직관적으로 이해가 가능한 성질은 제외하고 3)과 6)만 증명하기로 한다.

3)
$$\begin{aligned} \|\mathbf{u} + \mathbf{v}\|^2 &= < \mathbf{u} + \mathbf{v} , \mathbf{u} + \mathbf{v} > \\ &= < \mathbf{u} , \mathbf{u} > + 2 < \mathbf{u} , \mathbf{v} > + < \mathbf{v} , \mathbf{v} > \\ &\leqq \|\mathbf{u}\|^2 + 2\|\mathbf{u}\|\|\mathbf{v}\| + \|\mathbf{v}\|^2 \\ &= (\|\mathbf{u}\| + \|\mathbf{v}\|)^2 \end{aligned}$$

이다. 양변에 제곱근을 취하면 $\|\mathbf{u} + \mathbf{v}\| \leqq \|\mathbf{u}\| + \|\mathbf{v}\|$ 가 얻어진다.

6)
$$\begin{aligned} d(\mathbf{u}, \mathbf{w}) + d(\mathbf{v}, \mathbf{w}) &= \|\mathbf{u} - \mathbf{w}\| + \|\mathbf{w} - \mathbf{v}\| \\ &\geqq \|\mathbf{u} - \mathbf{w} + \mathbf{w} - \mathbf{v}\| \quad \text{(삼각부등식으로부터)[11)]} \\ &= \|\mathbf{u} - \mathbf{v}\| \\ &= d(\mathbf{v}, \mathbf{u}) \end{aligned}$$

【정의 8-16】 내적공간 V의 영이 아닌 두 벡터 $\mathbf{u}$, $\mathbf{v}$ 가 이루는 사잇각을 θ라고 하면

$$\cos\theta = \frac{\langle \mathbf{u}, \mathbf{v} \rangle}{\|\mathbf{u}\| \|\mathbf{v}\|}$$

로 정의한다. 단, $0 \leqq \theta \leqq \pi$

11) '삼각형 두 변의 합은 다른 한 변의 길이보다 길다'라는 공리

2차원, 3차원 공간에서는 두 벡터가 이루는 각도는 중요하지만, 일반적으로 4차원 이상인 R^n 공간의 두 벡터가 이루는 사잇각을 구하는 것은 중요하지 않다. 하지만 모든 내적공간에 있어서 중요한 문제 중의 하나는 두 벡터가 직교(orthogonal)하는 가를 알아보는 것이다.

【정의 8-17】 내적공간 V의 영이 아닌 두 벡터 **u** , **v** 가 < **u** , **v** > = 0 을 만족할 때 두 벡터는 직교한다고 부른다.

【정리 8-15】 내적공간 V의 영이 아닌 두 벡터 **u** , **v** 가 직교하면 다음의 관계식이 성립한다.

$$\|\mathbf{u} - \mathbf{v}\|^2 = \|\mathbf{u}\|^2 + \|\mathbf{v}\|^2$$

증명. 피타고라스 정리의 일반화이므로 증명을 생략한다.

【예제 8-39】 원에 내접하고 지름을 빗변으로 하는 삼각형은 직각삼각형임을 보여라.

◖ 풀이 ◗ 편의상 원의 반지름의 길이를 r이라고 하자. 다음의 그림 8-13에서 보듯이 $\overrightarrow{AB} = \mathbf{u} + \mathbf{v}$, $\overrightarrow{BC} = \mathbf{v} - \mathbf{u}$ 이므로 두 벡터의 내적을 구해보면

$$< \overrightarrow{AB}, \overrightarrow{BC} > = \overrightarrow{AB} \cdot \overrightarrow{BC} = (\mathbf{u} + \mathbf{v}) \cdot (\mathbf{v} - \mathbf{u}) = \mathbf{v} \cdot \mathbf{v} - \mathbf{u} \cdot \mathbf{u}$$

가 된다. $\mathbf{v} \cdot \mathbf{v} = \|\mathbf{v}\|^2 = r^2$, $\mathbf{u} \cdot \mathbf{u} = \|\mathbf{u}\|^2 = r^2$이므로 $< \overrightarrow{AB}, \overrightarrow{BC} > = 0$ 이다. 따라서 $\overrightarrow{AB}$와 $\overrightarrow{BC}$가 이루는 사잇각은 $\frac{\pi}{2}$가 된다.

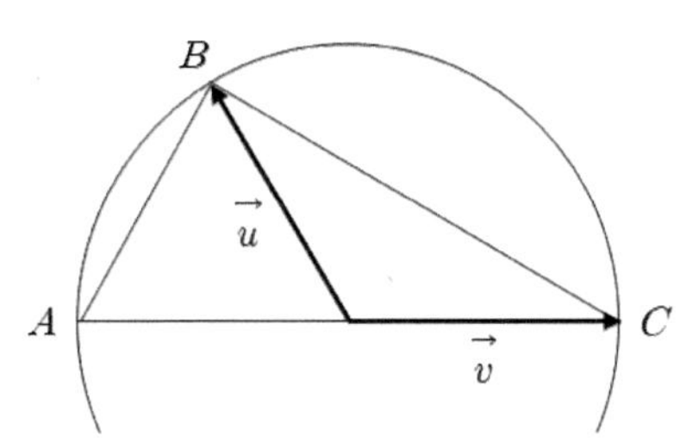

그림 8-13 지름을 빗변으로 하며 원에 내적하는 삼각형

8.9 정규직교기저

단위벡터 외에도 직교하는 벡터를 구할 수 있는데, 여기서는 내적공간에서 서로 직교하는 벡터로 이루어진 기저를 만드는 방법을 다루어본다.

> **【정의 8-18】** 내적공간의 벡터 집합에 대하여 그 집합에 속하는 어떤 두 벡터가 서로 직교할 때, 이러한 집합을 직교 집합(orthogonal set)이라고 한다. 노름이 1인 벡터만으로 구성된 직교 집합을 정규직교집합(orthonomal set)이라고 부른다.

【예제 8-40】 R^3의 세 개의 벡터가

$$\mathbf{v}_1 = (0,1,0) \quad \mathbf{v}_2 = (\frac{1}{\sqrt{2}}, 0, \frac{1}{\sqrt{2}}) \quad \mathbf{v}_3 = (\frac{1}{\sqrt{2}}, 0, -\frac{1}{\sqrt{2}})$$

이면 $S = \{\mathbf{v}_1, \mathbf{v}_2, \mathbf{v}_3\}$는 유클리드 내적을 갖는 정규직교기저임을 보여라.

◀ 풀이 ▶ $<\mathbf{v}_1, \mathbf{v}_2> = <\mathbf{v}_1, \mathbf{v}_3> = <\mathbf{v}_2, \mathbf{v}_3> = 0$

$\|\mathbf{v}_1\| = \|\mathbf{v}_2\| = \|\mathbf{v}_3\| = 1$

이다. 즉 노름은 1이고, 두 개의 벡터가 이루는 각도는 $\frac{\pi}{2}$ 이므로 S는 정규직교기저가 된다.

【예제 8-41】 2차 이하의 다항식들의 내적공간의 기저는 $\{1, x, x^2\}$이다. $p(x)$, $q(x)$의 내적이 다음과 같이 정의될 때, $\{1, x^2\}$은 정규직교기저가 아님을 보여라.

$$< p(x), q(x) > = \int_{-1}^{1} p(x)q(x)dx$$

◖ 풀이 ◗ $\{1, x^2\}$의 내적을 계산하면

$$< 1 , x^2 > = \int_{-1}^{1} x^2 dx = \frac{2}{3} \neq 0$$

이므로 정규직교기저가 아니다.

내적공간의 영이 아닌 벡터 $\mathbf{v}$ 의 정규직교기저를 만드는 쉬운 방법은

$$\frac{1}{\|\mathbf{v}\|}\mathbf{v}$$

의 노름이 1이 된다는 사실을 이용하는 것이다.

【예제 8-42】 세 개의 벡터 $\mathbf{u}_1 = (0, 1, 0)$, $\mathbf{u}_2 = (1, 0, 1)$, $\mathbf{u}_3 = (1, 0, -1)$ 의 정규직교기저를 구하여라.

◖ 풀이 ◗ $< \mathbf{u}_1, \mathbf{u}_2 > = < \mathbf{u}_1, \mathbf{u}_3 > = < \mathbf{u}_2, \mathbf{u}_3 > = 0$ 이므로 서로 직교함을 알 수 있다. 이제 각각의 노름으로 나누면 정규직교기저를 생성할 수 있다.

$$\|\mathbf{u}_1\| = 1 \ , \ \|\mathbf{u}_2\| = \sqrt{2} \ , \ \|\mathbf{u}_3\| = \sqrt{2}$$

이므로 생성된 정규직교기저를 $\mathbf{v}_1, \mathbf{v}_2, \mathbf{v}_3$ 이라고 하면

$$\mathbf{v}_1 = (0, 1, 0) \ , \ \mathbf{v}_2 = (\frac{1}{\sqrt{2}}, 0, \frac{1}{\sqrt{2}}) \ , \ \mathbf{v}_3 = (\frac{1}{\sqrt{2}}, 0, -\frac{1}{\sqrt{2}})$$

【정리 8-16】 $S=\{\mathbf{v}_1, \mathbf{v}_2, \ldots, \mathbf{v}_n\}$는 내적공간 V의 정규직교기저집합이라 할 때 V의 임의의 벡터 $\mathbf{u}$ 에 대하여 다음이 성립한다.

$$\mathbf{u} = <\mathbf{u}, \mathbf{v}_1>\mathbf{v}_1 + <\mathbf{u}, \mathbf{v}_2>\mathbf{v}_2 + \cdots + <\mathbf{u}, \mathbf{v}_n>\mathbf{v}_n$$

증명. S는 V의 정규직교기저집합이므로 **【정의 8-8】**에 의해

$$\mathbf{u} = k_1\mathbf{v}_1 + k_2\mathbf{v}_2 + \cdots + k_n\mathbf{v}_n$$

으로 나타낼 수 있다. 따라서 $<\mathbf{u}, \mathbf{v}_i> = k_i \, (i=1,2,\ldots,n)$ 인 것을 보이기만 하면 된다. $\mathbf{v}_i \, (i=1,2,\ldots,n)$의 노름은 1이며, $\mathbf{u}$ 와 $\mathbf{v}_i$ 의 내적을 계산하면

$$\begin{aligned} <\mathbf{u}, \mathbf{v}_i> &= <k_1\mathbf{v}_1 + k_2\mathbf{v}_2 + \cdots + k_n\mathbf{v}_n, \mathbf{v}_i> \\ &= k_1<\mathbf{v}_1, \mathbf{v}_i> + k_2<\mathbf{v}_2, \mathbf{v}_i> + \cdots + k_n<\mathbf{v}_n, \mathbf{v}_i> \end{aligned}$$

이다. $<\mathbf{v}_i, \mathbf{v}_i> = \|\mathbf{v}\|^2 = 1$, $<\mathbf{v}_i, \mathbf{v}_j> = 0 \, (i \neq j)$ 이므로
$<\mathbf{u}, \mathbf{v}_i> = k_i$ 인 것을 보일 수 있다.

【예제 8-43】 세 개의 벡터 $\mathbf{u}_1=(0,1,0)$, $\mathbf{u}_2=(1,0,1)$, $\mathbf{u}_3=(1,0,-1)$ 의 정규직교기저는

$$\mathbf{v}_1=(0,1,0) \ , \ \mathbf{v}_2=(\frac{1}{\sqrt{2}},0,\frac{1}{\sqrt{2}}) \ , \ \mathbf{v}_3=(\frac{1}{\sqrt{2}},0,-\frac{1}{\sqrt{2}})$$

임을 보였다. 이제 $\mathbf{u}=(1,2,3)$ 을 $\mathbf{v}_i \ (i=1,2,3)$의 1차 결합으로 나타내어라.
◖ 풀이 ◗ $\mathbf{u}=(1,2,3)$ 와 $\mathbf{v}_i \ (i=1,2,3)$의 내적은

$$<\mathbf{u}, \mathbf{v}_1> = 2 \ , \ <\mathbf{u}, \mathbf{v}_2> = \sqrt{8} \ , \ <\mathbf{u}, \mathbf{v}_3> = -\sqrt{2}$$

이므로

$$(1,2,3)=2(0,1,0)+\sqrt{8}(\frac{1}{\sqrt{2}},0,\frac{1}{\sqrt{2}})-\sqrt{2}(\frac{1}{\sqrt{2}},0,-\frac{1}{\sqrt{2}})$$

【정리 8-17】 $S=\{\mathbf{v}_1, \mathbf{v}_2, \dots, \mathbf{v}_n\}$는 내적공간 V의 정규직교기저집합이고 W는 V의 부분공간이라고 할 때 V의 임의의 벡터 $\mathbf{u}$ 는 다음과 같이 나타낼 수 있다.

$$\mathbf{u} = \mathbf{w}_1 + \mathbf{w}_2$$

여기서 $\mathbf{w}_1$은 W에 포함되는 벡터이고, $\mathbf{w}_2$는 W에 직교하는 벡터이다. 즉

$$\mathbf{w}_1 = <\mathbf{u}, \mathbf{v}_1>\mathbf{v}_1 + <\mathbf{u}, \mathbf{v}_2>\mathbf{v}_2 + \cdots + <\mathbf{u}, \mathbf{v}_n>\mathbf{v}_n$$

$$\mathbf{w}_2 = \mathbf{u} - <\mathbf{u}, \mathbf{v}_1>\mathbf{v}_1 - <\mathbf{u}, \mathbf{v}_2>\mathbf{v}_2 - \cdots - <\mathbf{u}, \mathbf{v}_n>\mathbf{v}_n$$

내적공간 V에서 만들어진 벡터 $\mathbf{u}$ 를[12] 부분 공간인 W에 정사영하는 것이므로 증명은 생략하기로 한다.

$\mathbf{w}_1$은 $\mathbf{u}$의 W로의 정사영이라 하고 $\mathbf{w}_1 = proj_W \mathbf{u}$ 로 표기한다. 따라서

$$proj_W \mathbf{u} = <\mathbf{u}, \mathbf{v}_1>\mathbf{v}_1 + <\mathbf{u}, \mathbf{v}_2>\mathbf{v}_2 + \cdots + <\mathbf{u}, \mathbf{v}_n>\mathbf{v}_n$$

으로 표현할 수 있다.

【예제 8-44】 3차원 공간 상의 정규직교벡터 $\mathbf{v}_1 = (1,0,0)$, $\mathbf{v}_2 = (0,1,0)$ 에 의하여 생성되는 부분공간을 W라고 할 때, $\mathbf{u} = (1,3,2)$ 의 W에로의 정사영 $\mathbf{w} = proj_W \mathbf{u}$ 를 구하여라.

◖ 풀이 ◗ $<\mathbf{u}, \mathbf{v}_1> = 1$, $<\mathbf{u}, \mathbf{v}_2> = 3$ 이므로 벡터의 정사영은

$$\begin{aligned} proj_W \mathbf{u} &= <\mathbf{u}, \mathbf{v}_1>\mathbf{v}_1 + <\mathbf{u}, \mathbf{v}_2>\mathbf{v}_2 \\ &= \mathbf{v}_1 + 3\mathbf{v}_2 \\ &= (1,3,0) \end{aligned}$$

두 벡터 $\mathbf{v}_1$, $\mathbf{v}_2$ 에 의하여 생성되는 부분공간은 xy 평면이 된다. 먼저 이러한 평면과 $\mathbf{u}$ 를 화면에 출력하는 R 프로그램은 다음과 같다.

---

12) 앞의 【정리 8-16】를 참조하라.

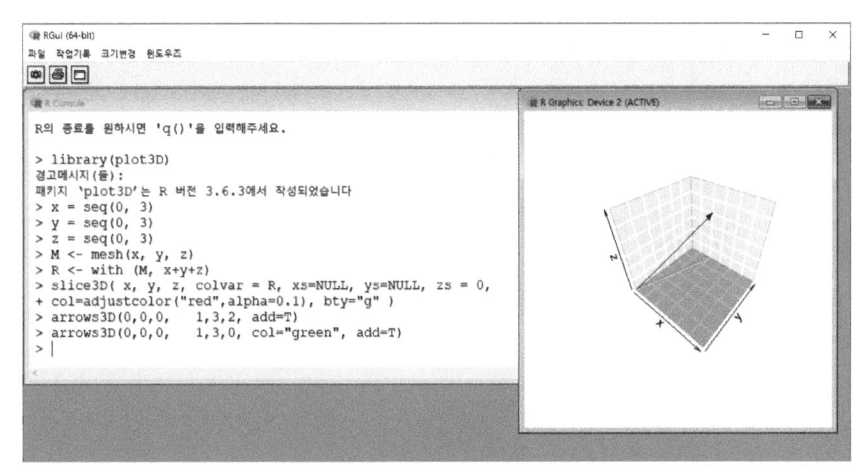

그림 8-14 xy평면과 벡터 그리기

【정리 8-18】 Gram-Schmidt의 방법

내적공간 V에서의 기저 $\{\mathbf{u}_1, \mathbf{u}_2, \ldots, \mathbf{u}_n\}$은 정규직교기저 $\{\mathbf{v}_1, \mathbf{v}_2, \ldots, \mathbf{v}_n\}$으로 바꿀 수 있다. 이 때의 정규직교기저 $\mathbf{v}_r$ $(r = 2, 3 \ldots, n)$ 은 다음의 관계식을 갖는다.

$$\mathbf{v}_1 = \frac{\mathbf{u}}{\|\mathbf{u}_1\|}$$

$$\mathbf{v}_r = \frac{\mathbf{u}_r - \sum_{i=1}^{r-1} \langle \mathbf{u}_r, \mathbf{v}_i \rangle \mathbf{v}_i}{\| \mathbf{u}_r - \sum_{i=1}^{r-1} \langle \mathbf{u}_r, \mathbf{v}_i \rangle \mathbf{v}_i \|}$$

【예제 8-45】 2차 이하의 다항식들의 내적공간의 기저는 $\{1, x, x^2\}$ 이다. $p(x)$, $q(x)$의 내적이 다음과 같을 때, Gram-Schmidt의 방법으로 정규직교기저를 구하여라.

$$< p(x), q(x) > = \int_{-1}^{1} p(x) q(x) dx$$

◖ 풀이 ◗ 정규직교기저는

$$\|\mathbf{v}_1\|^2 = \int_{-1}^{1} (1\times 1)\,dx = 2 \qquad \rightarrow \qquad \mathbf{v}_1 = \frac{1}{\sqrt{2}}$$

$$\mathbf{v}_2 = \frac{x - < x, \frac{1}{\sqrt{2}} > \frac{1}{\sqrt{2}}}{\| x - < x, \frac{1}{\sqrt{2}} > \frac{1}{\sqrt{2}} \|} = \frac{x}{\|x\|} = \sqrt{\frac{3}{2}}\,x \qquad 13)$$

$$\mathbf{v}_3 = \frac{x^2 - < x^2, \sqrt{\frac{3}{2}}\,x > \sqrt{\frac{3}{2}}\,x - < x^2, \frac{1}{\sqrt{2}} > \frac{1}{\sqrt{2}}}{\| x^2 - < x^2, \sqrt{\frac{3}{2}}x > \sqrt{\frac{3}{2}}\,x - < x^2, \frac{1}{\sqrt{2}} > \frac{1}{\sqrt{2}} \|}$$

그런데

$$< x^2, \sqrt{\frac{3}{2}}\,x > = \int_{-1}^{1} \sqrt{\frac{3}{2}}\,x^3 dx = 0$$

$$< x^2, \sqrt{\frac{1}{2}} > = \int_{-1}^{1} \frac{x^2}{\sqrt{2}} = \frac{\sqrt{2}}{3}$$

$$\| x^2 - \frac{1}{3} \| = \int_{-1}^{1} (x^2 - \frac{1}{3})^2 dx = \frac{8}{45}$$

이므로

$$\mathbf{v}_3 = \sqrt{\frac{45}{8}}\,(x^2 - \frac{1}{3})$$

이다. 따라서 $\left\{\frac{1}{\sqrt{2}}, \sqrt{\frac{3}{2}}\,x, \sqrt{\frac{45}{8}}\,(x^2 - \frac{1}{3})\right\}$는 $\{1, x, x^2\}$의 정규직교기저이다.

---

13) $< x, \frac{1}{\sqrt{2}} > = \int_{-1}^{1} \frac{x}{\sqrt{2}} = 0$

$\| x \|^2 = < x, x > = \int_{-1}^{1} x^2 dx = \frac{2}{3} \quad \rightarrow \quad \| x \| = \sqrt{\frac{2}{3}}$

【예제 8-46】 Gram-Schmidt의 방법으로 R^3의 기저

$$\mathbf{u}_1 = (1,1,1),\ \mathbf{u}_2 = (0,1,1),\ \mathbf{u}_3 = (0,0,1)$$

에 대한 정규직교기저 $\mathbf{v}_1, \mathbf{v}_2, \mathbf{v}_3$ 을 구하여라.

◖ 풀이 ◗ 먼저 $\mathbf{v}_1$을 계산하면

$$\mathbf{v}_1 = \frac{\mathbf{u}}{\|\mathbf{u}_1\|} = \frac{(1,1,1)}{\sqrt{3}} = (\frac{1}{\sqrt{3}}, \frac{1}{\sqrt{3}}, \frac{1}{\sqrt{3}})$$

이므로

$$<\mathbf{u}_2\ ,\ \mathbf{v}_1> = \frac{2}{\sqrt{3}}$$

가 된다. 따라서

$$\mathbf{v}_2 = \frac{\mathbf{u}_2 - \frac{2}{\sqrt{3}}\mathbf{v}_1}{\|\mathbf{u}_2 - \frac{2}{\sqrt{3}}\mathbf{v}_1\|} = \frac{1}{\sqrt{6}}(-2,1,1)$$

계속하여 $<\mathbf{u}_3,\mathbf{v}_1> = \frac{1}{\sqrt{3}}$, $<\mathbf{u}_3,\mathbf{v}_2> = \frac{1}{\sqrt{6}}$ 이므로

$$\mathbf{u}_3 - <\mathbf{u}_3,\mathbf{v}_1>\mathbf{v}_1 - <\mathbf{u}_3,\mathbf{v}_2>\mathbf{v}_2 = (0, -\frac{1}{2}, \frac{1}{2})$$

이고, 이것의 노름은 1이어야하므로 $\mathbf{v}_3$ 는

$$\mathbf{v}_3 = (0, -\frac{1}{\sqrt{2}}, \frac{1}{\sqrt{2}})$$

이다. 따라서 정규직교기저는 다음과 같다.

$$\mathbf{v}_1 = \frac{1}{\sqrt{3}}(1,1,1)\quad \mathbf{v}_2 = \frac{1}{\sqrt{6}}(-2,1,1)\quad \mathbf{v}_3 = \frac{1}{\sqrt{2}}(0,-1,1)$$

위의 예제에서 살펴본 것처럼 정규직교기저를 구하는 것은 상당히 복잡한 문제라고 할 수 있다. 하지만 R 프로그램을 사용한다면 수월하게 구할 수 있다.

다음 그림의 행렬의 제1열, 제2열, 제3열이 정규직교기저 $\mathbf{v}_1, \mathbf{v}_2$, $\mathbf{v}_3$이다.

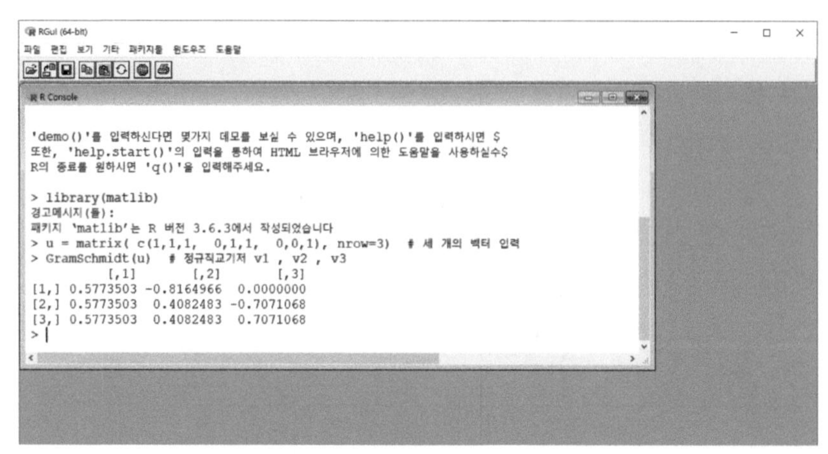

그림 8-15 Gram-Schmidt 정규직교기저

8.10 좌표와 기저 변환

다음의 그림 8-16에서 붉은색의 벡터는 xy 평면상의 점 $P(1, \sqrt{3})$를 표시한 그림이다. $\overrightarrow{OP}$가 x축과 이루는 각도는 $60°$이고 길이(norm)는 2가 된다.

이러한 xy 좌표계를 원점을 중심으로 $20°$ 회전시켜 새로운 좌표계(파란색으로 표시)를 만들었다고 하자. 그러면 $\overrightarrow{OP}$가 파란색 벡터와 이루는 각은 $40°$가 된다. 이제 $\mathbf{i}_{new}$, $\mathbf{j}_{new}$는 단위벡터 $\mathbf{i} = (1,0)$, $\mathbf{j} = (0,1)$ 를 $20°$ 회전시켜 만든 좌표계의 새로운 단위벡터라고 하면

$$\overrightarrow{OP} = 1.5321 \ \mathbf{i}_{new} + 1.2856 \ \mathbf{j}_{new}$$ [14)]

인 관계식을 만족한다. 이처럼 동일한 벡터이지만 좌표계의 변형으로 인해 새로운 벡터처럼 변화할 수 있는 것이다.

---

14) 붉은색 벡터를 파란색의 좌표계로 수직사영한 값은 다음과 같다.
$2\cos 40° = 2 \times 0.76604 = 1.5321$, $2\sin 40° = 2 \times 0.6428 = 1.2856$

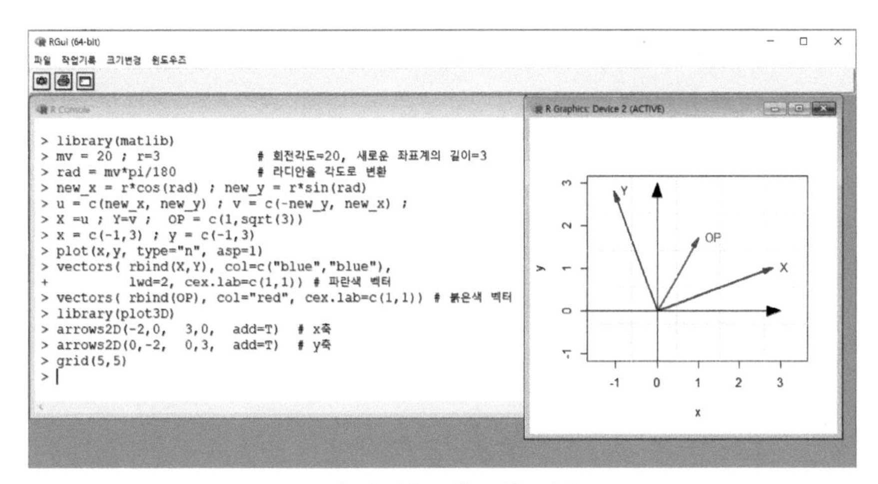

그림 8-16 좌표의 이동

이 절에서는 새로운 기저를 이용해 좌표계를 구성하여 임의의 벡터를 표현하는 과정을 다루어본다.

【정의 8-19】 $S=\{\mathbf{v}_1, \mathbf{v}_2, \cdots, \mathbf{v}_n\}$ 는 내적공간 V의 기저 집합이라고 할 때, V의 임의의 벡터 $\mathbf{v}$는 $\mathbf{v}= c_1\mathbf{v}_1 + c_2\mathbf{v}_2 + \cdots + c_n\mathbf{v}_n$으로 나타낼 수 있으며 스칼라 $c_1, c_2, \cdots, c_n$ 에 대하여

$$(\mathbf{v})_S = (c_1, c_2, \cdots, c_n) \quad S\text{에 관한 } \mathbf{v}\text{의 좌표벡터}$$

$$[\mathbf{v}]_S = \begin{bmatrix} c_1 \\ c_2 \\ \vdots \\ c_n \end{bmatrix} \quad S\text{에 관한 } \mathbf{v}\text{의 좌표행렬}$$

이라고 부른다.

【예제 8-47】 $\mathbf{v}_1=(1,0)$, $\mathbf{v}_2=(0,1)$ 일 때 $S=\{\mathbf{v}_1, \mathbf{v}_2\}$ 는 R^2의 기저이다. S에 관한 $\mathbf{u}=(4,5)$ 의 좌표벡터를 구하여라.

◖ 풀이 ◗ $\mathbf{u}= c_1\mathbf{v}_1 + c_2\mathbf{v}_2$ 를 만족하는 c_1, c_2를 구하면 된다. 즉

$$\mathbf{u} = c_1(1,0) + c_2(0,1) = (c_1, c_2) = (4,5)$$

이므로 좌표벡터는 $(\mathbf{u})_S = (4,5)$ 이다.

위의 예제는 xy 평면의 x축과 y축에 점 (4,5)를 정사영을 한 것이므로 좌표행렬은 동일하게 나타난다. 하지만 다음 예제는 x축을 $\mathbf{v}_1$, y축을 $\mathbf{v}_2$ 로 하는 새로운 좌표축으로 만들고 점 (4,5)를 정사영하는 것이다.

【예제 8-48】 $\mathbf{v}_1 = (2,1)$, $\mathbf{v}_2 = (-1,1)$ 일 때 $S = \{\mathbf{v}_1, \mathbf{v}_2\}$ 는 R^2의 기저이다. S에 관한 $\mathbf{u} = (4,5)$ 의 좌표행렬을 구하여라.

◖ 풀이 ◗ $\mathbf{u} = c_1\mathbf{v}_1 + c_2\mathbf{v}_2$ 를 만족하는 c_1, c_2를 구하면 된다. 즉

$$(4,5) = c_1(2,1) + c_2(-1,1)$$

이므로 연립방정식을 풀면 $c_1 = 3$, $c_2 = 2$를 얻게 된다. 따라서 좌표행렬은 $[\mathbf{u})_S = \begin{bmatrix} 3 \\ 2 \end{bmatrix}$ 이다.

다음의 왼쪽 그림에서 보듯이 【예제 8-46】의 $\mathbf{v}_1, \mathbf{v}_2$ 는 직교하는 벡터가 아니다. $\overrightarrow{OP} = \mathbf{u}$ 는 새로운 좌표계의 $3\mathbf{v}_1, 2\mathbf{v}_2$ 의 합으로 표현 가능하다는 의미이다.

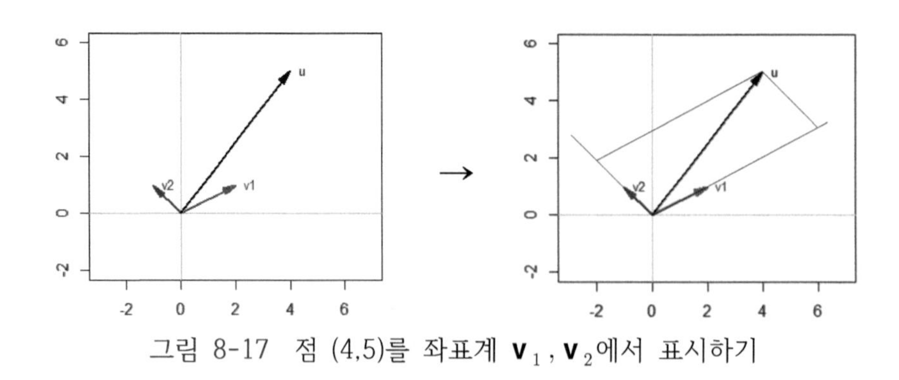

그림 8-17 점 (4,5)를 좌표계 $\mathbf{v}_1, \mathbf{v}_2$에서 표시하기

그림 8-17의 왼쪽 그림을 그리는 R 프로그램은 다음과 같다. 오른쪽 그림은 이해를 돕기 위해 “그림판”에서 보조적인 선분을 그린 것이다.

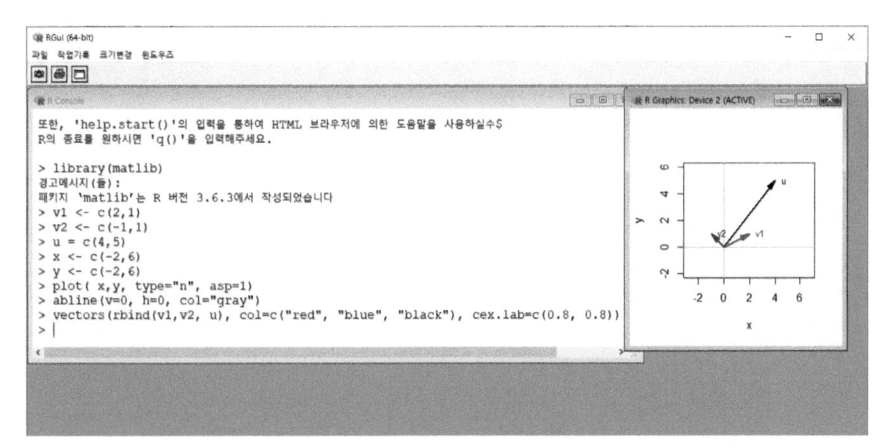

그림 8-18 좌표계 $\mathbf{v}_1, \mathbf{v}_2$, $\mathbf{u}$ 표시하기

【예제 8-49】 세 개의 벡터가

$$\mathbf{v}_1 = (1, -1, -2)\ ,\ \mathbf{v}_2 = (1, 1, 2),\ \mathbf{v}_3 = (3, 2, 5)$$

일 때 집합 $S = \{\mathbf{v}_1, \mathbf{v}_2, \mathbf{v}_3\}$ 는 R^3의 기저이다. S에 관한 $\mathbf{v} = (1, 3, 5)$의 좌표벡터와 좌표행렬을 구하여라.

◀ 풀이 ▶ $\mathbf{v} = c_1\mathbf{v}_1 + c_2\mathbf{v}_2 + c_3\mathbf{v}_3$ 을 만족하는 c_1, c_2, c_3을 구하면 된다.

$$(1, 3, 5) = c_1(1, -1, -2) + c_2(1, 1, 2) + c_3(3, 2, 5)$$

이므로 연립방정식으로 나타내면

$$\begin{cases} c_1 - c_2 - 2c_3 = 1 \\ c_1 + c_2 + 2c_3 = 3 \\ 3c_1 + 2c_2 + 5c_3 = 5 \end{cases}$$

이고, 증대행렬을 만들어 가우스-조던 소거법으로 해를 구해보면 다음과 같다.

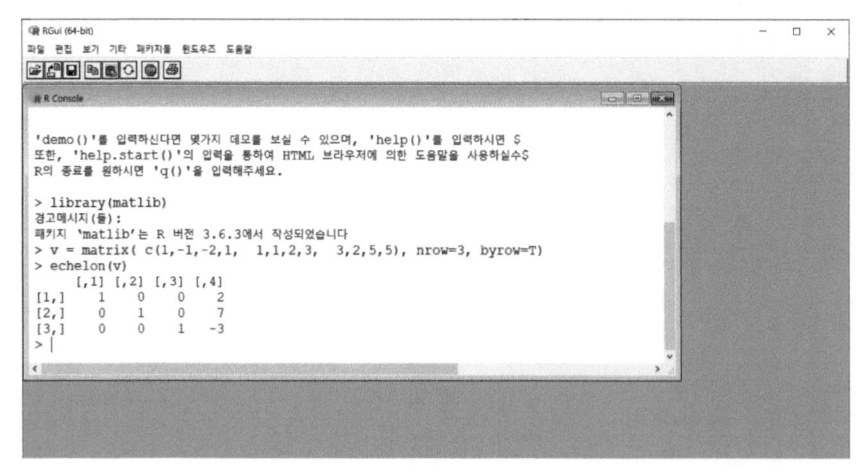

그림 8-19 가우스-조던 소거법

그림에서 보듯이 연립방정식의 해는 $c_1 = 2$, $c_2 = 7$, $c_3 = -3$ 이므로 S에 관한 좌표벡터 $(\mathbf{v})_S$ 와 좌표행렬 $[\mathbf{v}]_S$는 각각

$$(\mathbf{v})_S = (2, 7, -3) \qquad [\mathbf{v}]_S = \begin{bmatrix} 2 \\ 7 \\ -3 \end{bmatrix}$$

【정리 8-16】에서 $S = \{\mathbf{v}_1, \mathbf{v}_2, \ldots, \mathbf{v}_n\}$ 는 내적공간 V의 정규직교기저집합이라 할 때 V의 임의의 벡터 $\mathbf{u}$는

$$\mathbf{u} = <\mathbf{u}, \mathbf{v}_1>\mathbf{v}_1 + <\mathbf{u}, \mathbf{v}_2>\mathbf{v}_2 + \cdots + <\mathbf{u}, \mathbf{v}_n>\mathbf{v}_n$$

로 나타낼 수 있음을 보였다. 따라서 S의 좌표행렬 $(\mathbf{v})_S$ 는

$$(\mathbf{v})_S = (<\mathbf{u}, \mathbf{v}_1>, <\mathbf{u}, \mathbf{v}_2>, \ldots, <\mathbf{u}, \mathbf{v}_n>)$$

로 나타낼 수 있으므로, 이를 이용하면 좌표행렬을 쉽게 구할 수 있다.

【예제 8-50】 $\mathbf{v}_1 = (1,0)$, $\mathbf{v}_2 = (0,1)$ 일 때 $S = \{\mathbf{v}_1, \mathbf{v}_2\}$ 는 R^2의 기저이다. S에 관한 $\mathbf{u} = (4,5)$ 의 좌표행렬을 구하여라.

◖ 풀이 ◗ $S = \{\mathbf{v}_1, \mathbf{v}_2\}$ 는 정규직교기저 집합이므로 앞의 관계식으로부터

$$<\mathbf{u}\ ,\ \mathbf{v}_1> = 4\ ,\ <\mathbf{u}\ ,\ \mathbf{v}_2> = 5$$

이므로 좌표행렬은 $(\mathbf{u})_S = (4,5)$ 이다.

【예제 8-51】 $\mathbf{v}_1 = (0,1,0)$, $\mathbf{v}_2 = (\frac{\sqrt{2}}{2}, 0, \frac{\sqrt{2}}{2})$, $\mathbf{v}_3 = (-\frac{\sqrt{2}}{2}, 0, \frac{\sqrt{2}}{2})$ 는 R^3의 정규직교기저이다. $\mathbf{u} = (2,7,-3)$ 의 좌표행렬을 구하여라.

◖ 풀이 ◗ $<\mathbf{u}\ ,\ \mathbf{v}_1> = 7$, $<\mathbf{u}\ ,\ \mathbf{v}_2> = -\frac{\sqrt{2}}{2}$, $<\mathbf{u}\ ,\ \mathbf{v}_3> = -\frac{5\sqrt{2}}{2}$ 이므로 $(\mathbf{u})_S = (7, -\frac{\sqrt{2}}{2}, -\frac{5\sqrt{2}}{2})$

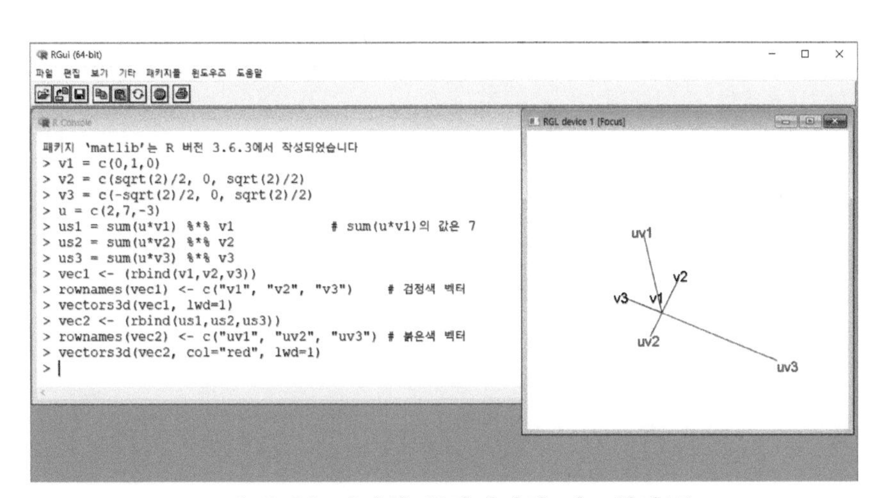

그림 8-20 3차원 공간에서의 좌표행렬[15)]

15) 편의상 좌표행렬은 $\mathbf{us}_1, \mathbf{us}_2, \mathbf{us}_3$이라고 놓았다. 정규직교기저 $\mathbf{v}_1, \mathbf{v}_2, \mathbf{v}_3$ 는 검정색으로 표시하였고 좌표행렬은 붉은색으로 나타내었다. $\mathbf{us}_3, \mathbf{v}_3$는 방향은 반대이고 $\mathbf{us}_3$의 크기는 $\mathbf{v}_3$의 $5\sqrt{(2)} \div 2 = 3.535534$ 배 이다.

8.11 전이행렬 만들기

【정리 8-19】 **A** = $\{\mathbf{u}_1, \mathbf{u}_2, \dots, \mathbf{u}_n\}$, **B**= $\{\mathbf{v}_1, \mathbf{v}_2, \dots, \mathbf{v}_n\}$ 는 선형공간 V의 기저일 때, V의 임의의 벡터 **u**의 **A**, **B**에 대한 좌표벡터를 각각 $\mathbf{u}_A, \mathbf{u}_B$ 라고 하면

$$\mathbf{u}_A = P\ \mathbf{u}_B$$

로 변환할 수 있다. 여기서 $P = \{\ (\mathbf{u}_1)_B\ ,\ (\mathbf{u}_2)_B\ ,\ \dots\ .\ (\mathbf{u}_n)_B\ \}$ 는 **B**에서 **A**로의 전이행렬(transition matrix)이라고 부른다.

【예제 8-52】 R^2의 두 개의 기저 집합을 **A**= $\{\mathbf{u}_1, \mathbf{u}_2\}$, **B**=$\{\mathbf{v}_1, \mathbf{v}_2\}$ 라고 하자. 여기서

$$\mathbf{u}_1 = (1, 0) \qquad \mathbf{u}_2 = (0, 1) \qquad \mathbf{v}_1 = (1, 1) \qquad \mathbf{v}_2 = (2, 1)$$

라고 할 때, 다음에 답하여라.

1) **B**에서 **A**로의 전이행렬 P를 구하여라.

2) $(\mathbf{u})_A = (-3, 5)$ 일 때, 좌표벡터 $(\mathbf{u})_B$를 구하여라.

◖ 풀이 ◗ 1) **B**를 **A**의 1차 결합으로 표시하고, 스칼라 a, b, c, d를 구해보면

$$\begin{cases} (1,1) = a(1,0) + b(0,1) = (a,b) \\ (2,1) = c(1,0) + d(0,1) = (c,d) \end{cases} \rightarrow \quad a = 1\ ,\ b = 1\ ,\ c = 2\ ,\ d = 1$$

이 얻어진다. 따라서 **B**=$\{\mathbf{v}_1, \mathbf{v}_2\}$의 기저를 **A**= $\{\mathbf{u}_1, \mathbf{u}_2\}$의 기저로 표시하면

$$\mathbf{v}_1 = \mathbf{u}_1 + \mathbf{u}_2$$
$$\mathbf{v}_2 = 2\mathbf{u}_1 + \mathbf{u}_2$$

이므로 좌표벡터는 $(\mathbf{u}_1)_B = (1, 1)$, $(\mathbf{u}_2)_B = (2, 1)$ 이다. 따라서 전이행렬은 $P = \begin{bmatrix} 1 & 2 \\ 1 & 1 \end{bmatrix}$ 이다.

2) $P\mathbf{u}_B = \begin{bmatrix} 1 & 2 \\ 1 & 1 \end{bmatrix}\begin{bmatrix} -3 \\ 5 \end{bmatrix} = \begin{bmatrix} 7 \\ 2 \end{bmatrix}$

【정리 8-20】 B에서 **A**로의 전이행렬을 P라고 하면 역행렬인 P^{-1}가 존재하며, 이 때의 P^{-1}를 **A**에서 **B**로의 전이행렬이라고 부른다.

【예제 8-22】에서 $\mathbf{v}_1 = (2,1)$, $\mathbf{v}_2 = (-1,1)$ 일 때 $S = \{(2,1), (-1,1)\}$는 R^2의 기저이고, 【예제 8-50】에서는 S에 관한 $\mathbf{u} = (4,5)$의 좌표행렬은 $(\mathbf{u})_S = (3,2)$ 임을 보인 바 있다. 이를 그림으로 나타내면 다음과 같으며, 굵은 모양의 벡터는 $\mathbf{v}_1$, $\mathbf{v}_2$이고 연장선을 $a\mathbf{v}_1$, $b\mathbf{v}_2$로 나타내었다.

xy좌표계의 점 $P(4,5)$를 $\mathbf{v}_1\mathbf{v}_2$의 좌표계로 변경하면 $3\mathbf{v}_1$, $2\mathbf{v}_2$의 합으로 표현된다는 것이다.

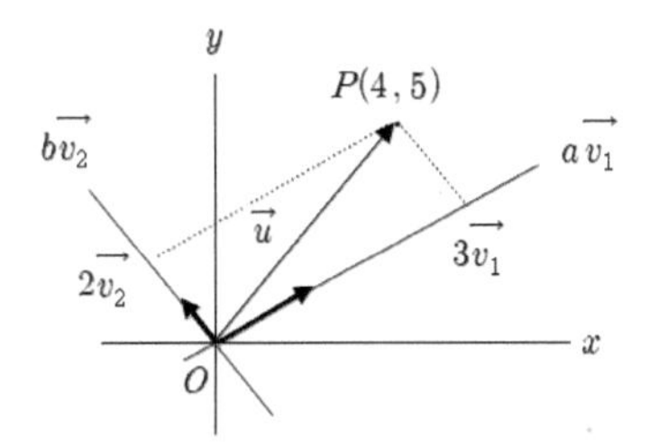

그림 8-21 점 (4,5)를 좌표계 $\mathbf{v}_1, \mathbf{v}_2$로 표시하기

이제 다음과 같이 $P(x,y)$를 시계방향으로 θ만큼 회전시켜 $Q(x',y')$로 바꾸는 과정을 살펴보자.

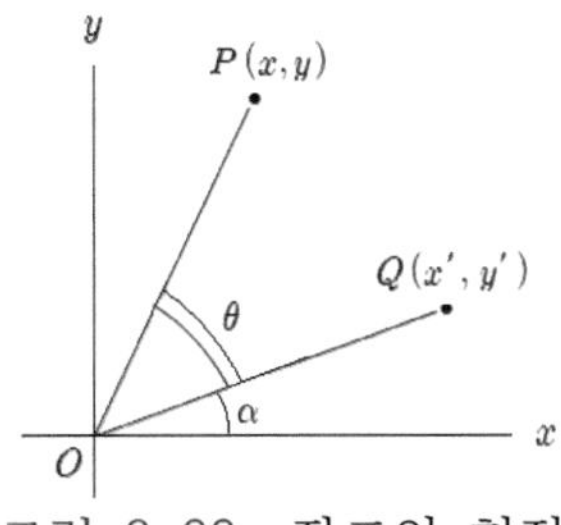

그림 8-22 좌표의 회전

$\|\overrightarrow{OP}\| = r$ 이라고 하면 가법정리를 적용하여

$$x = rcos(\theta + \alpha) = r(\cos\theta\cos\alpha - \sin\theta\sin\alpha)$$

$$y = rsin(\theta + \alpha) = r(\sin\theta\cos\alpha + \cos\theta\sin\alpha)$$

인 관계식을 얻을 수 있다. 여기서 $x' = rcos\alpha$, $y' = rsin\alpha$ 이므로

$$x = r(\cos\theta\cos\alpha - \sin\theta\sin\alpha) = x'\cos\theta - y'\sin\theta$$

$$y = r(\sin\theta\cos\alpha + \cos\theta\sin\alpha) = y'\sin\theta + x'\cos\theta$$

가 되며, 행렬로 나타내면

$$\begin{bmatrix} x \\ y \end{bmatrix} = \begin{bmatrix} \cos\theta & -\sin\theta \\ \sin\theta & \cos\theta \end{bmatrix} \begin{bmatrix} x' \\ y' \end{bmatrix}$$

이다. 따라서 구좌표 $P(x,y)$ 를 시계방향으로 θ 만큼 회전시켜 얻은 신좌표 $Q(x', y')$ 의 관계식은 다음과 같이 된다.

$$\begin{bmatrix} x' \\ y' \end{bmatrix} = \begin{bmatrix} \cos\theta & -\sin\theta \\ \sin\theta & \cos\theta \end{bmatrix}^{-1} \begin{bmatrix} x \\ y \end{bmatrix}$$

윗 식에서 $P = \begin{bmatrix} \cos\theta & -\sin\theta \\ \sin\theta & \cos\theta \end{bmatrix}$ 는 구좌표를 신좌표로 바꿔주는 전이행렬이 된다.

이상의 좌표변환은 원기저 $\mathbf{A} = \{\mathbf{u}_1, \mathbf{u}_2\}$ 에서 새로운 기저 $\mathbf{B} = \{\mathbf{v}_1, \mathbf{v}_2\}$ 로의 변환으로 생각할 수 있으며 $\mathbf{v}_1, \mathbf{v}_2$의 좌표행렬은

$$\mathbf{v}_1 = \begin{bmatrix} \cos\theta \\ \sin\theta \end{bmatrix} \qquad \mathbf{v}_2 = \begin{bmatrix} -\sin\theta \\ \cos\theta \end{bmatrix}$$

라는 것을 알 수 있다.

【예제 8-53】 $(x,y)=(4,5)$를 시계방향으로 45° 회전시켰을 때의 좌표를 구하여라.

◀ 풀이 ▶ 먼저 전이행렬을 만들면

$$P=\begin{bmatrix} \frac{1}{\sqrt{2}} & -\frac{1}{\sqrt{2}} \\ \frac{1}{\sqrt{2}} & \frac{1}{\sqrt{2}} \end{bmatrix} \rightarrow P^{-1}=\begin{bmatrix} \frac{1}{\sqrt{2}} & \frac{1}{\sqrt{2}} \\ -\frac{1}{\sqrt{2}} & \frac{1}{\sqrt{2}} \end{bmatrix}$$

따라서 신좌표는

$$\begin{bmatrix} x' \\ y' \end{bmatrix}=\begin{bmatrix} \frac{1}{\sqrt{2}} & \frac{1}{\sqrt{2}} \\ -\frac{1}{\sqrt{2}} & \frac{1}{\sqrt{2}} \end{bmatrix}\begin{bmatrix} 4 \\ 5 \end{bmatrix}=\begin{bmatrix} \frac{9}{\sqrt{2}} \\ \frac{1}{\sqrt{2}} \end{bmatrix}$$

주어진 【예제 8-53】에 대해 전이행렬을 구하고 신좌표로 변환하는 R 프로그램은 다음과 같다.

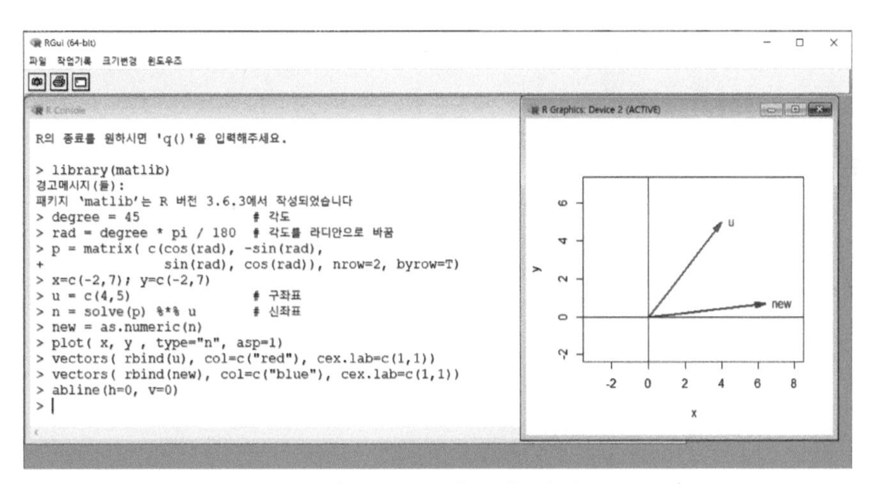

그림 8-23 최표의 회전

이제부터는 3차원 공간에서의 회전을 실시하여보자. xyz좌표계의 점 (x,y,z)를 z축 둘레로 θ만큼 시계방향으로 회전시켜 (x',y',z')를 얻었다고 하자. 이것은 xy평면상의 점을 회전시킨 것과 동일하므로 앞에서 유도한 전이 행렬을 사용할 수 있음을 알 수 있다.

x, y, z축의 양의 방향 단위벡터를 $\mathbf{u}_1, \mathbf{u}_2, \mathbf{u}_3$ 라고 하고 x', y', z'축의 양의 방향 단위벡터를 $\mathbf{v}_1, \mathbf{v}_2, \mathbf{v}_3$ 라고 하면 θ만큼 시계방향으로 회전하는 것은 원기저 $\mathbf{A} = \{\mathbf{u}_1, \mathbf{u}_2, \mathbf{u}_3\}$ 에서 새로운 기저 $\mathbf{B} = \{\mathbf{v}_1, \mathbf{v}_2, \mathbf{v}_3\}$ 로 변환하는 것이므로

$$[\mathbf{u}_1]_B = \begin{bmatrix} \cos\theta \\ \sin\theta \\ 0 \end{bmatrix} \qquad [\mathbf{u}_2]_B = \begin{bmatrix} -\sin\theta \\ \cos\theta \\ 0 \end{bmatrix}$$

임은 분명하다. 또한 z축으로는 아무런 변화가 없으므로

$$[\mathbf{u}_3]_B = \begin{bmatrix} 0 \\ 0 \\ 1 \end{bmatrix}$$

가 되며, 전이행렬은

$$P = \begin{bmatrix} \cos\theta & -\sin\theta & 0 \\ \sin\theta & \cos\theta & 0 \\ 0 & 0 & 1 \end{bmatrix}$$

이다. 따라서 (x, y, z)를 z축 둘레로 θ만큼 시계방향으로 회전시켜 얻은 (x', y', z') 사이에는 다음 관계가 성립한다.

$$\begin{bmatrix} x' \\ y' \\ z' \end{bmatrix} = \begin{bmatrix} \cos\theta & \sin\theta & 0 \\ -\sin\theta & \cos\theta & 0 \\ 0 & 0 & 1 \end{bmatrix} \begin{bmatrix} x \\ y \\ z \end{bmatrix}$$

【예제 8-54】 $\mathbf{u} = (2,1,1)$을 y축 둘레로 $90°$ 만큼 시계방향으로 회전시킨 벡터 $\mathbf{n} = (x', y', z')$을 구하고, R 프로그램을 사용하여 벡터 $\mathbf{u}$, $\mathbf{n}$ 의 그래프를 그려라.

◖ 풀이 ◗ 먼저 전이행렬을 만들면

$$P=\begin{bmatrix}\cos\theta & 0 & -\sin\theta\\ 0 & 1 & 0\\ \sin\theta & 0 & \cos\theta\end{bmatrix}$$

이므로

$$\begin{bmatrix}x'\\ y'\\ z'\end{bmatrix}=\begin{bmatrix}0 & 0 & -1\\ 0 & 1 & 0\\ 1 & 0 & 0\end{bmatrix}^T\begin{bmatrix}2\\ 1\\ 1\end{bmatrix}=\begin{bmatrix}1\\ 1\\ -2\end{bmatrix}$$

의 관계식으로부터 회전벡터 **n** 을 구할 수 있다.

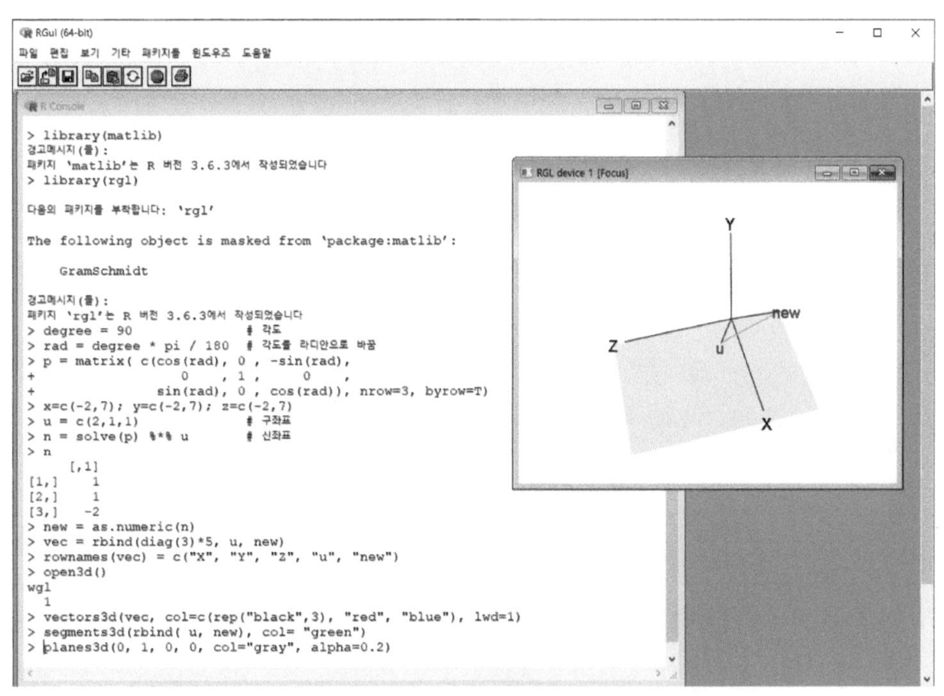

그림 8-24 3차원 공간벡터를 y 축으로 회전하기

> **【정리 8-21】** P가 정규직교기저로 구성된 전이행렬이면 $P^{-1}=P^T$가 성립하며, 이러한 행렬을 직교행렬(orthogonal matrix)이라고 부른다.

예를 들어, 행렬 A가

$$A=\begin{bmatrix} \frac{1}{\sqrt{2}} & \frac{1}{\sqrt{2}} & 0 \\ 0 & 0 & 1 \\ \frac{1}{\sqrt{2}} & -\frac{1}{\sqrt{2}} & 0 \end{bmatrix}$$

이면 행벡터 각각의 노름(norm)은 1이 된다. 또한 행벡터 두 개를 선택하여 유클리드 내적을 구해보면 모두 0이 되므로 행벡터는 정규직교기저를 구성한다. **【정리 8-21】**에 의해 A의 역행렬은 다음과 같다.[16]

$$A^{-1}=\begin{bmatrix} \frac{1}{\sqrt{2}} & 0 & \frac{1}{\sqrt{2}} \\ \frac{1}{\sqrt{2}} & 0 & -\frac{1}{\sqrt{2}} \\ 0 & 1 & 0 \end{bmatrix}$$

앞의 【예제 8-52】에서 R^2의 두 개의 기저 집합을 $\mathbf{A}=\{(1,0),(0,1)\}$, $\mathbf{B}=\{(1,1),(2,1)\}$ 라고 할 때, **B**에서 **A**로의 전이행렬 P는

$$P=\begin{bmatrix} 1 & 2 \\ 1 & 1 \end{bmatrix}$$

임을 보인 바 있다. 일반적으로 $\mathbf{A}=\{(1,0),(0,1)\}$, $\mathbf{B}=\{(a_1,b_1),(a_2,b_2)\}$ 라고 할 때, **B**에서 **A**로의 전이행렬 P는

$$P=\begin{bmatrix} a_1 & a_2 \\ b_1 & b_2 \end{bmatrix}$$

16) 독자가 확인하기 바란다.

이다. 만일 P의 행렬식이 1 이면 45° 회전이고, 행렬식이 -1 이면 반전 후 회전하게 된다.

마찬가지로 R^3 공간에서 정규직교기저를 사용하여 구좌표를 신좌표로 선형변환을 한다고 하면 다음과 같이 표현할 수 있다.

$$\begin{bmatrix} x \\ y \\ z \end{bmatrix} = \begin{bmatrix} a_1 & a_2 & a_3 \\ b_1 & b_2 & b_3 \\ c_1 & c_2 & c_3 \end{bmatrix} \begin{bmatrix} x' \\ y' \\ z' \end{bmatrix}$$

여기서 전이행렬의 행렬식이

$$\begin{vmatrix} a_1 & a_2 & a_3 \\ b_1 & b_2 & b_3 \\ c_1 & c_2 & c_3 \end{vmatrix} = 1$$

이면 회전이고, 행렬식이 -1 이면 반전과 회전이 같이 일어난다.

【예제 8-55】 직교좌표 변환행렬 A에 벡터 $\mathbf{u} = (1, 2)$ 를 대응시켜 새로운 벡터 $\mathbf{v}$를 구하여라.

$$A = \begin{bmatrix} \frac{1}{\sqrt{2}} & -\frac{1}{\sqrt{2}} \\ \frac{1}{\sqrt{2}} & \frac{1}{\sqrt{2}} \end{bmatrix}$$

◖ 풀이 ◗ A의 행렬식은 1이므로 회전을 하게 된다. 회전각도는 시계 방향으로 45° 이다. 새로운 벡터를 $\mathbf{v} = (x', y')$ 라고 하면

$$\begin{bmatrix} 1 \\ 2 \end{bmatrix} = \begin{bmatrix} \frac{1}{\sqrt{2}} & -\frac{1}{\sqrt{2}} \\ \frac{1}{\sqrt{2}} & \frac{1}{\sqrt{2}} \end{bmatrix} \begin{bmatrix} x' \\ y' \end{bmatrix}$$

인 관계식이 만들어지므로

$$\mathbf{v} = (x', y') = (\frac{3}{\sqrt{2}}, \frac{1}{\sqrt{2}})$$

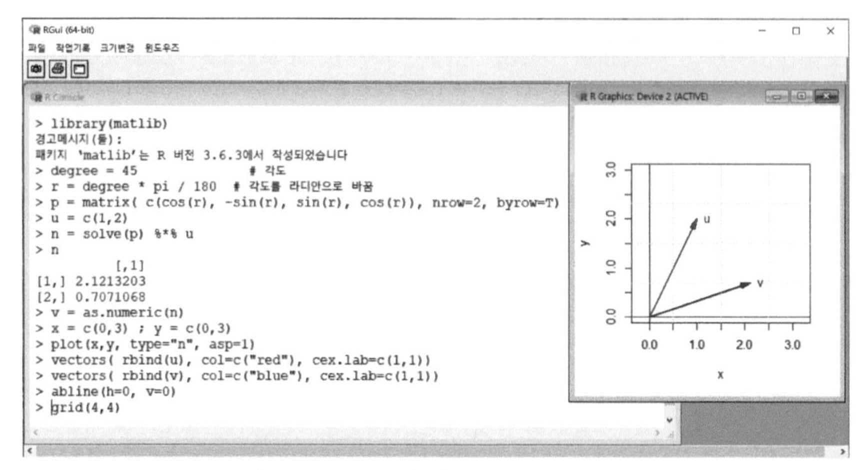

그림 8-25 변환행렬에 따른 좌표변환

♣ 연습문제 ♣

1. 두 개의 벡터 $\mathbf{u}=(5,3,5,7)$, $\mathbf{v}=(2,3,-1,6)$ 에 대하여 다음에 답하여라.

(1) **u** , **v** 의 노름을 구하여라.
(2) 두 벡터의 유클리드 내적을 구하여라.
(3) **uv** 의 노름을 구하여라.
(4) 2(**u** + **v**) · (**u** + 3**v**) 를 구하여라.

2. 두 벡터 $\mathbf{u}=(1,2)$, $\mathbf{v}=(2,3)$ 는 2차원 선형공간을 생성하는 가의 여부를 보여라.

3. 세 개의 벡터 $\mathbf{u}=(2,-1,0)$, $\mathbf{v}=(1,0,2)$, $\mathbf{w}=(3,1,1)$ 는 3차원 선형공간을 생성하는 것을 보여라.

4. 세 개의 벡터 $\mathbf{v}_1=(1,-1)$, $\mathbf{v}_2=(3,2)$, $\mathbf{v}_3=(-3,4)$ 는 1차 독립인가를 보여라.

5. $\mathbf{v}_1=(1,0,-2)$, $\mathbf{v}_2=(3,1,2)$, $\mathbf{v}_3=(1,-1,0)$ 은 1차 독립인 가를 보여라.

6. $\mathbf{v}_1 = (1, -1)$, $\mathbf{v}_2 = (3, 2)$, $\mathbf{v}_3 = (-3, 4)$ 중의 하나는 다른 2개의 벡터의 선형결합임을 보여라.

7. $\mathbf{a} = (1, 2)$, $\mathbf{b} = (0, 3)$ 은 2차원 공간의 기저임을 보여라.

8. 세 개의 벡터에 의해 생성되는 선형공간의 기저를 구하여라.

$\mathbf{u} = (3, 0, 4, 1)$, $\mathbf{v} = (0, 2, 3, 1)$, $\mathbf{w} = (3, 7, -3, 8)$

9. R^2 상의 벡터 $\mathbf{u} = (u_1, u_2)$, $\mathbf{v} = (v_1, v_2)$ 에 대하여 $<\mathbf{u},\mathbf{v}> = u_1 v_1 + u_2 v_2$ 라고 하면 4가지의 내적 공리를 만족함을 보여라.

10. 내적공간 V의 영이 아닌 두 벡터 $\mathbf{u}$, $\mathbf{v}$가 직교하면 다음의 관계식이 성립함을 보여라.

$\|\mathbf{u} + \mathbf{v}\|^2 = \|\mathbf{u}\|^2 + \|\mathbf{v}\|^2$

11. 세 개의 벡터 $\mathbf{u}_1 = (1, 0, -2)$, $\mathbf{u}_2 = (3, 1, 2)$, $\mathbf{u}_3 = (1, -1, 0)$ 의 정규직교기저 $\mathbf{v}_1, \mathbf{v}_2, \mathbf{v}_3$ 를 구하여라.

12. 11번에서 생성된 정규직교기저 $\mathbf{v}_1, \mathbf{v}_2, \mathbf{v}_3$ 을 사용하여 $\mathbf{u} = (1, 2, 3)$ 의 1차 결합으로 나타내어라.

13. Gram-Schmidt 방법으로 R^3의 기저 $\mathbf{u}_1 = (1, 0, -2)$, $\mathbf{u}_2 = (3, 1, 2)$, $\mathbf{u}_3 = (1, -1, 0)$ 의 정규직교기저 $\mathbf{v}_1, \mathbf{v}_2, \mathbf{v}_3$ 을 구하여라.

14. $\mathbf{v}_1 = (1, -1)$, $\mathbf{v}_2 = (3, 2)$ 의 집합 $S = \{\mathbf{v}_1, \mathbf{v}_2\}$는 2차원 공간의 기저임을 보이고, S에 관한 $\mathbf{u} = (-3, 4)$ 의 좌표행렬을 구하여라.

15. $\mathbf{v}_1 = (1, -1, -2)$, $\mathbf{v}_2 = (1, 1, 2)$, $\mathbf{v}_3 = (3, 2, 5)$ 일 때, S에 관한 좌표벡터가 $(\mathbf{v})_S = (2, 2, 3)$ 이 되는 벡터 $\mathbf{v}$를 구하여라.

16. 각도를 시계 방향으로 30° 회전시키는 전이행렬을 구하여라.

17. $(x, y) = (4, 5)$ 를 반시계 방향으로 30° 회전시켰을 때의 좌표를 구하여라.

18. 앞의 17번의 결과를 그래프로 나타내어라.

제9장 선형변환

9.1 선형변환

제8장에서는 벡터의 값을 계산하는 여러 기법을 다루었다면 이제부터는 벡터가 함수의 형태로 표시되는 경우로 확장하려 한다.

벡터함수란 $\mathbf{w} = F(\mathbf{v})$인 형태를 가지며, 이 중에서 선형변환이라는 특수한 함수를 다루려고 한다.

【정의 9-1】 $F: U \rightarrow V$ 가 선형공간 U에서 선형공간 V로의 함수일 때, F가 다음의 조건들을 만족하면 F를 선형변환(linear transformation)이라 한다.

1) U의 모든 벡터 $\mathbf{u}, \mathbf{v}$에 대해 $F(\mathbf{u} + \mathbf{v}) = F(\mathbf{u}) + F(\mathbf{v})$
2) U의 모든 벡터 $\mathbf{u}$와 스칼라 k에 대하여 $F(k\,\mathbf{v}) = k\,F(\mathbf{v})$

예를 들어, 2차원 벡터 $\mathbf{u} = (x, y)$ 를 3차원 벡터로 대응시키는 함수를[1)]

$$F(\mathbf{u}) = (x\ ,\ x+y\ ,\ x-y)$$

라고 정의하였다고 할 때, $\mathbf{u} = (1, 1)$ 의 함수값은 $F(\mathbf{u}) = (1, 2, 0)$ 으로 사영(mapping)하게 된다.

만일 R^2 벡터인 $\mathbf{u} = (x_1, x_2)$, $\mathbf{v} = (y_1, y_2)$ 이면 $\mathbf{u} + \mathbf{v} = (x_1 + y_1\ ,\ x_2 + y_2)$ 이므로

1) 수학적으로는 $F: R^2 \rightarrow R^3$ 이라고 표시하기도 한다.

$$F(\mathbf{u}+\mathbf{v}) = \{x_1+y_1 , (x_1+y_1)+(x_2+y_2) , (x_1+y_1)-(x_2+y_2)\}$$
$$= \{x_1 , (x_1+x_2) , (x_1-x_2)\}+\{y_1 , (y_1+y_2) , (y_1-y_2)\}$$
$$= F(\mathbf{u}) + F(\mathbf{v})$$

이다. $k\mathbf{u} = (kx_1, kx_2)$ 이므로

$$F(k\mathbf{u}) = (kx_1 , kx_1+kx_2 , kx_1-kx_2) = k(x_1 , x_1+x_2 , x_1-x_2) = k\,F(\mathbf{u})$$

가 되므로 F는 선형변환이라고 할 수 있다.

【예제 9-1】 함수 $F: R^2 \rightarrow R^2$ 일 때 $F(x,y)=(x,y+1)$ 은 선형변환 인가를 판별하라.

◖ 풀이 ◗ R^2 상의 두 벡터 $\mathbf{u} = (u_1, u_2)$, $\mathbf{v} = (v_1, v_2)$ 라고 하자. 함수의 정의에 따라

$$F(\mathbf{u}) = F(u_1, u_2) = (u_1, u_2+1)$$
$$F(\mathbf{v}) = F(v_1, v_2) = (v_1, v_2+1)$$

이므로

$$F(\mathbf{u}) + F(\mathbf{v}) = (u_1+v_1 , u_2+v_2+2)$$

이다. 두 벡터의 합은 $\mathbf{u}+\mathbf{v} = (u_1+v_1 , u_2+v_2)$ 이므로

$$F(\mathbf{u}+\mathbf{v}) = F(u_1+v_1 , u_2+v_2)$$
$$= (u_1+v_1 , u_2+v_2+1)$$

따라서 $F(\mathbf{u}+\mathbf{v}) \neq F(\mathbf{u}) + F(\mathbf{v})$ 이므로 선형변환이 아니다.

> **【정의 9-2】** $T: V \to V$ 로 정의되는 선형공간 V를 항등변환(identify transformation)이라고 한다.

V는 선형공간이고 k는 임의의 스칼라일 때

$$T(\mathbf{v}) = k\mathbf{v}$$

로 정의되는 함수 $T: V \to V$ 에서 $k > 1$이면 함수 T를 선형공간 V의 확대(dilation)러고 부르며 $0 < k < 1$이면 축소(contraction)이라고 부른다.

【예제 9-2】 2차원 선형공간 상의 벡터 $\mathbf{v}$ = (2,3) 을 2배 확대하는 함수 T를 정의하라.

◀ 풀이 ▶ 신좌표 (x', y')를 구좌표 (x, y)로 나타내면 $x' = 2x$, $y' = 2y$ 이므로

$$\begin{bmatrix} x' \\ y' \end{bmatrix} = \begin{bmatrix} 2 & 0 \\ 0 & 2 \end{bmatrix} \begin{bmatrix} x \\ y \end{bmatrix}$$

따라서 함수 T는 행렬 $\begin{bmatrix} 2 & 0 \\ 0 & 2 \end{bmatrix}$ 이다. 이를 그림으로 나타내면 다음과 같다.

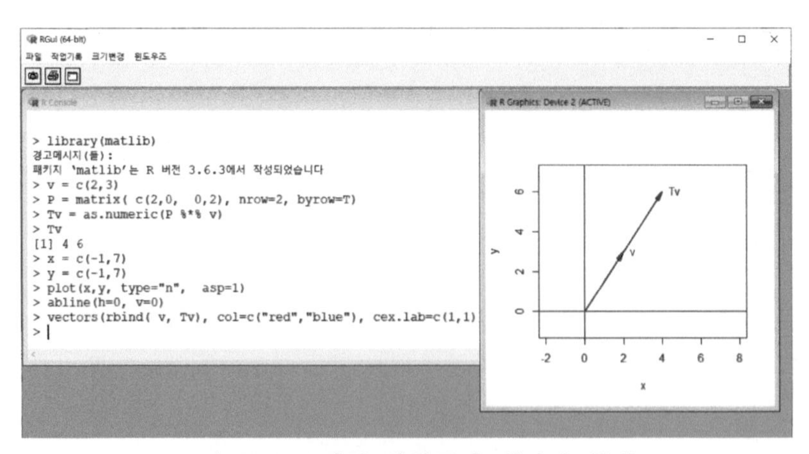

그림 9-1 2차원 선형공간 벡터의 확대

【예제 9-3】 다음 행렬의 A에 대해 벡터 $\mathbf{u}=(1,1)$ 를 $T(\mathbf{u})$ = $A\mathbf{u}$ 로 변환하여라.

$$A=\begin{bmatrix}2 & -3 \\ 1 & 3\end{bmatrix}$$

◖ 풀이 ◗ $T(\mathbf{u})$ = $A\mathbf{u}=\begin{bmatrix}2 & -3 \\ 1 & 3\end{bmatrix}\begin{bmatrix}1 \\ 1\end{bmatrix}=\begin{bmatrix}-1 \\ 4\end{bmatrix}$ 이며, 이를 그림으로 나타내면 다음과 같다.

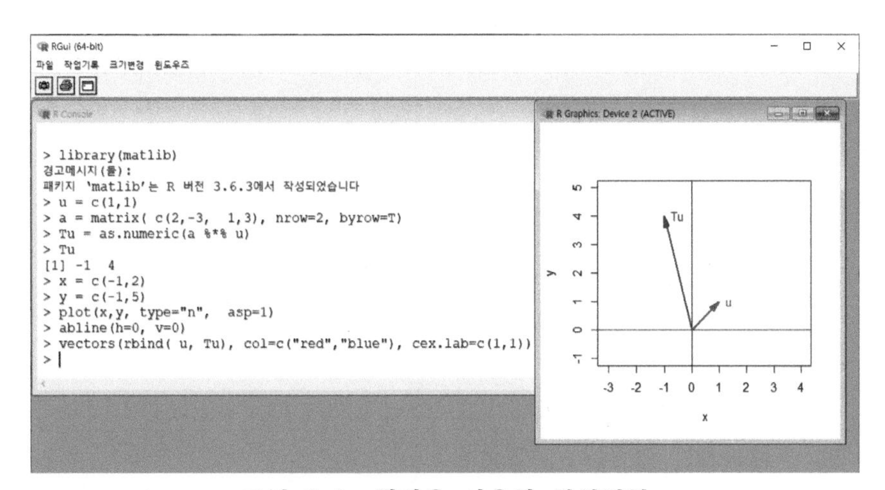

그림 9-2 행렬을 이용한 선형변환

> **【정리 9-1】** $F: V \to W$ 가 선형변환이면 V의 벡터 $(\mathbf{v}_1, \mathbf{v}_2, \ldots, \mathbf{v}_n)$와 스칼라 $k_i(i=1,2,\ldots,r)$에 대해 다음이 성립한다.
>
> $F(k_1\mathbf{v}_1 + k_2\mathbf{v}_2 + \cdots + k_r\mathbf{v}_n) = k_1F(\mathbf{v}) + k_2F(\mathbf{v}) + \cdots + k_rF(\mathbf{v})$

【예제 9-4】 A는 $(m\times n)$행렬이고 $\mathbf{x}$는 $(n\times 1)$인 행벡터일 때, $T(\mathbf{x})$ = $A\mathbf{x}$는 선형변환임을 보여라.[2)]

2) 수학적으로는 $T: R^n \to R^m$ 로 나타낼 수 있다.

◖ 풀이 ◗ $\mathbf{u}, \mathbf{v}$는 각각 $(n\times1)$인 행벡터이고 k는 임의의 스칼라라고 하면

$$A(\mathbf{u}+\mathbf{v})=\begin{bmatrix} a_{11} & a_{12} & \cdots & a_{1n} \\ a_{21} & a_{22} & \cdots & a_{2n} \\ \vdots & \vdots & & \vdots \\ a_{m1} & a_{m2} & \cdots & a_{mn} \end{bmatrix}\begin{bmatrix} u_1+v_1 \\ u_2+v_2 \\ \vdots \\ u_n+v_n \end{bmatrix}$$

$$=\begin{bmatrix} a_{11}(u_1+v_1) + a_{12}(u_2+v_2) + \cdots + a_{1n}(u_n+v_n) \\ a_{21}(u_1+v_1) + a_{22}(u_2+v_2) + \cdots + a_{2n}(u_n+v_n) \\ \vdots \qquad\qquad \vdots \qquad\qquad \vdots \\ a_{m1}(u_1+v_1) + a_{m2}(u_2+v_2) + \cdots + a_{mn}(u_n+v_n) \end{bmatrix}$$

$$= A\mathbf{u} + A\mathbf{v}$$

가 되어 행렬의 합임을 알 수 있다. 마찬가지로

$$A(k\mathbf{u}) = kA\mathbf{u}$$

를 얻을 수 있으므로

$$T(\mathbf{u}+\mathbf{v}) = T(\mathbf{u}) + T(\mathbf{v})$$
$$T(k\mathbf{u}) = kT(\mathbf{u})$$

가 성립한다. 따라서 함수 T는 선형변환임을 알 수 있다.

【정리 9-2】 V는 내적공간이고 $S=\{\mathbf{w}_1, \mathbf{w}_2, \ldots, \mathbf{w}_r\}$는 내적공간 W의 정규직교기저집합이라고 하자. $T: V\rightarrow W$는 V의 벡터를 W로 직교사영하는 함수라고 하면

$$T(\mathbf{v}) = <\mathbf{v}_1, \mathbf{w}_1>\mathbf{w}_1 + <\mathbf{v}_2, \mathbf{w}_2>\mathbf{w}_2 + \cdots + <\mathbf{v}_r, \mathbf{w}_r>\mathbf{w}_r$$

이다.

【예제 9-5】 V는 내적공간이고 W는 정규직교기저집합일 때, $T: V \to W$는 선형변환임을 보여라.

◖ 풀이 ◗ 내적공간 V의 임의의 벡터를 $\mathbf{u}, \mathbf{v}$ 라고 하자.

$$\begin{aligned} T(\mathbf{u}+\mathbf{v}) &= \langle \mathbf{u}_1+\mathbf{v}_1, \mathbf{w}_1 \rangle \mathbf{w}_1 + \langle \mathbf{u}_2+\mathbf{v}_2, \mathbf{w}_2 \rangle \mathbf{w}_2 + \cdots + \langle \mathbf{u}_r+\mathbf{v}_r, \mathbf{w}_r \rangle \mathbf{w}_r \\ &= \langle \mathbf{u}_1, \mathbf{w}_1 \rangle \mathbf{w}_1 + \langle \mathbf{u}_2, \mathbf{w}_2 \rangle \mathbf{w}_2 + \cdots + \langle \mathbf{u}_r, \mathbf{w}_r \rangle \mathbf{w}_r \\ &\qquad + \langle \mathbf{v}_1, \mathbf{w}_1 \rangle \mathbf{w}_1 + \langle \mathbf{v}_2, \mathbf{w}_2 \rangle \mathbf{w}_2 + \cdots + \langle \mathbf{v}_r, \mathbf{w}_r \rangle \mathbf{w}_r \\ &= T(\mathbf{u}) + T(\mathbf{v}) \end{aligned}$$

$$\begin{aligned} T(k\mathbf{u}) &= \langle k\mathbf{u}_1, \mathbf{w}_1 \rangle \mathbf{w}_1 + \langle k\mathbf{u}_2, \mathbf{w}_2 \rangle \mathbf{w}_2 + \cdots + \langle k\mathbf{u}_r, \mathbf{w}_r \rangle \mathbf{w}_r \\ &= k\langle \mathbf{u}_1, \mathbf{w}_1 \rangle \mathbf{w}_1 + k\langle \mathbf{u}_2, \mathbf{w}_2 \rangle \mathbf{w}_2 + \cdots + k\langle \mathbf{u}_r, \mathbf{w}_r \rangle \mathbf{w}_r \\ &= k\,T(\mathbf{u}) \end{aligned}$$

내적공간 V에 속한 임의의 벡터 $\mathbf{v}$에서 평면처럼(평면은 아님) 잘라낸 공간 W에 내린 수선의 발까지의 벡터를 $T(\mathbf{v})$로 놓은 것이다.

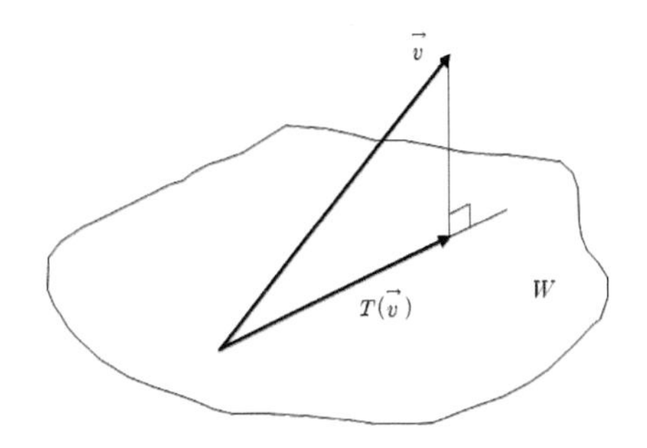

그림 9-3 V에서 W로의 직교사영

9.2 핵과 치역

【정리 9-3】 $T: V \to W$가 선형변환이면 다음이 성립한다.

1) $T(\mathbf{0}) = \mathbf{0}$
2) $T(-\mathbf{v}) = -T(\mathbf{v})$, 모든 $\mathbf{v}$에 대해
3) $T(\mathbf{v}-\mathbf{w}) = T(\mathbf{v}) - T(\mathbf{w})$, 모든 $\mathbf{v}$, $\mathbf{w}$에 대해

증명. 1) $T(\mathbf{0}) = T(\mathbf{0v}) = \mathbf{0}T(\mathbf{v}) = \mathbf{0}$

3) $T(\mathbf{v}-\mathbf{w}) = T(\mathbf{v} + (-1)\mathbf{w}) = T(\mathbf{v}) + (-1)T(\mathbf{w})$

$= T(\mathbf{v}) - T(\mathbf{w})$

【정의 9-3】 $T: V \rightarrow W$가 선형변환이면 T가 영벡터 $\mathbf{0}$ 으로 사영하는 V의 벡터 집합을 핵(kernel)이라고 부르며 $\ker(T)$로 표시한다. 또한 W의 모든 벡터 집합을 치역(range)이라고 하며 $R(T)$로 표현한다.

【예제 9-6】 $T: R^2 \rightarrow R^2$ 인 선형변환이라 할 때, $T(x+y, x-y)$의 핵을 구하여라.

◖ 풀이 ◗ 2차원 공간에서의 커널은 (0,0)이므로 $T(x+y, x-y) = (0,0)$ 인 관계식을 만족해야 한다. 따라서 연립방정식을 풀면 $x=0, y=0$이므로

$$\ker(T) = \{x=0, y=0\}$$

【예제 9-7】 $T: V \rightarrow W$가 선형변환 중에서 $\mathbf{0}$ 으로만 사영하는 함수라고 할 때, T의 핵과 치역을 구하여라.

◖ 풀이 ◗ V에 속한 모든 벡터는 $\mathbf{0}$ 으로 대응하므로

$\ker(T) = V$, $R(T) = \mathbf{0}$ 이다.

【예제 9-8】 $T: R^n \rightarrow R^m$ 인 선형변환에서 $(m \times n)$행렬 A의 핵을 구하여라.

◖ 풀이 ◗ R^n상의 임의의 벡터 $\mathbf{x}$ 와 행렬 A를 각각

$$\mathbf{0} = \begin{bmatrix} x_1 \\ x_2 \\ \vdots \\ x_n \end{bmatrix} \qquad A = \begin{bmatrix} a_{11} & a_{12} & \cdots & a_{1n} \\ a_{21} & a_{22} & \cdots & a_{2n} \\ \vdots & \vdots & & \vdots \\ a_{m1} & a_{m2} & \cdots & a_{mn} \end{bmatrix}$$

라고 하면, 정의에 따라 $A\mathbf{x}$ 의 사영이 $\mathbf{0}$ 이 되는 해벡터를 구하면 된다. 즉, $A\mathbf{x} = \mathbf{0}$ 을 만족해야 하므로 핵은 $\mathbf{x}$ 가 되므로 $\ker(T) = \mathbf{x}$ 이다.

【예제 9-9】 $T: R^n \to R^m$ 이 임의의 선형변환이라고 할 때, 다음 연립방정식의 치역을 구하여라.

$$\begin{cases} a_{11}x_1 + a_{12}x_2 + \cdots + a_{1n}x_n = b_1 \\ a_{21}x_1 + a_{22}x_2 + \cdots + a_{2n}x_n = b_2 \\ \vdots \qquad \vdots \qquad \vdots \qquad \vdots \\ a_{m1}x_1 + a_{m2}x_2 + \cdots + a_{mn}x_n = b_m \end{cases}$$

◖ 풀이 ◗ 주어진 연립방정식을 행렬로 나타내면

$$A\begin{bmatrix} x_1 \\ x_2 \\ \vdots \\ x_n \end{bmatrix} = \begin{bmatrix} b_1 \\ b_2 \\ \vdots \\ b_m \end{bmatrix}$$

이므로 치역은 $R(T) = \begin{bmatrix} b_1 \\ b_2 \\ \vdots \\ b_m \end{bmatrix}$ 이 된다.

【정리 9-4】 $T: V \to W$ 가 선형변환이면 다음이 성립한다.
1) $\ker(T)$ 는 V의 부분공간이다.
2) $R(T)$는 W의 부분공간이다.

정의역(V)의 부분 공간 중에는 영벡터($\mathbf{0}$)로 사영하는 커널이 존재하고 치역은 공역(W)의 부분공간임을 알 수 있다.[3)]

3) 정의역에 속한 모든 벡터가 공역에 1:1 대응하는 것은 아니다. 그러나 반드시 치역에는 1:1 대응한다.

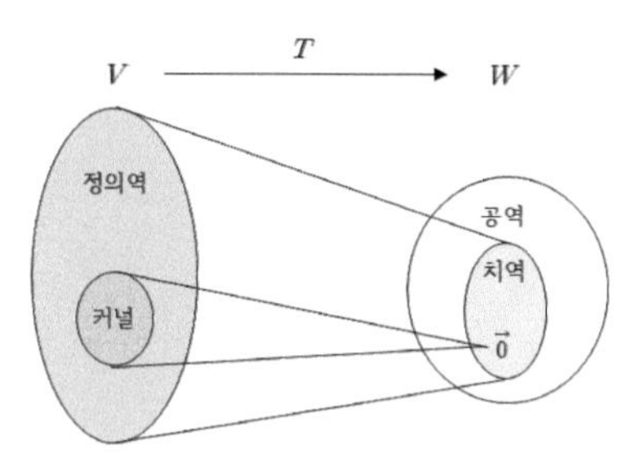

그림 9-4 $T: V \rightarrow W$

【예제 9-10】 R^3의 기저 $\mathbf{v}_1 = (1, 1, 1)$, $\mathbf{v}_2 = (1, 1, 0)$, $\mathbf{v}_3 = (1, 0, 0)$에 대하여 선형변환 $T: R^3 \rightarrow R^2$ 는

$$T(\mathbf{v}_1) = (1, 0) \qquad T(\mathbf{v}_2) = (2, -1) \qquad T(\mathbf{v}_3) = (4, 3)$$

을 만족한다고 한다. $T(x_1, x_2, x_3)$를 구하고 $T(1, 2, 3)$의 값을 구하여라.

◖ 풀이 ◗ $\mathbf{v}_1$, $\mathbf{v}_2$, $\mathbf{v}_3$ 은 기저이므로 벡터 $\mathbf{x} = (x_1, x_2, x_3)$을 1차 결합으로 표현할 수 있다. 즉

$$\begin{aligned}(x_1, x_2, x_3) &= k_1 \mathbf{v}_1 + k_2 \mathbf{v}_2 + k_3 \mathbf{w}_3 \\ &= k_1(1, 1, 1) + k_2(1, 1, 0) + k_3(1, 0, 0)\end{aligned}$$

이므로 미지의 스칼라 $k_i (i = 1,2,3)$의 값을 구할 수 있다.

$$\begin{cases} k_1 + k_2 + k_3 = x_1 \\ k_1 + k_2 \quad\quad = x_2 \\ k_1 \quad\quad\quad\quad = x_3 \end{cases} \rightarrow \begin{cases} k_1 = x_3 \\ k_2 = x_2 - x_3 \\ k_3 = x_1 - (x_2 - x_3) - x_3 = x_1 - x_2 \end{cases}$$

계산된 $k_i (i = 1,2,3)$를 벡터 $\mathbf{x}$의 1차 결합 식에 대입하면

$$\mathbf{x} = (x_1, x_2, x_3) = x_3 \mathbf{v}_1 + (x_2 - x_3) \mathbf{v}_2 + (x_1 - x_2) \mathbf{v}_3$$

이다. 따라서

$$\begin{aligned} T(x_1, x_2, x_3) &= T[\ x_3\mathbf{v}_1 + (x_2 - x_3)\mathbf{v}_2 + (x_1 - x_2)\mathbf{v}_3\ ] \\ &= x_3\, T(\mathbf{v}_1) + (x_2 - x_3)\, T(\mathbf{v}_2) + (x_1 - x_2)\, T(\mathbf{v}_3) \\ &= x_3(1, 0) + (x_2 - x_3)(2, -1) + (x_1 - x_2)(4, 3) \\ &= (4x_1 - 2x_2 - x_3,\ 3x_1 - 4x_2 + x_3) \end{aligned}$$

이다. 이 식으로부터 $T(1, 2, 3) = (-3, -2)$ 로 대응한다.

9.3 R^n 에서 R^m 으로의 선형변환

$T: R^n \to R^m$ 이 임의의 선형변환이라고 할 때, 다음의 연립방정식을 선형변환으로 표현하여보기로 한다.

$$\begin{cases} a_{11}x_1 + a_{12}x_2 + \cdots + a_{1n}x_n = b_1 \\ a_{21}x_1 + a_{22}x_2 + \cdots + a_{2n}x_n = b_2 \\ \vdots \qquad\quad \vdots \qquad\qquad\quad \vdots \qquad\quad \vdots \\ a_{m1}x_1 + a_{m2}x_2 + \cdots + a_{mn}x_n = b_m \end{cases}$$

이러한 연립방정식의 좌변은 행렬로 표시하면 계수행렬 A와 해 벡터 $\mathbf{x}$ 의 곱으로 나타낼 수 있다. 여기서

$$A = \begin{bmatrix} a_{11} & a_{12} & \cdots & a_{1n} \\ a_{21} & a_{22} & \cdots & a_{2n} \\ \vdots & \vdots & & \vdots \\ a_{m1} & a_{m2} & \cdots & a_{mn} \end{bmatrix} \qquad \mathbf{x} = \begin{bmatrix} x_1 \\ x_2 \\ \vdots \\ x_n \end{bmatrix}$$

이다. R^n 에서의 표준기저는

$$\mathbf{e}_1 = \begin{bmatrix} 1 \\ 0 \\ \vdots \\ 0 \end{bmatrix} \qquad \mathbf{e}_2 = \begin{bmatrix} 0 \\ 1 \\ \vdots \\ 0 \end{bmatrix} \qquad \cdots \qquad \mathbf{e}_n = \begin{bmatrix} 0 \\ 0 \\ \vdots \\ 1 \end{bmatrix}$$

이므로 해 벡터 $\mathbf{x}$ 는

$$\mathbf{x}=\begin{bmatrix} x_1 \\ x_2 \\ \vdots \\ x_n \end{bmatrix}=\begin{bmatrix} 1 & 0 & \cdots & 0 \\ 0 & 1 & \cdots & 0 \\ \vdots & \vdots & & \vdots \\ 0 & 0 & \cdots & 1 \end{bmatrix}\begin{bmatrix} x_1 \\ x_2 \\ \vdots \\ x_n \end{bmatrix}$$

로 표시된다. 만일

$$\mathbf{x}= x_1\mathbf{e}_1 + x_2\mathbf{e}_2 + \cdots + x_n\mathbf{e}_n$$

로 나타낼 수 있다면

$$T(\mathbf{x})= x_1 T(\mathbf{e}_1) + x_2 T(\mathbf{e}_2) + \cdots + x_n T(\mathbf{e}_n)$$

가 되며

$$A\mathbf{x}=\begin{bmatrix} a_{11} & a_{12} & \cdots & a_{1n} \\ a_{21} & a_{22} & \cdots & a_{2n} \\ \vdots & \vdots & & \vdots \\ a_{m1} & a_{m2} & \cdots & a_{mn} \end{bmatrix}\begin{bmatrix} x_1 \\ x_2 \\ \vdots \\ x_n \end{bmatrix}=\begin{bmatrix} a_{11}x_1+a_{12}x_2+\cdots+a_{1n}x_n \\ a_{21}x_1+a_{22}x_2+\cdots+a_{2n}x_n \\ \vdots \\ a_{m1}x_1+a_{m2}x_2+\cdots+a_{mn}x_n \end{bmatrix}$$

$$=x_1\begin{bmatrix} a_{11} \\ a_{21} \\ \vdots \\ a_{m1} \end{bmatrix}+x_2\begin{bmatrix} a_{12} \\ a_{22} \\ \vdots \\ a_{m2} \end{bmatrix}+\cdots+x_n\begin{bmatrix} a_{1n} \\ a_{2n} \\ \vdots \\ a_{mn} \end{bmatrix}$$

이므로 $T(\mathbf{x})= A\mathbf{x}$ 라고 하면

$$T(\mathbf{e}_1)=\begin{bmatrix} a_{11} \\ a_{21} \\ \vdots \\ a_{m1} \end{bmatrix} \quad T(\mathbf{e}_2)=\begin{bmatrix} a_{12} \\ a_{22} \\ \vdots \\ a_{m2} \end{bmatrix} \quad \cdots \quad T(\mathbf{e}_n)=\begin{bmatrix} a_{1n} \\ a_{2n} \\ \vdots \\ a_{mn} \end{bmatrix}$$

인 관계식을 얻을 수 있다.

선형변환에서 표준행렬을 사용하므로, $T(\mathbf{x})= A\mathbf{x}$ 를 만족하는 행렬 A를 T의 표준행렬(standard matrix for T)이라고 부른다.

【예제 9-11】 $T: R^2 \to R^2$ 인 선형변환이라 할 때, 행렬 A를 이용하여 $\mathbf{x}$ 를 변환하여라.

$$A = \begin{bmatrix} 2 & -3 \\ 1 & 1 \end{bmatrix} \qquad \mathbf{x} = \begin{bmatrix} 1 \\ 1 \end{bmatrix}$$

◖ 풀이 ◗ $T(\mathbf{x}) = A\mathbf{x} = \begin{bmatrix} 2 & -3 \\ 1 & 1 \end{bmatrix}\begin{bmatrix} 1 \\ 1 \end{bmatrix} = \begin{bmatrix} -1 \\ 2 \end{bmatrix}$

예제의 결과를 그림으로 나타내는 R 프로그램은 다음과 같다. 그림에서 벡터 $Te1$, $Te2$는 행렬 A의 열벡터이고, $Te1$과 $Te2$의 합이 벡터 $\mathbf{Tx}$ 이다. 프로그램에서는 괄호를 사용할 수 없기 때문에 Tx는 $T(\mathbf{x})$를 나타낸 것이다.

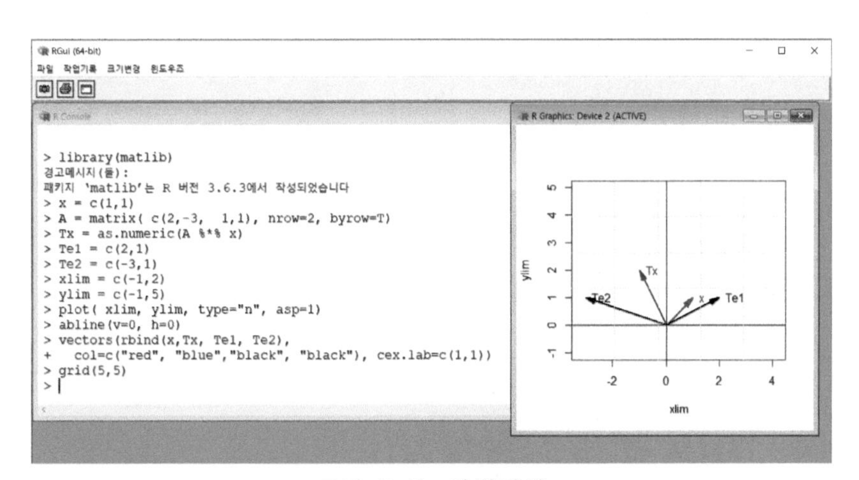

그림 9-5 선형변환

【예제 9-12】 다음과 같이 정의되는 $T: R^3 \to R^4$ 인 선형변환에서의 표준행렬을 구하여라.

$$T\left(\begin{bmatrix} x_1 \\ x_2 \\ x_3 \end{bmatrix}\right) = \begin{bmatrix} x_1 + x_2 \\ x_1 - x_2 \\ x_3 \\ x_4 \end{bmatrix}$$

◖ 풀이 ◗ 표준행렬을 구하는 문제이므로, 3차원 단위벡터를 사용하여 선형변환 값을 구해보면

$$T(\mathbf{e}_1) = T\left(\begin{bmatrix}1\\0\\0\end{bmatrix}\right) = \begin{bmatrix}1\\1\\0\\1\end{bmatrix} \quad T(\mathbf{e}_2) = T\left(\begin{bmatrix}0\\1\\0\end{bmatrix}\right) = \begin{bmatrix}1\\-1\\0\\0\end{bmatrix}$$

$$T(\mathbf{e}_3) = T\left(\begin{bmatrix}0\\0\\1\end{bmatrix}\right) = \begin{bmatrix}0\\0\\1\\0\end{bmatrix}$$

9.4 2차원 선형변환의 기하학

$T: R^2 \rightarrow R^2$ 인 선형변환에서

$$A = \begin{bmatrix}a & b\\c & d\end{bmatrix}$$

가 표준행렬이면 임의의 벡터 $\mathbf{x} = (x, y)$ 에 대하여

$$T\left(\begin{bmatrix}x\\y\end{bmatrix}\right) = \begin{bmatrix}a & b\\c & d\end{bmatrix}\begin{bmatrix}x\\y\end{bmatrix} = \begin{bmatrix}ax+by\\cx+dy\end{bmatrix}$$

인 관계식이 만들어진다.

이를 그림으로 나타내면 다음과 같으며, 점 (x,y)가 $(ax+by, cx+dy)$로 이동된 것이다.

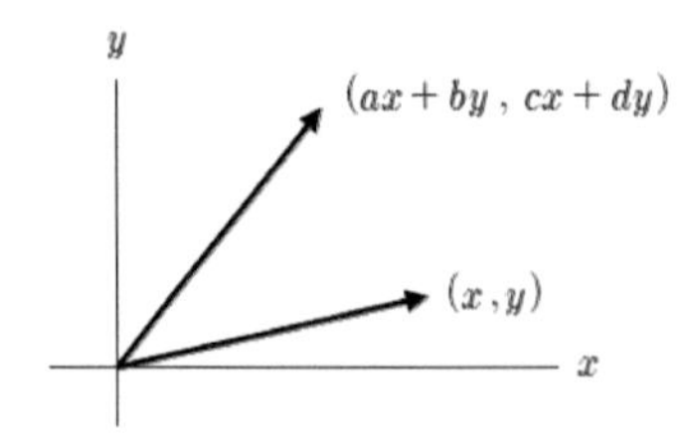

그림 9-6 선형변환에 의한 좌표이동

【예제 9-13】 $T: R^2 \to R^2$ 인 선형변환에서 다음과 같은 표준행렬

$$A = \begin{bmatrix} 1 & 2 \\ 2 & 1 \end{bmatrix}$$

에 대하여 임의의 벡터 $\mathbf{x} = (2, 1)$ 에 대응하는 값을 구하여라.

◖ 풀이 ◗ $T(\mathbf{x}) = A\mathbf{x}$ 의 관계식을 이용하면 대응하는 값은

$$A\mathbf{x} = \begin{bmatrix} 1 & 2 \\ 2 & 1 \end{bmatrix} \begin{bmatrix} 2 \\ 1 \end{bmatrix} = \begin{bmatrix} 4 \\ 5 \end{bmatrix}$$

이다. 즉, $\mathbf{x} = (2, 1)$ 은 선형변환을 통하여 점$(4, 5)$로 대응한다.

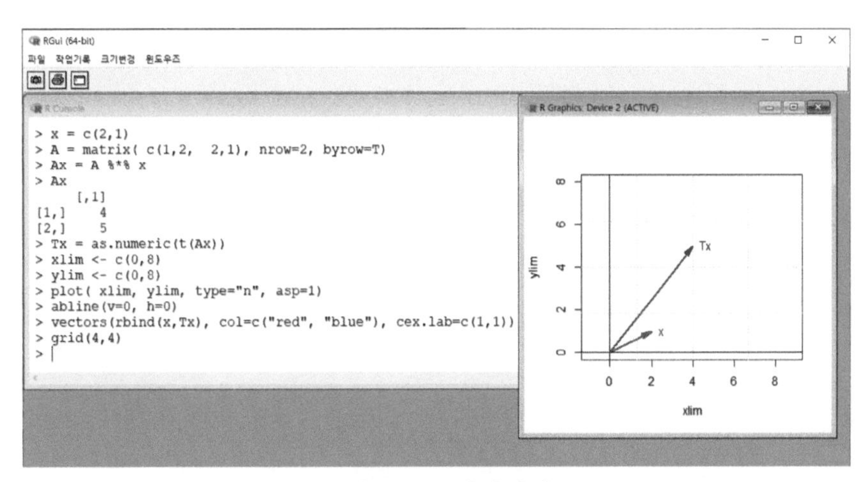

그림 9-7 선형변환

9.4.1 2차원 대칭변환

$T: R^2 \to R^2$ 인 선형변환에서 대칭변환을 하는 방법은 x축 대칭, y축 대칭, 원점 대칭 그리고 $y = x$ 에 대칭이 존재한다. 물론 특정한 위치에 대한 대칭도 수학적으로 유도할 수 있지만 여기서는 논외로 한다. 대칭을 반전(reflection)이라고 부르기도 한다.

【예제 9-14】 $T: R^2 \to R^2$ 인 선형변환에서 $P(x,y)$가 $Q(-x,y)$로 대응하는 경우의 표준행렬을 구하여라.

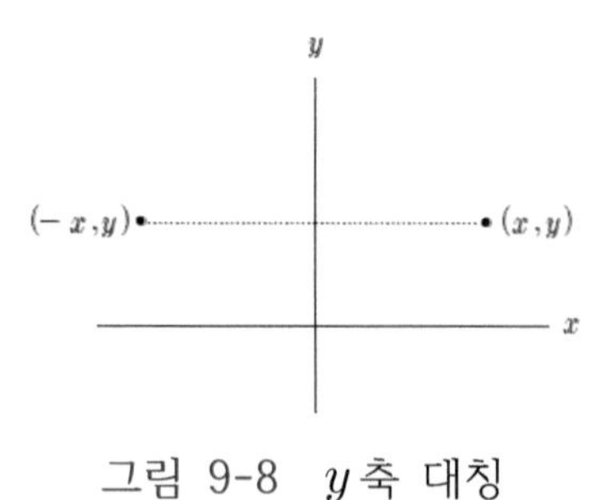

그림 9-8 y축 대칭

◖ 풀이 ◗ $\mathbf{e}_1$, $\mathbf{e}_2$는 각각 표준단위행렬이라고 할 때,

$$T(\mathbf{e}_1) = T\left(\begin{bmatrix}1\\0\end{bmatrix}\right) = \begin{bmatrix}-1\\0\end{bmatrix}, \quad T(\mathbf{e}_2) = T\left(\begin{bmatrix}0\\1\end{bmatrix}\right) = \begin{bmatrix}0\\1\end{bmatrix}$$

이므로 표준행렬은

$$A = \begin{bmatrix}-1 & 0\\0 & 1\end{bmatrix}$$

이다. 실제로

$$T(\mathbf{x}) = A\mathbf{x} = \begin{bmatrix}-1 & 0\\0 & 1\end{bmatrix}\begin{bmatrix}x\\y\end{bmatrix} = \begin{bmatrix}-x\\y\end{bmatrix}$$

이므로 $P(x,y)$가 $Q(-x,y)$로 대응하는 것을 알 수 있다.

【예제 9-15】 두 점 $P(1,1), Q(3,2)$를 지나는 선분을 x축 대칭으로 만드는 변환행렬을 구하여라.

◖ 풀이 ◗ $\overrightarrow{PQ} = (2,1)$ 를 벡터 $\mathbf{x}$ 라고 놓자. $T(\mathbf{e}_1)$과 $T(\mathbf{e}_2)$는 각각

$$T(\mathbf{e}_1) = T\left(\begin{bmatrix}1\\0\end{bmatrix}\right) = \begin{bmatrix}1\\0\end{bmatrix} \qquad T(\mathbf{e}_2) = T\left(\begin{bmatrix}0\\1\end{bmatrix}\right) = \begin{bmatrix}0\\-1\end{bmatrix}$$

이므로 표준행렬은 $A=\begin{bmatrix}1 & 0\\0 & -1\end{bmatrix}$ 이다. 따라서

$$T(\mathbf{x}) = A\,\mathbf{x} = \begin{bmatrix}1 & 0\\0 & -1\end{bmatrix}\begin{bmatrix}2\\1\end{bmatrix} = \begin{bmatrix}2\\-1\end{bmatrix}$$

이다. 마찬가지 방법으로 $P(1,1)$의 x축 대칭점을 구하면 $R(1,-1)$이며, 이 값을 시점으로 하는 선형변환이 x축 대칭이동이 된다.

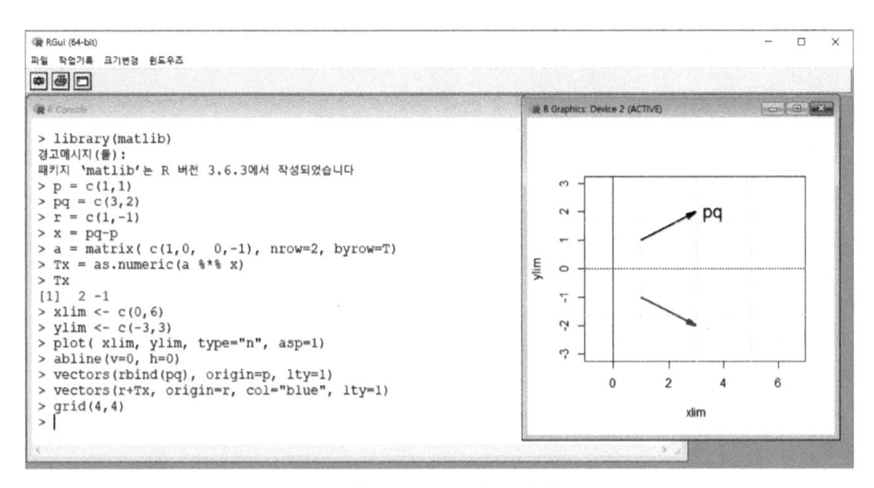

그림 9-9 x축 대칭

【예제 9-16】 xy 평면 상의 두 개의 점 $P(1,-2), Q(4,5)$을 지나는 선분을 y축 대칭인 도형을 그려라.

◖ 풀이 ◗ y축 대칭의 표준행렬은

$$A=\begin{bmatrix}-1 & 0\\0 & 1\end{bmatrix}$$

이므로 P, Q에 대칭인 점을 P', Q'라고 하면

$$P'=\begin{bmatrix}-1 & 0\\0 & 1\end{bmatrix}\begin{bmatrix}1\\-2\end{bmatrix}=\begin{bmatrix}-1\\-2\end{bmatrix} \qquad Q'=\begin{bmatrix}-4\\5\end{bmatrix}$$

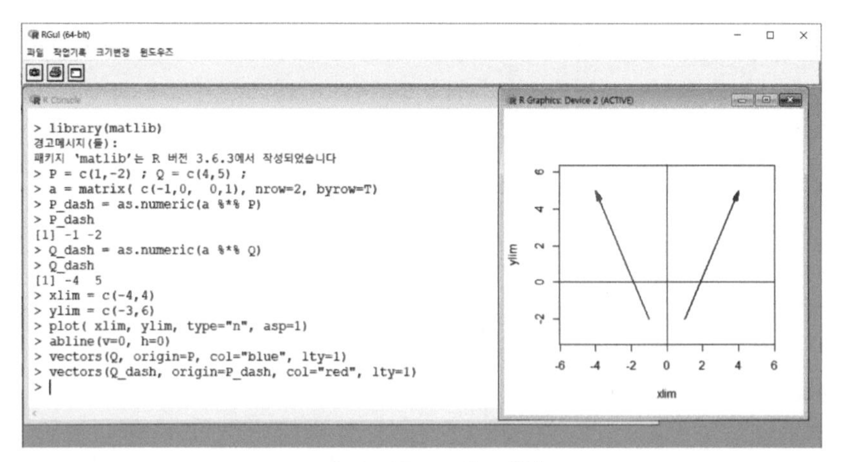

그림 9-10 y축 대칭

【예제 9-17】 2차원 공간 상의 두 점 $P(1,3)$, $Q(4,2)$Q를 지나는 벡터를 $y=x$에 관하여 대칭 이동한 그래프를 그려라.

◀ 풀이 ▶ $T: R^2 \rightarrow R^2$ 인 선형변환에서 점 또는 함수를 직선 $y=x$에 관하여 대칭 이동시키는 표준행렬은 $A=\begin{bmatrix} 0 & 1 \\ 1 & 0 \end{bmatrix}$ 이다. $\overrightarrow{PQ}=(3,-1)$ 이므로

$$T(\mathbf{x}) = A\,\mathbf{x} = \begin{bmatrix} 0 & 1 \\ 1 & 0 \end{bmatrix}\begin{bmatrix} 3 \\ -1 \end{bmatrix} = \begin{bmatrix} -1 \\ 3 \end{bmatrix}$$

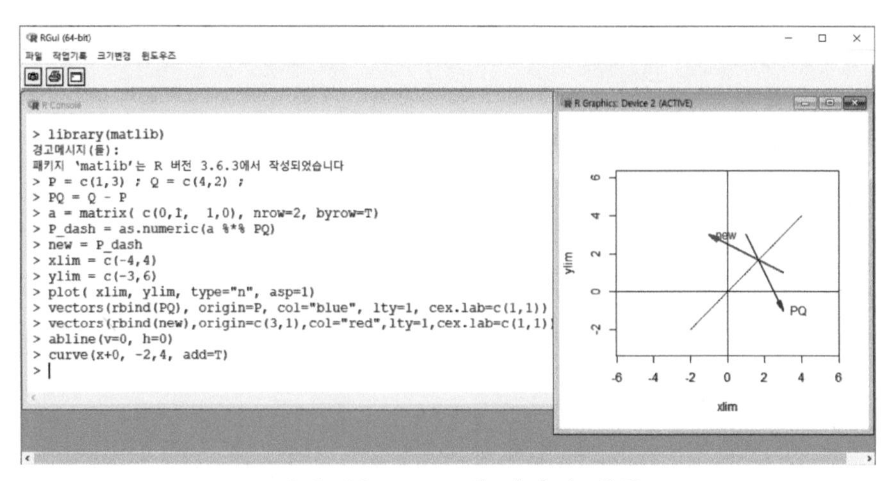

그림 9-11 $y=x$에 관하여 대칭

9.4.2 확대와 축소

$T: R^2 \rightarrow R^2$ 인 선형변환을 이용하여 평면상의 벡터 $\mathbf{x}$ 를 확대 또는 축소시키는 방법은 단순히 양의 상수 k를 곱하여 얻어지는 것은 아니다. x축 방향으로 확대(축소)하는 방법과 y측 방향으로 확대(축소)하는 두 가지가 존재한다.

x축 방향으로 확대(축소)하는 표준행렬은 $\begin{bmatrix} k & 0 \\ 0 & 1 \end{bmatrix}$ 이고, y축 방향으로 확대(축소)하는 표준행렬은 $\begin{bmatrix} 1 & 0 \\ 0 & k \end{bmatrix}$ 이다. 여기서 $k > 1$이면 그래프를 확대하는 것이고 $0 < k < 1$이면 그래프를 축소한다.

【예제 9-18】 세 점 $x_1 = (1,1)$, $x_2 = (2,4)$, $x_3 = (3,3)$을 지나는 삼각형을 x축 방향으로 2배 확대하여라.

◖ 풀이 ◗ 2배 확대이므로 표준행렬에서 $k=2$ 이다. 따라서

$$T(\mathbf{x}) = \begin{bmatrix} 2 & 0 \\ 0 & 1 \end{bmatrix} \begin{bmatrix} 1 & 2 & 3 \\ 1 & 4 & 3 \end{bmatrix} = \begin{bmatrix} 2 & 4 & 6 \\ 1 & 4 & 3 \end{bmatrix}$$

가 되므로 x좌표의 값이 2배로 늘어난 것을 알 수 있다.

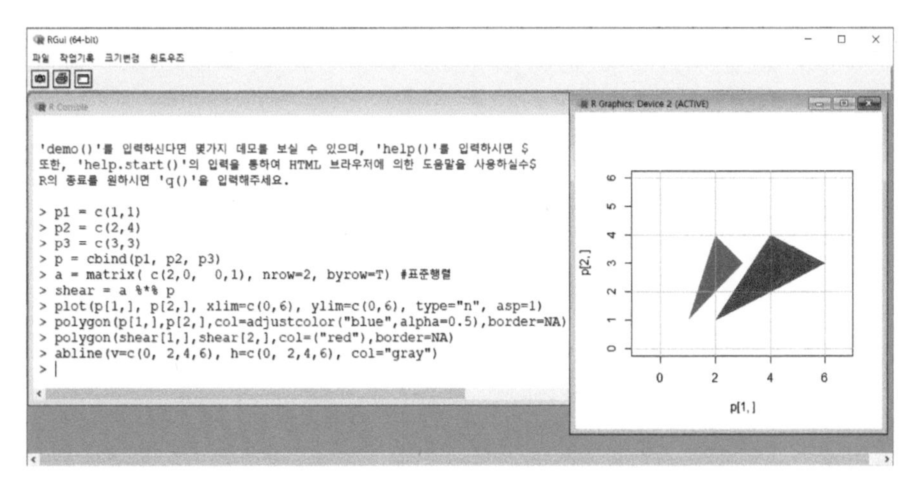

그림 9-12 도형의 x축 확대

9.4.3 전단(밀림)

전단(shear)은 밀림이라고도 부른다. 앞에서와 마찬가지로, x축으로의 밀림과 y축으로의 밀림을 생각할 수 있다. 밀림이 일어나기 위해서는 어느 한 축은 이동이 일어나면 안 된다.

x축으로의 밀림은 점(x, y)를 점$(x+ky, y)$로 이동시키면 된다. 이를 그림으로 나타내면 다음과 같다. 여기서 k의 값이 양(+)이면 오른쪽으로 밀림이 일어나고 k의 값이 음(-)이면 왼쪽으로 밀림이 일어난다.

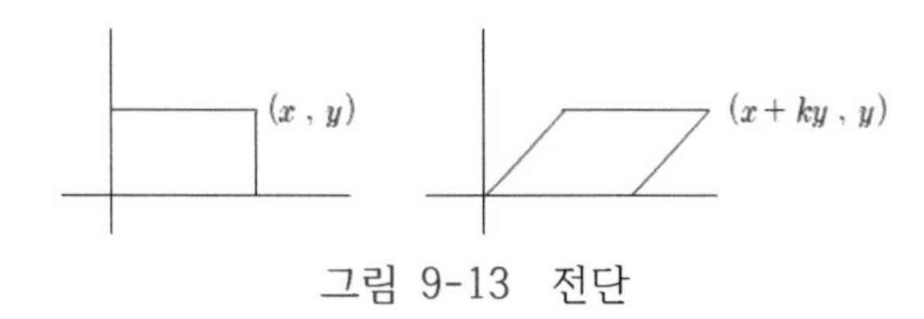

그림 9-13 전단

전단은 선형변환임을 보일 수 있으나 생략하기로 한다. 그림에서 보듯이 x축으로의 밀림을 단위행렬의 선형변환으로 나타내면

$$T(\mathbf{e}_1) = \left(\begin{bmatrix}1\\0\end{bmatrix}\right) = \begin{bmatrix}1\\0\end{bmatrix} \qquad T(\mathbf{e}_2) = \left(\begin{bmatrix}0\\1\end{bmatrix}\right) = \begin{bmatrix}k\\1\end{bmatrix}$$

이므로 $T: R^2 \to R^2$ 인 선형변환에서 x축으로의 전단은 표준행렬이 $\begin{bmatrix}1 & k\\0 & 1\end{bmatrix}$ 이다. 마찬가지로 y축으로의 전단은 표준행렬이 $\begin{bmatrix}1 & 0\\k & 1\end{bmatrix}$ 이다.

【예제 9-19】 4개의 점 $p1=(0,0)$, $p2=(1,0)$, $p3(1,1)$, $p4(0,1)$로 연결된 도형을 x축으로 2만큼 미는 프로그램을 작성하라.

◖ 풀이 ◗ 이 경우의 표준행렬은 $\begin{bmatrix}1 & 2\\0 & 1\end{bmatrix}$ 이며, 프로그램과 실행 결과는 다음과 같다.

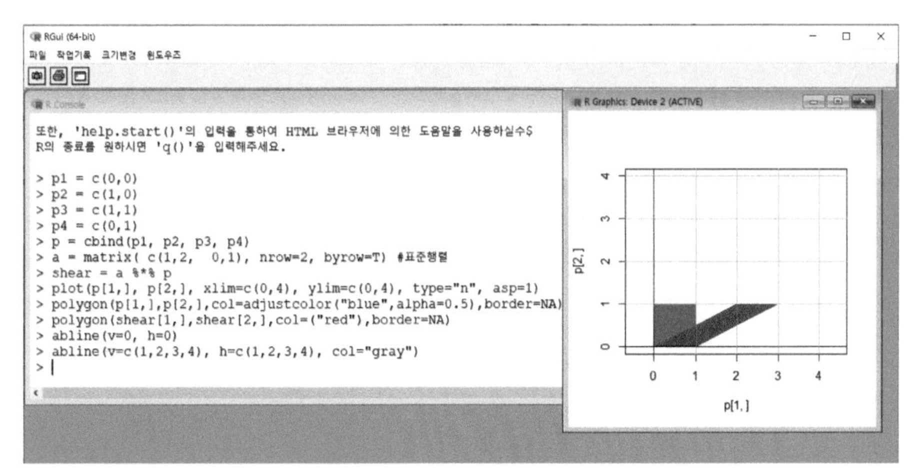

그림 9-14 도형의 전단

【예제 9-20】 앞의 그림에서 밀림으로 형성된 도형을 90° 반시계 방향으로 회전한 도형을 그리는 프로그램을 만들어라.

◖ 풀이 ◗ 90° ($=\frac{\pi}{2}$)회전시키는 회전행렬이 필요하며, 프로그램과 실행결과는 다음과 같다.

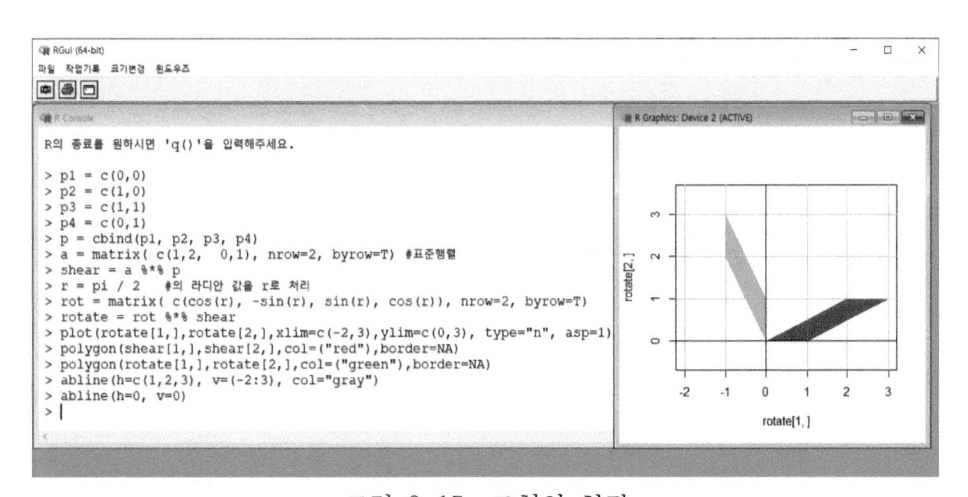

그림 9-15 도형의 회전

【정리 9-5】 (2×2) 행렬 A의 역행렬이 존재하면 행렬 A는 전단, 축소, 확대, 회전, 대칭변환의 적당한 곱을 통하여 기하학적 표현을 할 수 있다.

【예제 9-21】 다음 행렬 A를 기본행연산을 통해 단위행렬을 구하고, 이들 단위행렬의 곱셈으로 원행렬 A를 구하여라.

$$A = \begin{bmatrix} 1 & 2 \\ 3 & 4 \end{bmatrix}$$

◖ 풀이 ◗ 제5장의 역행렬에도 유사한 문제가 있으니 참조하기를 바란다. 여기서는 제5장의 예제와는 다르게 행렬을 만들어야 한다. 행렬 A는 다음과 같은 절차를 통해 단위행렬로 만들 수 있다.[4)]

$$\begin{bmatrix} 1 & 2 \\ 3 & 4 \end{bmatrix} \rightarrow \begin{bmatrix} 1 & 0 \\ 3 & 4 \end{bmatrix} \rightarrow \begin{bmatrix} 1 & 0 \\ 3 & 1 \end{bmatrix} \rightarrow \begin{bmatrix} 1 & 0 \\ 0 & 1 \end{bmatrix}$$

1단계에서의 기본행렬 E_1은

$$E_1 = \begin{bmatrix} 1 & 2 \\ 3 & 4 \end{bmatrix}^{-1} \begin{bmatrix} 1 & 0 \\ 3 & 4 \end{bmatrix} = \begin{bmatrix} 1 & 4 \\ 0 & -2 \end{bmatrix}$$

이고, 계속하여 기본행렬 E_2, E_3을 구하면 다음과 같다.

$$E_2 = \begin{bmatrix} 1 & 0 \\ 0 & 0.25 \end{bmatrix} \qquad E_3 = \begin{bmatrix} 1 & 0 \\ -3 & 1 \end{bmatrix}$$

따라서 원행렬은 $E_3^{-1} E_2^{-1} E_1^{-1}$을 계산하여 얻을 수 있다.[5)]

실제로 $E_3^{-1} E_2^{-1} E_1^{-1}$을 R 프로그램으로 실행시켜보면 다음과 같다.

---

4) 가우스-조던 소거법을 적용한 것이다.
5) 행렬의 곱셈이므로 순서를 바꾸면 안된다.

```
R의 종료를 원하시면 'q()'을 입력해주세요.

> A = matrix( c(1,2,  3,4), nrow=2, byrow=T)
> solve(A) %*% matrix( c(1,0,  3,4), nrow=2, byrow=T) # 기본행렬 계산
     [,1] [,2]
[1,]    1    4
[2,]    0   -2
> E1 = matrix( c(1,4,  0,-2), nrow=2, byrow=T)         # 기본행렬 E1을 강제로 $
> E2 = matrix( c(1,0,  0,0.25), nrow=2, byrow=T)       # 기본행렬 E2를 강제로 $
> E3 = matrix( c(1,0,  -3,1), nrow=2, byrow=T)         # 기본행렬 E3을 강제로 $
> solve(E3) %*% solve(E2) %*% solve(E1)                # 역행렬들의 곱셈
     [,1] [,2]
[1,]    1    2
[2,]    3    4
> A
     [,1] [,2]
[1,]    1    2
[2,]    3    4
>
```

그림 9-16 기본행렬 구하기

【예제 9-22】 4개의 점 $P_1(0,0)$, $P_2(1.5,0)$, $P_3(1.5,1)$, $P_4(0,1)$을 지나는 도형에 다음의 표준행렬

$$A = \begin{bmatrix} -1 & 2 \\ 2 & -1 \end{bmatrix}$$

를 대응시켰을 때 생성되는 도형을 구하여라.

◀ 풀이 ▶ 4개의 점을 하나의 행렬 P로 만들고 A와의 곱셈을 구하여 좌표점을 계산한 후, 이것으로 도형을 만들면 다음과 같다.

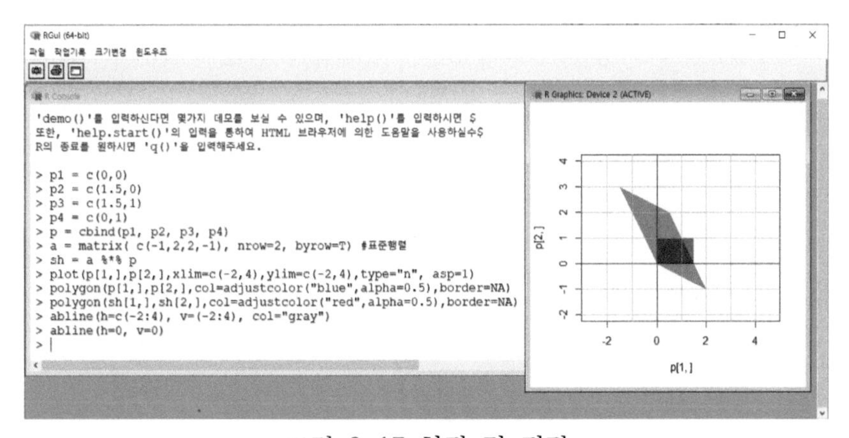

그림 9-17 회전 및 전단

♣ 연습문제 ♣

1. 함수 $F : R^2 \to R^2$ 에 대하여 다음의 F는 선형변환인 가를 판정하여라.

(1) $F(x, y) = (2x, y)$
(2) $F(x, y) = (x^2, y)$

2. 행렬 A에 대해 각각에 답하여라.

$$A = \begin{bmatrix} 1 & 2 \\ 3 & 4 \end{bmatrix}$$

(1) 벡터 $\mathbf{x} = (1, 1)$ 를 $T(\mathbf{x}) = A\mathbf{x}$ 로 변환하여보라.
(2) 그림으로 나타내어라.
(3) 함수 t는 선형변환임을 보여라.

3. $T : R^2 \to R^2$ 인 선형변환에서 $P(x,y)$가 $Q(-2x, y)$로 대응한다고 하자.

(1) 표준행렬을 구하여라.
(2) $x = 1, y = 2$일 때의 벡터 $\overrightarrow{OP}$, $\overrightarrow{OQ}$ 를 그래프로 나타내어라.

4. 2차원 평면에서 x축 양의 방향으로 2배 미는 표준행렬을 구하고, 세 점 $P_1 = (0,0)$, $P_2 = (1,-1)$, $P_3 = (2,1)$을 표준행렬에 적용시킨 그래프를 그려라.

제10장 고윳값과 고유벡터

10.1 고윳값과 고유벡터

오늘날 선형대수학에 속하는 고윳값과 고유 벡터의 개념은 원래 이차 형식 및 미분 방정식 이론으로부터 발달하였다. 19세기에 코시(A.L. Cauchy)는 고전역학에서 관성 모멘트의 주축의 개념을 추상화하여 이차 곡면을 분류하였고, 고윳값의 개념을 도입하였다. 코시는 오늘날 고윳값에 해당하는 개념을 특성근(characteristic root)이라고 불렀다. 20세기 초에 힐버트(D. Hilbert)는 오늘날 사용되고 있는 용어인 고유벡터(Eigenvector)와 고윳값(Eigen value)를 도입하였다. (위키백과 중에서)

통계학의 주성분분석(또는 인자분석), 역학에서의 파동방정식, 진동의 문제, 공학에서의 응력해석 문제 등의 풀이는 고윳값을 구하는 문제로 귀결된다. 그 외에도 경제학과 기하학 등에서도 사용되고 있다.

n차 정방행렬 A와 벡터 $\mathbf{x}$ 의 곱에 의한 상(image)인 $A\mathbf{x}$ 는 일반적으로는 벡터 $\mathbf{x}$ 와 같은 방향을 갖지는 않는다. 하지만 종종 A가 그 자신의 스칼라 곱으로 사상(mapping)하는 영이 아닌 벡터 $\mathbf{x}$ 가 존재한다.

【예제 10-1】 다음과 같은 두 개의 행렬 A, $\mathbf{x}$ 에 대해 $\mathbf{x}$ 에 어떠한 값(스칼라)을 곱하면 $A\mathbf{x}$ 와 동일한 벡터를 갖게 되는가를 구하여라.

$$A = \begin{bmatrix} 2 & 4 \\ 3 & 1 \end{bmatrix} \qquad \mathbf{x} = \begin{bmatrix} 1 \\ 1 \end{bmatrix}$$

◀ 풀이 ▶ 먼저 $A\mathbf{x}$를 계산해보면

$$A\mathbf{x} = \begin{bmatrix} 2 & 4 \\ 3 & 1 \end{bmatrix}\begin{bmatrix} 1 \\ 1 \end{bmatrix} = \begin{bmatrix} 5 \\ 5 \end{bmatrix} \quad , \quad 5\mathbf{x} = \begin{bmatrix} 5 \\ 5 \end{bmatrix}$$

이므로 $A\mathbf{x} = 5\mathbf{x}$ 가 성립된다. 따라서 구하는 스칼라 중의 하나는 5이다.

행렬 A에 대하여 0(零)이 아닌 벡터 $\mathbf{x}$ 와 미지의 스칼라(일반적으로 λ로 나타냄)를 구하는 방법을 소개하기 전에 하나의 예를 더 들어본다.

이제 다음과 같은 동차 연립방정식을 푸는 것을 생각하자.[1)]

$$\begin{cases} (1-\lambda)x + 2y = 0 \\ 2x + (1-\lambda)y = 0 \end{cases}$$

연립방정식의 해는 $x=0$, $y=0$ 이다. 하지만 $\lambda=3$일 때는 연립방정식의 해가 $x=y$이고, $\lambda=-1$이면 해가 $x=-y$이다. 이처럼 방정식이 0(零)이 아닌 해를 갖는 2개의 λ를 고윳값이라 한다.

【정의 10-1】 n차 정방행렬 A와 R^n에 속하는 0(零)이 아닌 벡터 $\mathbf{x}$ 에 대하여 $A\mathbf{x} = \lambda\mathbf{x}$ 를 만족하는 λ를 행렬 A의 고윳값(eigenvalue), $\mathbf{x}$ 를 λ에 대응하는 고유벡터(eigenvector)라 한다.

위의 $A\mathbf{x} = \lambda\mathbf{x}$ 를 다시 쓰면

$$(A-\lambda I)\mathbf{x} = \mathbf{0}$$ [2)]

인 관계식이 성립한다. 여기서 I는 단위행렬이며, 행렬의 기본정리에 따라 관

1) 앞의 예제의 형태로 나타내면 $A = \begin{bmatrix} 1-\lambda & 2 \\ 2 & 1-\lambda \end{bmatrix}$ 이고 $\mathbf{x} = \begin{bmatrix} x \\ y \end{bmatrix}$ 이다.

2) $(A-\lambda I)$는 행렬 A의 모든 주대각성분에서 λ를 뺀 행렬이다.

계식이 성립할 필요충분조건은 零이 아닌 벡터 **x** 에 대하여

$$\det(A-\lambda I)=0$$

이다. A가 n차 정방행렬이므로 $\det(A-\lambda I)=0$ 은 λ에 관한 n차 다항식이 되므로 다음과 같이 $(n+1)$개의 상수 $a_0, a_1, \ldots, a_n$으로 표현할 수 있다.

$$a_0 + a_1\lambda + a_2\lambda^2 + \cdots + a_n\lambda^n = 0$$

이 식을 행렬 A의 특성방정식(characteristic equation)이라 하며, 좌변을 고윳값 λ에 대한 특성다항식(characteristic polynomial)이라 한다. 즉, 행렬 A에 관한 특성다항식을 $f(\lambda)$ 라고 하면

$$f(\lambda)=\begin{bmatrix} a_{11}-\lambda & a_{12} & \cdots & a_{1n} \\ a_{21} & a_{22}-\lambda & \cdots & a_{2n} \\ \vdots & \vdots & \cdots & \vdots \\ a_{n1} & a_{n2} & \cdots & a_{nn}-\lambda \end{bmatrix}$$
$$= a_0 + a_1\lambda + a_2\lambda^2 + \cdots + a_n\lambda^n$$

로 나타낼 수 있다.

【예제 10-2】 다음 행렬 A의 고윳값과 고유벡터를 구하여라.

$$A=\begin{bmatrix} 5 & 4 \\ 1 & 2 \end{bmatrix}$$

◀ 풀이 ▶ 행렬 A의 특성다항식 $f(\lambda)$ 는

$$f(\lambda)=\det(A-\lambda I)=\begin{vmatrix} 5-\lambda & 4 \\ 1 & 2-\lambda \end{vmatrix}=\lambda^2-7\lambda+6$$

이므로 $f(\lambda)=0$ 의 해(solution)인 고윳값은 $\lambda=1, \lambda=6$ 이 된다. 고유벡터는

고윳값으로부터 계산할 수 있는데 이에 관하여 다루어보자.

1) $\lambda = 1$ 일 때
$(A - \lambda I)\,\mathbf{x} = \mathbf{0}$ 이 성립하므로

$$\begin{bmatrix} 5-1 & 4 \\ 1 & 2-1 \end{bmatrix}\begin{bmatrix} x_1 \\ x_2 \end{bmatrix} = \begin{bmatrix} 0 \\ 0 \end{bmatrix}$$

인 관계식이 얻어진다. 이 식을 연립방정식으로 나타내면

$$\begin{cases} 4x_1 + 4x_2 = 0 \\ x_1 + x_2 \quad = 0 \end{cases}$$

이며, 두 개의 수식은 동일하므로 $x_1 + x_2 = 0$ 의 해를 구하는 것으로 된다.

$$\begin{cases} x_1 = -x_2 \\ x_2 = \quad x_2 \end{cases}$$

이므로 $x_2 = k$ (임의의 수)라고 하면 연립방정식의 해는

$$\begin{bmatrix} x_1 \\ x_2 \end{bmatrix} = k\begin{bmatrix} 1 \\ -1 \end{bmatrix}, \qquad k \neq 0$$

이다. 따라서 $\lambda = 1$ 에 대응하는 고유벡터는 $\begin{bmatrix} 1 \\ -1 \end{bmatrix}$ 이다.

2) $\lambda = 6$ 일 때
앞의 1)에서와 마찬가지로 $(A - \lambda I)\,\mathbf{x} = \mathbf{0}$ 이므로 다음 관계식이 성립한다.

$$\begin{bmatrix} -1 & 4 \\ 1 & -4 \end{bmatrix}\begin{bmatrix} x_1 \\ x_2 \end{bmatrix} = \begin{bmatrix} 0 \\ 0 \end{bmatrix}$$

이 식을 연립방정식으로 표현하면 다음과 같다.

$$\begin{cases} -x_1 + 4x_2 = 0 \\ \ \ x_1 - 4x_2 = 0 \end{cases}$$

결국 $x_1 - 4x_2 = 0$ 의 해를 구하는 것과 동일하며

$$\begin{bmatrix} x_1 \\ x_2 \end{bmatrix} = k\begin{bmatrix} 4 \\ 1 \end{bmatrix}, \qquad k \neq 0$$

이 된다. 따라서 $\lambda = 6$ 에 대응하는 고유벡터는 $\begin{bmatrix} 4 \\ 1 \end{bmatrix}$ 이다.

다음의 R 프로그램을 사용하면 다음과 같이 고윳값과 고유벡터를 동시에 출력해준다.

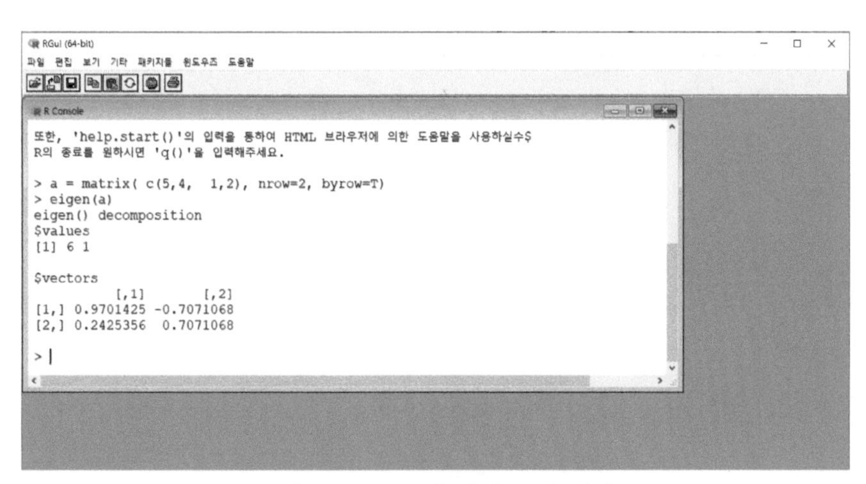

그림 10-1 고윳값과 고유벡터

그림 10-1에서 고유벡터는 열벡터로 표시되며, 제일 작은 값으로 나누면 직접 구한 고윳값과 동일한 결과를 얻을 수 있다. 제1열은 다음과 같으며, 최소값인 0.2425356 으로 나누면 고유벡터가 나온다.

$$\begin{bmatrix} 0.9701425 \\ 0.2425356 \end{bmatrix} \rightarrow \begin{bmatrix} 4 \\ 1 \end{bmatrix}$$

마찬가지로, 제2열도 -0.7071068 로 나누면 고유벡터가 얻어진다.

【예제 10-3】 다음 행렬 A의 고윳값과 고유공간의 기저를 구하여라.[3]

$$A=\begin{bmatrix} 3 & -2 & 0 \\ -2 & 3 & 0 \\ 0 & 0 & 5 \end{bmatrix}$$

◖ 풀이 ◗ 행렬 A의 특성다항식 $f(\lambda)$는

$$f(\lambda)=\begin{vmatrix} 3-\lambda & -2 & 0 \\ -2 & 3-\lambda & 0 \\ 0 & 0 & 5-\lambda \end{vmatrix}=(\lambda-1)(\lambda-5)^2$$

이므로 행렬 A의 고윳값은 $\lambda=1, \lambda=5$가 된다.

이제 정의에 따른 A의 고유벡터를 계산해보기로 한다. $(A-\lambda I)\mathbf{x} = \mathbf{0}$ 을 만족하는 벡터 $\mathbf{x}$ 를 구하는 것이므로

$$\begin{bmatrix} 3-\lambda & -2 & 0 \\ -2 & 3-\lambda & 0 \\ 0 & 0 & 5-\lambda \end{bmatrix}\begin{bmatrix} x_1 \\ x_2 \\ x_3 \end{bmatrix}=\begin{bmatrix} 0 \\ 0 \\ 0 \end{bmatrix}$$

인 관계식을 얻게 된다. 앞에서와 마찬가지로 행렬 A의 고윳값을 차례로 대입하여 고유벡터를 계산해보자.

1) $\lambda=5$ 일 때

$$\begin{bmatrix} -2 & -2 & 0 \\ -2 & -2 & 0 \\ 0 & 0 & 0 \end{bmatrix}\begin{bmatrix} x_1 \\ x_2 \\ x_3 \end{bmatrix}=\begin{bmatrix} 0 \\ 0 \\ 0 \end{bmatrix}$$

이므로 이를 연립방정식으로 다시 고쳐 쓰면

$$\begin{cases} 2x_1+2x_2 \qquad = 0 \\ \qquad\qquad 0x_3 = 0 \end{cases}$$

3) 고유벡터를 직접 구할 수 없으므로 기저를 구하는 문제로 만들었다. 하지만 R 프로그램에서는 곧바로 고유벡터가 구해진다.

이 된다. 따라서 방정식의 해는

$$\begin{cases} x_1 = -x_2 \\ x_2 = \quad\ x_2 \\ x_3 : \text{ 임의의 수} \end{cases}$$

이다. 연립방정식의 해에서 $x_2 = s, x_3 = t$ (s, t 는 임의의 수) 라고 놓으면

$$\begin{bmatrix} x_1 \\ x_2 \\ x_3 \end{bmatrix} = \begin{bmatrix} -s \\ s \\ t \end{bmatrix} = s\begin{bmatrix} -1 \\ 1 \\ 0 \end{bmatrix} + t\begin{bmatrix} 0 \\ 0 \\ 1 \end{bmatrix}$$

로 분해할 수 있으므로

$$\begin{bmatrix} -1 \\ 1 \\ 0 \end{bmatrix}, \begin{bmatrix} 0 \\ 0 \\ 1 \end{bmatrix}$$

로 만들어진 벡터 $\mathbf{x}$ 는 1차 독립이다.[4] 따라서 $\lambda = 5$ 에 대응하는 고유공간의 기저가 된다.[5]

2) $\lambda = 1$ 일 때

A 의 특성방정식에 $\lambda = 1$ 을 대입하면 다음의 관계식을 얻을 수 있다.

$$\begin{bmatrix} 2 & -2 & 0 \\ -2 & 2 & 0 \\ 0 & 0 & 4 \end{bmatrix}\begin{bmatrix} x_1 \\ x_2 \\ x_3 \end{bmatrix} = \begin{bmatrix} 0 \\ 0 \\ 0 \end{bmatrix}$$

---

4) 벡터 $\mathbf{v}_1, \mathbf{v}_2, \dots, \mathbf{v}_r$ 에 대하여 $k_1\mathbf{v}_1 + k_2\mathbf{v}_2 + \cdots + k_r\mathbf{v}_r = \mathbf{0}$ 의 해가 $k_i = 0 (i = 1, 2, \dots, r)$ 으로 유일하면 $\mathbf{v}_1, \mathbf{v}_2, \dots, \mathbf{v}_r$ 을 1차 독립집합이라 한다.

5) V가 공간벡터이고 그의 부분집합인 $S = \{\mathbf{v}_1, \mathbf{v}_2, \dots, \mathbf{v}_r\}$ 가 다음 조건을 만족하면 S를 기저(basis)라고 한다.
   (1) S는 1차독립이다.
   (2) S는 V를 생성(span)한다.

이므로 이것을 연립방정식으로 표현하면

$$\begin{cases} 2x_1 - 2x_2 \qquad = 0 \\ \qquad\qquad 4x_3 = 0 \end{cases}$$

이 된다. 따라서 해집합은 임의의 s 에 대하여

$$\begin{bmatrix} x_1 \\ x_2 \\ x_3 \end{bmatrix} = s \begin{bmatrix} 1 \\ 1 \\ 0 \end{bmatrix}$$

이므로 $\begin{bmatrix} 1 \\ 1 \\ 0 \end{bmatrix}$은 $\lambda = 1$에 대응하는 기저이다.

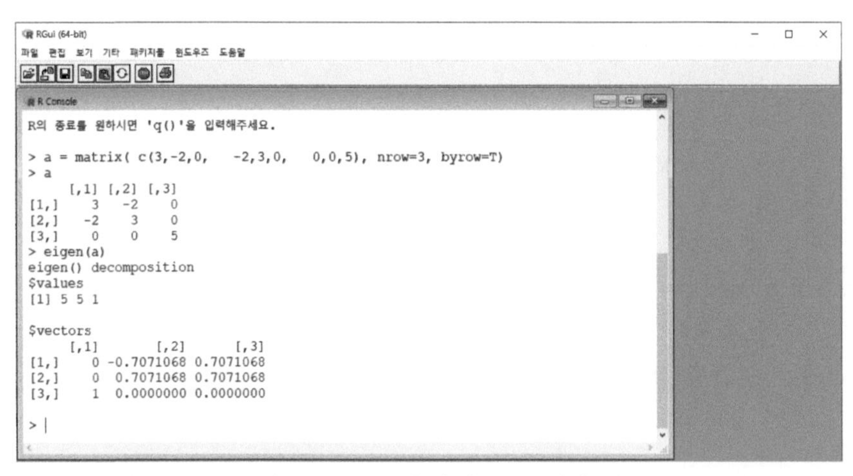

그림 10-2 고윳값과 고유벡터 6)

10.2 대각화 문제

이제부터는 고윳값의 문제에서 종종 등장하는 대각화의 문제를 다루어본다.

---

6) 그림 10-1에서 고유벡터를 얻는 과정을 설명하였다.

【정의 10-2】 정방행렬 A에 대해 $P^{-1}AP$가 대각행렬이 되도록 하는 행렬 P가 존재하면 행렬 A를 **대각화 가능**(diagonalizable)하다고 한다.

【정리 10-1】 n차 정방행렬 A가 대각화 가능일 필요충분조건은 행렬A가 n개의 1차 독립인 고유벡터를 갖는 것이다.

증명. 가정에서 A는 대각화 가능이라고 하였으므로 정의에 의하여 $P^{-1}AP=D$를 만족하는 비정칙행렬 P가 존재하게 된다. 여기서

$$P=\begin{bmatrix} p_{11} & p_{12} & \cdots & p_{1n} \\ p_{21} & p_{22} & \cdots & p_{2n} \\ \cdots & \cdots & \cdots & \cdots \\ p_{n1} & p_{n2} & \cdots & p_{nn} \end{bmatrix} = [\mathbf{p}_1, \mathbf{p}_2, \cdots, \mathbf{p}_n]$$

이고

$$D=\begin{bmatrix} \lambda_1 & 0 & 0 & \cdots & 0 \\ 0 & \lambda_2 & 0 & \cdots & 0 \\ \cdots\cdots & & \cdots\cdots & & \cdots\cdots \\ 0 & 0 & 0 & \cdots & \lambda_n \end{bmatrix}$$

이다. $P^{-1}AP=D$의 양변에 P를 곱하면 $AP=PD$가 된다. 여기서

$$AP=A[\mathbf{p}_1, \mathbf{p}_2, \cdots, \mathbf{p}_n] = [A\mathbf{p}_1, A\mathbf{p}_2, \cdots, A\mathbf{p}_n]$$

이고, PD는

$$PD=\begin{bmatrix} p_{11} & p_{12} & \cdots & p_{1n} \\ p_{21} & p_{22} & \cdots & p_{2n} \\ \cdots & \cdots & \cdots & \cdots \\ p_{n1} & p_{n2} & \cdots & p_{nn} \end{bmatrix}\begin{bmatrix} \lambda_1 & 0 & 0 & \cdots & 0 \\ 0 & \lambda_2 & 0 & \cdots & 0 \\ \cdots\cdots & & \cdots\cdots & & \cdots\cdots \\ 0 & 0 & 0 & \cdots & \lambda_n \end{bmatrix}$$

$$= \begin{bmatrix} \lambda_1 p_{11} & \lambda_2 p_{12} & \cdots & \lambda_n p_{1n} \\ \lambda_1 p_{21} & \lambda_2 p_{22} & \cdots & \lambda_n p_{2n} \\ \cdots & \cdots & \cdots & \cdots \\ \lambda_1 p_{n1} & \lambda_2 p_{n2} & \cdots & \lambda_n p_{nn} \end{bmatrix} = [\lambda_1 \mathbf{p}_1 \ , \ \lambda_2 \mathbf{p}_2 \ , \ \cdots \ , \ \lambda_n \mathbf{p}_n]$$

이므로

$$[A\mathbf{p}_1 \ , \ A\mathbf{p}_2 \ , \ \cdots \ , \ A\mathbf{p}_n] = [\lambda_1 \mathbf{p}_1 \ , \ \lambda_2 \mathbf{p}_2 \ , \ \cdots \ , \ \lambda_n \mathbf{p}_n]$$

인 관계식이 얻어진다.

P는 정칙행렬이므로 어떠한 열벡터(column vector)도 零벡터가 아니며, 따라서 $\lambda_1, \lambda_2, \cdots, \lambda_n$ 은 A의 고윳값이고 $\mathbf{p}_1$, $\mathbf{p}_2$, $\cdots$, $\mathbf{p}_n$은 이에 대응하는 고유벡터이다. 행렬 P가 정칙이므로 열벡터 전체는 1차 독립이 된다. 따라서 A는 n개의 1차 독립인 고유벡터를 갖는다.

【예제 10-4】 다음 행렬 A를 대각화하는 행렬 P를 구하여라.

$$A = \begin{bmatrix} 3 & -2 & 0 \\ -2 & 3 & 0 \\ 0 & 0 & 5 \end{bmatrix}$$

◖ 풀이 ◗ 앞의 그림 10-2에서 행렬 A의 고윳값은 $\lambda = 1, \lambda = 5$ 이며 각각에 대응하는 기저는 다음과 같음을 보였다.

$$\begin{bmatrix} 1 \\ -1 \\ 0 \end{bmatrix}, \begin{bmatrix} 0 \\ 0 \\ 1 \end{bmatrix}, \begin{bmatrix} 1 \\ 1 \\ 0 \end{bmatrix}$$

세 개의 기저(벡터)는 1차 독립이므로 대각화행렬 P는 다음과 같다.

$$P = \begin{bmatrix} 1 & 0 & 1 \\ -1 & 0 & 1 \\ 0 & 1 & 0 \end{bmatrix}$$

이제 앞의 대각화행렬 P를 이용하여 $P^{-1}AP$를 계산하여 보자.

$$P^{-1}AP = \begin{bmatrix} 1 & 0 & 1 \\ -1 & 0 & 1 \\ 0 & 1 & 0 \end{bmatrix}^{-1} \begin{bmatrix} 3 & -2 & 0 \\ -2 & 3 & 0 \\ 0 & 0 & 5 \end{bmatrix} \begin{bmatrix} 1 & 0 & 1 \\ -1 & 0 & 1 \\ 0 & 1 & 0 \end{bmatrix}$$

$$= \begin{bmatrix} 5 & 0 & 0 \\ 0 & 5 & 1 \\ 0 & 0 & 1 \end{bmatrix}$$

계산결과, $P^{-1}AP$는 대각행렬이며 각각의 대각성분이 고윳값과 일치함을 보이고 있다.

여러 가지 응용에 있어서 행렬 A를 대각화하는 전이행렬(transition matrix) P를 계산하는 것은 중요한 문제는 아니다. 그것보다는 A가 대각화 가능하다고 하면 대각행렬은 어떤 것인가 하는 것이다.

【정리 10-2】 $\mathbf{v}_1, \mathbf{v}_2, \ldots, \mathbf{v}_k$ 가 서로 다른 고윳값 $\lambda_1, \lambda_2, \cdots, \lambda_k$ 에 대응하는 A의 고유벡터이면 $\{\mathbf{v}_1, \mathbf{v}_2, \ldots, \mathbf{v}_k\}$ 는 1차 독립집합이다.

【예제 10-5】 다음 행렬 A의 고윳값은 $\lambda = 1, \lambda = 6$ 이다. 또한 각각의 고윳값에 대응하는 고유벡터를 $\mathbf{v}_1, \mathbf{v}_2$ 라고 하면 $\mathbf{v}_1, \mathbf{v}_2$ 는 1차 독립임을 보여라.

$$A = \begin{bmatrix} 5 & 4 \\ 1 & 2 \end{bmatrix}$$

◀ 풀이 ▶ 고윳값에 대응하는 고유벡터는 $\mathbf{v}_1 = \begin{bmatrix} 1 \\ -1 \end{bmatrix}$, $\mathbf{v}_2 = \begin{bmatrix} 4 \\ 1 \end{bmatrix}$ 이다. 임의의 스칼라 k_1, k_2에 대하여

$$k_1 \begin{bmatrix} 1 \\ -1 \end{bmatrix} + k_2 \begin{bmatrix} 4 \\ 1 \end{bmatrix} = \begin{bmatrix} 0 \\ 0 \end{bmatrix}$$

을 만족하는 스칼라는 $k_1 = 0$, $k_2 = 0$으로 유일하다. 따라서 1차 독립이다.

【정리 10-3】 n차 정방행렬 A가 n개의 서로 다른 고윳값을 가지면 A는 대각화 가능하다. 하지만 일반적으로 역은 성립하지 않는다.

【정리 10-3】의 역이 성립하지 않음을 보이기 위해, 행렬 A를

$$A = \begin{bmatrix} 3 & 0 \\ 0 & 3 \end{bmatrix}$$

이라고 하면 특성방정식은 $(3-\lambda)^2 = 0$이므로 고윳값은 $\lambda = 3$이 된다. A의 고유벡터는 $(A-\lambda I)\mathbf{x} = \mathbf{0}$ 을 만족하는 $\mathbf{x}$ 를 구하는 것이므로

$$(A-\lambda I)\mathbf{x} = \begin{bmatrix} 3-3 & 0 \\ 0 & 3-3 \end{bmatrix}\begin{bmatrix} x_1 \\ x_2 \end{bmatrix} = \begin{bmatrix} 0 \\ 0 \end{bmatrix}$$

이 된다. 이것을 연립방정식으로 나타내면

$$\begin{cases} 0x_1 + 0x_2 = 0 \\ 0x_1 + 0x_2 = 0 \end{cases}$$

이다. 따라서 해벡터는

$$\begin{bmatrix} x_1 \\ x_2 \end{bmatrix} = \begin{bmatrix} s \\ 0 \end{bmatrix} + \begin{bmatrix} 0 \\ t \end{bmatrix} = s\begin{bmatrix} 1 \\ 0 \end{bmatrix} + t\begin{bmatrix} 0 \\ 1 \end{bmatrix} \quad \text{여기서 } s, t\text{는 임의의 수}$$

이제 대각화 행렬 P를 $P = \begin{bmatrix} 1 & 0 \\ 0 & 1 \end{bmatrix}$ 이라고 하면, 다음에서 보듯이 대각화가능이지만 고윳값은 하나뿐이다.

$$P^{-1}AP = \begin{bmatrix} 1 & 0 \\ 0 & 1 \end{bmatrix}^{-1}\begin{bmatrix} 3 & 0 \\ 0 & 3 \end{bmatrix}\begin{bmatrix} 1 & 0 \\ 0 & 1 \end{bmatrix} = \begin{bmatrix} 3 & 0 \\ 0 & 3 \end{bmatrix}$$

【정의 10-3】 $U^{-1} = U^T$인 정방행렬 U를 **직교행렬**(orthogonal matrix)이라 한다.

이제 행렬 $P = \begin{bmatrix} \cos\theta & -\sin\theta \\ \sin\theta & \cos\theta \end{bmatrix}$ 라고 하면 $P^{-1} = \begin{bmatrix} \cos\theta & \sin\theta \\ -\sin\theta & \cos\theta \end{bmatrix}$ 가 된다.

따라서 행렬 P는【정의 10-3】를 만족시키므로 직교행렬이다.

【정의 10-4】 임의의 직교행렬 U에 대하여 $B = U^T A U$가 성립하면 A와 B는 **상사**(similar)라고 한다. 이때 A로부터 B를 구하는 과정을 **상사변환**(similar transformation)이라 한다.

【예제 10-6】 A, B가 상사관계이면 $AU = UB$ 의 관계가 성립함을 보여라. 여기서 U는 직교행렬이다.

◀ 풀이 ▶ A, B는 상사이므로 $B = U^T A U$ 이다. 이 식의 양변에 $(U^T)^{-1}$을 곱하면

$$(U^T)^{-1} B = (U^T)^{-1} U^T A U = A U$$

가 된다. U가 직교행렬이므로 $U^T = U^{-1}$ 이다. 이 식을 윗 식에 대입하면

$$A U = (U^{-1})^{-1} B = U B$$ [7)]

의 관계식을 얻을 수 있다.

---

7) A의 역행렬이 존재하면 $(A^{-1})^{-1} = A$ 이다.

예를 들어, 다음과 같은 행렬 A, U, B 를 고려해보자.

$$A = \begin{bmatrix} 5 & -2 \\ -2 & 2 \end{bmatrix} \quad U = \begin{bmatrix} \frac{1}{\sqrt{5}} & -\frac{2}{\sqrt{5}} \\ \frac{2}{\sqrt{5}} & \frac{1}{\sqrt{5}} \end{bmatrix} \quad B = \begin{bmatrix} 1 & 0 \\ 0 & 6 \end{bmatrix}$$

이라고 하면

$$AU = \begin{bmatrix} \frac{1}{\sqrt{5}} & -\frac{12}{\sqrt{5}} \\ \frac{2}{\sqrt{5}} & \frac{6}{\sqrt{5}} \end{bmatrix} \quad , \quad UB = \begin{bmatrix} \frac{1}{\sqrt{5}} & -\frac{12}{\sqrt{5}} \\ \frac{2}{\sqrt{5}} & \frac{6}{\sqrt{5}} \end{bmatrix}$$

이므로 $AU = UB$ 의 관계가 성립한다. 따라서 A와 B는 상사관계이다.

【정리 10-4】 A, B가 상사행렬이면 다음이 성립한다.

1) $f_A(\lambda) = f_B(\lambda)$

2) $tr(A) = tr(B)$

3) $\det(A) = \det(B)$

증명. 1) $f_B(\lambda) = \det(B - \lambda I)$

$$= \det[U^{-1}(A - \lambda I)U]$$

$$= \det(U^{-1})\det(A - \lambda I)\det(U)$$

$$= \det(A - \lambda I)\det(U^{-1})\det(U) = f_A(\lambda)$$

2) $tr(B) = tr(U'AU) = tr(AU'U) = tr(AI) = tr(A)$

3) $\det(B) = \det(U'AU) = \det(AU'U) = \det(A)\det(U'U) = \det(A)$

【정리 10-5】 n차 정방행렬 A의 적(跡, trace)은 주대각성분의 합이다.[8]

$$tr(A) = a_{11} + a_{22} + a_{33} + \cdots + a_{nn}$$

【정리 10-6】 n차 정방행렬 A의 적(trace)은 고윳값의 합과 같다.

R 프로그램에서 정수(1~9)를 생성하여 정방행렬을 만든 후, 트레이스와 고윳값을 구한 것이다. 또한 고윳값의 합과 트레이스가 같음을 확인할 수 있다.

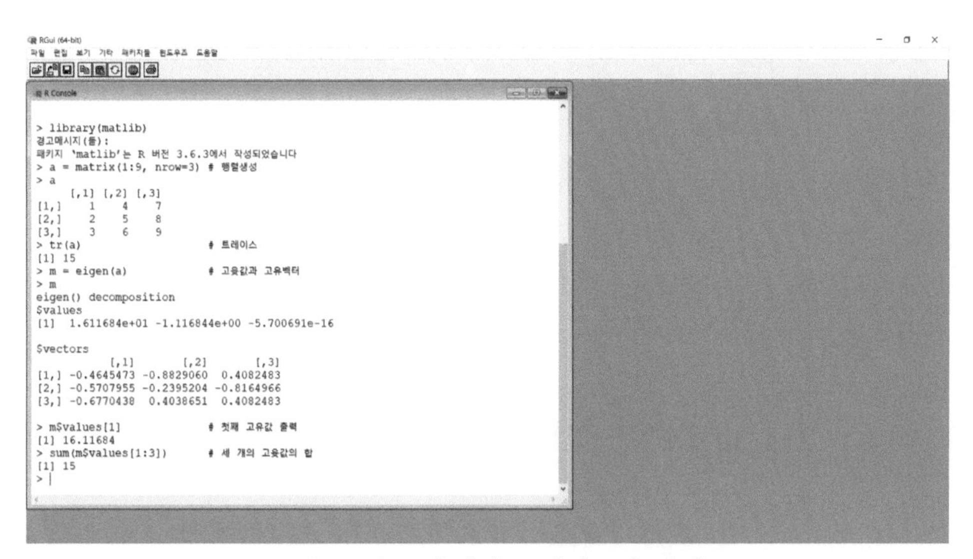

그림 10-3 고윳값과 트레이스의 관계

10.3 고윳값의 수치해법

정방행렬의 차수가 크면 컴퓨터의 도움 없이 직접 고윳값을 계산한다는 것은 사실상 불가능하다. 일반적으로 $(n \times n)$행렬의 특성방정식은 n차 방정식이

8) 일반적으로 “트레이스”라고 부른다.

되므로 해를 구하는 것은 상당히 어려운 문제라고 할 수 있다. 다음은 행렬의 차수가 클 때 수치해석적 방법으로 고윳값을 계산하는 방법이다.

10.3.1 Bairstow 방법

다항식의 모든 근을 찾는 방법으로는 Bairstow 방법을 꼽을 수 있는데, n차 다항식을 2차 다항식의 곱으로 분해하는 방법이다.[9)]

n차 다항식이 2차 다항식의 곱으로 분해되면 2차 방정식은 근의 공식에 의해 구할 수 있으므로 모든 근을 구할 수 있게 된다.

【예제 10-7】 $f(x) = x^6 - 21x^5 + 175x^4 - 735x^3 + 1624.5x^2 - 1764x + 720$ 의 근을 구하여라.

◖ 풀이 ◗ << 프로그램 10-1 >>의 Bairstow 방법을 사용하여 해를 구하면 다음과 같다.

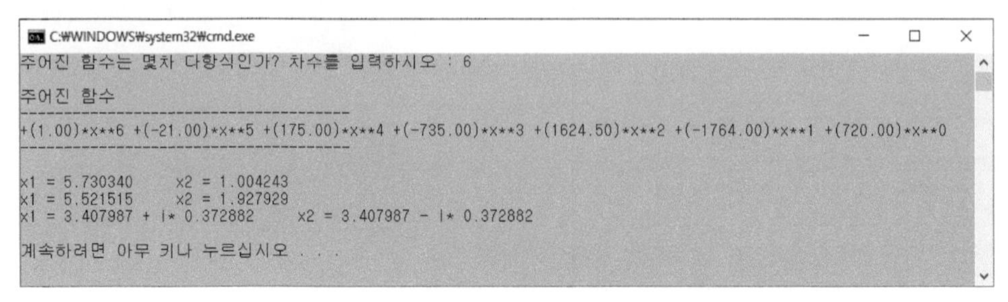

그림 10-4 방정식의 모든 근 구하기

그림에서 보듯이, 주어진 6차 함수는 4개의 실근과 2개의 허근을 갖고 있음을 알 수 있다.[10)]

---

9) 여기서는 Bairstow의 방법으로 방정식의 근을 구하는 절차가 너무 복잡하여 내용을 소개할 수 없고, 단지 프로그램을 실어 놓았다.

10) 수식의 표현에 있어 +(1.00)*x**6 은 $1.00x^6$을 의미한다. 함수의 근이 옳은가를 알아보기 위해서는 $f(5.730340)$ 등과 같이 함수에 근을 대입하여 값을 계산하고, 그 값이 0 인가를 확인하면 된다.

10.3.2 보간법[11)]

행렬 A에 관한 특성다항식 $f(\lambda)$는

$$f(\lambda) = \begin{bmatrix} a_{11}-\lambda & a_{12} & \cdots & a_{1n} \\ a_{21} & a_{22}-\lambda & \cdots & a_{2n} \\ \vdots & \vdots & \cdots & \vdots \\ a_{n1} & a_{n2} & \cdots & a_{nn}-\lambda \end{bmatrix}$$

이므로 임의의 λ값을 대입하여 우변의 행렬식을 계산할 수 있다.

$f(\lambda)$는 n차 다항식이므로 보간법으로 함수를 도출하기 위해선 $(n+1)$번의 행렬식 계산이 필요하다. 여기에 Bairstow 방법으로 방정식의 해를 계산함으로써 고윳값을 얻게 된다.

【예제 10-8】 다음 행렬 A의 고윳값을 구하여라.

$$A = \begin{bmatrix} 3 & 4 & -2 \\ 3 & -1 & 1 \\ 2 & 0 & 5 \end{bmatrix}$$

◖ 풀이 ◗ 행렬 A에 대한 특성다항식은

$$f(\lambda) = \begin{vmatrix} 3-\lambda & 4 & -2 \\ 3 & -1-\lambda & 1 \\ 2 & 0 & 5-\lambda \end{vmatrix}$$

이므로 $\lambda = 0, 1, 2, 3, 4, 5$ 의 값을 넣어서 $f(\lambda)$의 값을 계산하고, 전향계차(前向階差)를 구해보면 다음과 같다.[12)]

---

11) 보간법을 통해 다항식을 유도하는 과정은 복잡하므로 여기서는 이론적으로 전개하는 것은 지양하고 함수식만 소개한다.
12) 계차는 계단식으로 빼셈을 하는 것이다.

전향계차표[13)]

λ	$f(\lambda)$	$\Delta f(\lambda)$	$\Delta^2 f(\lambda)$	$\Delta^3 f(\lambda)$	$\Delta^4 f(\lambda)$
0	-71	7	8	-6	0
1	-64	15	2	-6	0
2	-49	17	-4	-6	
3	-32	13	-10		
4	-19	3			
5	-16				

제3계차인 $\Delta^3 f(\lambda)$ 의 값이 일정하므로 3차 다항식으로 함수가 표현된다. 따라서 전향계차 보간공식에 따라

$$\begin{aligned} g(\lambda) &= -71 + 7\lambda + 8 \times \frac{\lambda(\lambda-1)}{2} - 6 \times \frac{\lambda(\lambda-1)(\lambda-2)}{6} \\ &= -\lambda^3 + 7\lambda^2 + \lambda - 71 \end{aligned}$$

이다. 따라서 Bairstow 방법으로 $g(\lambda)$의 근을 구해보면 다음 그림 10-5에서 보듯이. 행렬의 고윳값은 $\lambda = -2.750$, $4.875 \pm 1.431i$ 가 된다. 여기서 $i = \sqrt{-1}$ 이다. 또한 그림 10-6에는 행렬 A의 고윳값이 출력되어 있는데 보간법으로 계산한 값과 일치하는 것을 알 수 있다.

```
C:\WINDOWS\system32\cmd.exe
주어진 함수는 몇차 다항식인가? 차수를 입력하시오 : 3

주어진 함수
-------------------------------------
+(-1.00)*x**3 +(7.00)*x**2 +(1.00)*x**1 +(-71.00)*x**0
-------------------------------------

x1 = 4.875130 + i* 1.431382     x2 = 4.875130 - i* 1.431382
x = -2.750260

계속하려면 아무 키나 누르십시오 . . .
```

그림 10-5 방정식의 근

13) 전향계차는 $\Delta f_i = x_{x+1} - x_i$ 로 계산하며, Δf_1의 첫 번째 값은 $(-64)-(-71)=7$ 이 된다. 전향계차를 이용하여 함수를 구하는 수식은 다음과 같다. 여기서 h는 λ의 간격이다.

$$f(x) = y_0 + \frac{\Delta y_0}{h}(x-x_0) + \frac{\Delta^2 y_0}{2h^2}(x-x_0)(x-x_1) + \cdots + \frac{\Delta^n y_0}{n!h^n}(x-x_0)(x-x_1)\cdots(x-x_{n-1})$$

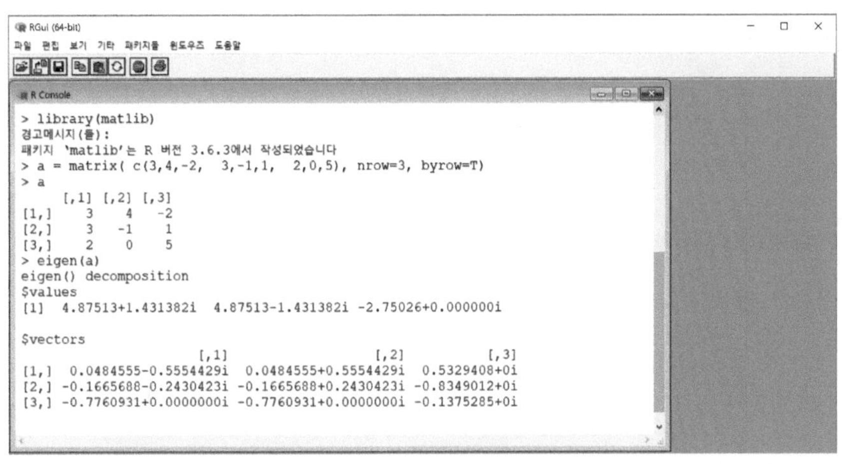

그림 10-6 고윳값과 고유벡터

보간법으로는 고윳값을 구할 수 있지만 고유벡터를 구할 수 없다는 것이다. 이제부터는 고윳값과 고유벡터를 동시에 구하는 방법을 소개하기로 한다.

10.3.3 멱승법(power method)

멱승법은 절댓값이 최대인 고윳값과 그에 대응하는 고유벡터의 근사적인 계산을 할 수 있다. 멱승법이 중요한 이유는 계산이 쉽다는 것이다.

n차 정방행렬 A는 정의에 따라 고윳값과 고유벡터는 다음과 같은 관계식

$$A\mathbf{x}_i = \lambda\mathbf{x}_i$$

을 만족한다. 여기서 λ_i는 i 번째 고윳값이고, $\mathbf{x}_i$는 i 번째 고유벡터이다.

> 【정의 10-5】 정방행렬 A의 고윳값의 절댓값 중에서 최댓값을 최대고윳값(dominant eigenvalue) 라하고, 최대고윳값에 대응하는 고유벡터를 최대고유벡터(dominant eigenvector)라고 부른다.

행렬 A의 최대고윳값은 실수이며 유일하다고 가정하고 오름차순으로 고윳값을 나열한 것이

$$|\lambda_1| \leqq |\lambda_2| \leqq |\lambda_3| \leqq \cdots \leqq |\lambda_{n-1}| < |\lambda_n|$$

이라 하자. 멱승법은 영이 아닌 초기 고유벡터 $\mathbf{x}_0$에 대하여 충분히 큰 지수 p에 대한 벡터

$$A^p \mathbf{x}_0$$

가 A의 최대고윳값에 대응하는 고유벡터를 잘 근사(近似)시킨다는 원리를 이용하는 것이다.

【정리 10-6】 $\mathbf{x}$ 가 A의 최대 고유벡터이면 최대고윳값 λ_n은 다음과 같다.

$$\lambda_n \cong \frac{\mathbf{x} \cdot A\mathbf{x}}{\mathbf{x} \cdot \mathbf{x}}$$

【정리 10-6】의 좌변의 내적 비 λ_n을 레일리-리츠 비(Rayleigh-Ritz ratio)라고 부른다.

【예제 10-9】 다음 행렬 A의 최대고윳값과 최대고유벡터를 구하여라.

$$A = \begin{bmatrix} 2 & 3 \\ 4 & 1 \end{bmatrix}$$

◖ 풀이 ◗ 초기 고유벡터 $\mathbf{x}_0$를 다음과 같이 선택하여 본다.

$$\mathbf{x}_0 = \begin{bmatrix} 1 \\ 0 \end{bmatrix}$$

이제 $\mathbf{x}_0$에 A를 곱하여 $\mathbf{x}_i(i=1,2,\ldots)$의 값을 구해보면

$$\mathbf{x}_1 = a\mathbf{x}_0 = \begin{bmatrix} 2 & 3 \\ 4 & 1 \end{bmatrix}\begin{bmatrix} 1 \\ 0 \end{bmatrix} = \begin{bmatrix} 2 \\ 4 \end{bmatrix}$$

$$\mathbf{x}_2 = a\mathbf{x}_1 = \begin{bmatrix} 2 & 3 \\ 4 & 1 \end{bmatrix}\begin{bmatrix} 2 \\ 4 \end{bmatrix} = \begin{bmatrix} 16 \\ 12 \end{bmatrix}$$

$$\cdots \quad \cdots \qquad\qquad \cdots$$

이상의 과정을 반복하고 정리하면 다음과 같다.[14)]

```
C:\WINDOWS\system32\cmd.exe
행렬의 차수를 입력하시오. 2
행렬 A(i,j)의 성분을 입력하시오.
2 3 4 1
초기치 x(1),...,x(n) 을 입력하시오 : 1 0
              x1            x2              비율
 ------------------------------------------------
   1     2.0000e+000   4.0000e+000   5.0000e-001
   2     1.6000e+001   1.2000e+001   1.3333e+000
   3     6.8000e+001   7.6000e+001   8.9474e-001
   4     3.6400e+002   3.4800e+002   1.0460e+000
   5     1.7720e+003   1.8040e+003   9.8226e-001
   6     8.9560e+003   8.8920e+003   1.0072e+000
   7     4.4588e+004   4.4716e+004   9.9714e-001
   8     2.2332e+005   2.2307e+005   1.0011e+000
   9     1.1159e+006   1.1164e+006   9.9954e-001
  10     5.5808e+006   5.5798e+006   1.0002e+000
  11     2.7901e+007   2.7903e+007   9.9993e-001
  12     1.3951e+008   1.3951e+008   1.0000e+000
  13     6.9754e+008   6.9755e+008   9.9999e-001
  14     3.4877e+009   3.4877e+009   1.0000e+000
  15     1.7439e+010   1.7439e+010   1.0000e+000
 ------------------------------------------------
계속하려면 아무 키나 누르십시오 . . .
```

그림 10-7 반복법에 의한 근사 고유값

따라서 최대고유벡터 $\mathbf{x}$ 는

$$\mathbf{x} = k\begin{bmatrix} 1 \\ 1 \end{bmatrix} \quad , k\text{는 임의의 실수}$$

이다. 최대 고유벡터는 $\mathbf{x} = \begin{bmatrix} 1 \\ 1 \end{bmatrix}$ 이므로 $A\mathbf{x} = \begin{bmatrix} 5 \\ 5 \end{bmatrix}$ 가 된다. 따라서 유클리드 내

14) x_1과 x_2의 값이 증가(발산)하므로 두 값의 비를 계산하였다.

적 $(\mathbf{x} \cdot A\mathbf{x})$, $(\mathbf{x} \cdot \mathbf{x})$ 를 계산하고 【정리 10-6】에 따른 최대고윳값을 구해보면 다음과 같다.

$$\lambda = \frac{1\times5+1\times5}{1\times1+1\times1} = 5$$

10.3.4 수축과 역멱승법

어떤 행렬의 최대고윳값과 이에 대응하는 최대고유벡터 만을 필요로 할 때에는 멱승법을 사용하면 된다. 하지만 다른 고윳값과 고유벡터가 필요한 경우에는 사용할 수 없으므로 다른 방법이 필요하다.

【정리 10-7】 $(n\times n)$ 대칭행렬 A 의 고윳값을 $\lambda_1,\lambda_2,\ldots,\lambda_n$ 이라 하고 λ_1 에 대응하는 고유벡터 $\mathbf{v}_1$을 $\|\mathbf{v}_1\| = 1$ 이 되도록 만들면

1) $B = A - \lambda_1 \mathbf{v}_1 \mathbf{v}_1^T$ 의 고윳값은 $0,\lambda_2,\ldots,\lambda_n$ 이다.
2) 零이 아닌 고윳값 $\lambda_2,\ldots,\lambda_n$ 중의 하나에 대응하는 고유벡터는 대칭행렬 A 의 고유벡터이다.

【예제 10-10】 다음 행렬 A의 고유벡터를 모두 구하여라.

$$A = \begin{bmatrix} 3 & -2 & 0 \\ -2 & 3 & 0 \\ 0 & 0 & 5 \end{bmatrix}$$

◖ 풀이 ◗ 앞의 【예제 10-4】에서 고윳값은 $\lambda_1 = 5$, $\lambda_2 = 5$, $\lambda_3 = 1$ 임을 보인 바 있다. 또한 행렬 A는 대칭행렬이다.

1) A의 특성방정식에 $\lambda = 1$ 을 대입하면 다음의 관계식을 얻을 수 있다.

$$\begin{bmatrix} 2 & -2 & 0 \\ -2 & 2 & 0 \\ 0 & 0 & 4 \end{bmatrix}\begin{bmatrix} x_1 \\ x_2 \\ x_3 \end{bmatrix}=\begin{bmatrix} 0 \\ 0 \\ 0 \end{bmatrix}$$

이것을 연립방정식으로 표현하면

$$\begin{cases} 2x_1-2x_2 \qquad =0 \\ \qquad\qquad 4x_3=0 \end{cases}$$

이 된다. 따라서 해집합은 임의의 s 에 대하여

$$\begin{bmatrix} x_1 \\ x_2 \\ x_3 \end{bmatrix}=s\begin{bmatrix} 1 \\ 1 \\ 0 \end{bmatrix}$$

이고, 고유벡터 $\begin{bmatrix} 1 \\ 1 \\ 0 \end{bmatrix}$ 가 얻어진다.

2) A 의 특성방정식에 $\lambda_1=5$ 를 대입하면 다음의 관계식을 얻을 수 있다.

$$\begin{bmatrix} 2 & -2 & 0 \\ 2 & -2 & 0 \\ 0 & 0 & 0 \end{bmatrix}\begin{bmatrix} x_1 \\ x_2 \\ x_3 \end{bmatrix}=\begin{bmatrix} 0 \\ 0 \\ 0 \end{bmatrix}$$

이것을 연립방정식으로 환원하고 해을 구하면 $x_1=-x_2$, $x_2=x_2$, $x_3=x_3$ 인 관계식을 얻게 된다. 여기서 $x_2=s, x_3=t$ (s, t 는 임의의 수)라고 놓으면

$$\begin{bmatrix} x_1 \\ x_2 \\ x_3 \end{bmatrix}=\begin{bmatrix} -s \\ s \\ t \end{bmatrix}=s\begin{bmatrix} -1 \\ 1 \\ 0 \end{bmatrix}+t\begin{bmatrix} 0 \\ 0 \\ 1 \end{bmatrix}$$

이므로 $\mathbf{v}=\begin{bmatrix} -1 \\ 1 \\ 0 \end{bmatrix}$ 는 $\lambda_1=5$ 에 대응하는 하나의 고유벡터이며, 이를 정규화하면 다음과 같다.

$$\mathbf{v}_1 = \frac{1}{\sqrt{2}}\begin{bmatrix} -1 \\ 1 \\ 0 \end{bmatrix}$$

따라서【정리 10-7】에 의하여 B를 계산하면

$$B = A - \lambda_1 \mathbf{v}_1 \mathbf{v}_1^T = \begin{bmatrix} 3 & -2 & 0 \\ -2 & 3 & 0 \\ 0 & 0 & 5 \end{bmatrix} - 5\frac{1}{\sqrt{2}}\begin{bmatrix} -1 \\ 1 \\ 0 \end{bmatrix}\frac{1}{\sqrt{2}}(-1, 1, 0)$$

$$= \begin{bmatrix} 0.5 & 0.5 & 0 \\ 0.5 & 0.5 & 0 \\ 0 & 0 & 5 \end{bmatrix}$$

이며, 행렬 B의 고윳값을 계산하면 $\lambda = 0, 5, 1$ 이다.[15]

이제 $\lambda = 5$ 에 대응하는 고유공간은 $(5I - B)\mathbf{x} = \mathbf{0}$ 을 만족하므로

$$\begin{bmatrix} \frac{9}{2} & -\frac{1}{2} & 0 \\ -\frac{1}{2} & \frac{9}{2} & 0 \\ 0 & 0 & 0 \end{bmatrix}\begin{bmatrix} x_1 \\ x_2 \\ x_3 \end{bmatrix} = \begin{bmatrix} 0 \\ 0 \\ 0 \end{bmatrix}$$

인 관계식이 얻어지며 이것을 풀면 $x_1 = 0$, $x_2 = 0$, $x_3 = t$ (t 는 임의)가 된다. 따라서 또 다른 고윳값인 $\lambda = 5$ 에 대응하는 B의 고유벡터는

$$\mathbf{x} = \begin{bmatrix} 0 \\ 0 \\ t \end{bmatrix} = t\begin{bmatrix} 0 \\ 0 \\ 1 \end{bmatrix}$$

이다. 따라서 세 개의 고유백터는 다음과 같다.

$$\begin{bmatrix} 1 \\ 1 \\ 0 \end{bmatrix} \quad \begin{bmatrix} -1 \\ 1 \\ 0 \end{bmatrix} \quad \begin{bmatrix} 0 \\ 0 \\ 1 \end{bmatrix}$$

---

15)【정리 10-7】에서 $B = A - \lambda_1 \mathbf{v}_1 \mathbf{v}_1^T$ 의 고윳값은 $0, \lambda_2, \ldots, \lambda_n$ 이라고 하였음.

행렬 A 의 고윳값이 다음과 같이 절댓값의 크기 순서로 되어 있다고 하자.

$$|\lambda_1| > |\lambda_2| \geqq |\lambda_3| \geqq \cdots \geqq |\lambda_n|$$

또한 주요 고윳값과 주요 고유벡터가 멱승법에 의해 구해져 있다고 하면 $B = A - \lambda_1 \mathbf{v}_1 \mathbf{v}_1^T$ 의 고윳값은 $0, \lambda_2, \ldots, \lambda_n$ 이므로 이들 고윳값의 절댓값은 다음과 같은 순서를 가질 것이다.

$$|\lambda_2| > |\lambda_3| \geqq \cdots \geqq |\lambda_n| \geqq 0$$

λ_2 는 B 의 주요 고윳값으로서 λ_2 에 대응하는 주요 고유벡터는【정리 10-7】에 의해 계산할 수 있다. 이와 같은 방식을 적용하여 고윳값과 고유벡터를 계산하는 방법을 수축법(Deflation)이라 한다.

수축법을 사용하면 주요 고윳값과 고유벡터를 계산하는 데 오차가 포함되어 있으므로 다음 단계에서 주요 고윳값과 고유벡터에는 전파 오차가 전달된다. 따라서 수축법으로 고윳값과 고유벡터를 계산할 때는 처음 몇 개의 고윳값과 고유벡터만이 의미를 갖게 된다.

행렬의 역을 취하면 고윳값은 역수를 취하지만 대응하는 고유벡터는 변하지 않는다는 사실을 이용하여 최소의 절댓값을 갖는 고윳값과 고유벡터를 계산할 수 있다. 이러한 방법을 역멱승법(inverse power method)라 한다.

【예제 10-11】 역멱승법으로 다음 행렬의 최소고윳값에 대응하는 고유벡터를 구하여라.

$$A = \begin{bmatrix} 3 & 2 \\ -1 & 0 \end{bmatrix}$$

◖ 풀이 ◗ 초기치를 $\mathbf{x}_0 = \begin{bmatrix} 1 \\ 1 \end{bmatrix}$ 이라고 하자. $A^{-1} = \frac{1}{2}\begin{bmatrix} 0 & -2 \\ 1 & 3 \end{bmatrix}$ 이므로 수정멱승법에 의하여

$$\mathbf{x}_1 = A^{-1}\mathbf{x}_0 = \frac{1}{2}\begin{bmatrix} 0 & -2 \\ 1 & 3 \end{bmatrix}\begin{bmatrix} 1 \\ 1 \end{bmatrix} = \frac{1}{2}\begin{bmatrix} -2 \\ 4 \end{bmatrix} \qquad \rightarrow \begin{bmatrix} -0.5 \\ 1 \end{bmatrix}$$

$$\mathbf{x}_2 = A^{-1}\mathbf{x}_1 = \frac{1}{2}\begin{bmatrix} 0 & -2 \\ 1 & 3 \end{bmatrix}\begin{bmatrix} -0.5 \\ 1 \end{bmatrix} = \frac{1}{2}\begin{bmatrix} -2 \\ 2.5 \end{bmatrix} \quad \rightarrow \begin{bmatrix} -0.8 \\ 1 \end{bmatrix}$$

$$\mathbf{x}_3 = A^{-1}\mathbf{x}_2 = \frac{1}{2}\begin{bmatrix} 0 & -2 \\ 1 & 3 \end{bmatrix}\begin{bmatrix} -0.8 \\ 1 \end{bmatrix} = \frac{1}{2}\begin{bmatrix} -2 \\ 2.2 \end{bmatrix} \quad \rightarrow \begin{bmatrix} -0.909 \\ 1 \end{bmatrix}$$

$\cdots \quad \cdots$

이상의 과정을 프로그램으로 확인하면 최소 고유벡터는 다음과 같다.

$$\mathbf{x} = \begin{bmatrix} -1 \\ 1 \end{bmatrix}$$

다음은 역멱승법으로 고윳값을 계산하는 << 프로그램 10-3 >>을 이용하여 고유벡터를 구한 것이다.

```
선택 C:₩WINDOWS₩system32₩cmd.exe
행렬의 차수를 입력하시오: 2

행렬 A(i,j)의 성분을 입력하시오.
 3  2
-1  0

초기치 x(1),...,x(n)을 입력하시오.
 1  1

-----------------------------
  i       x(1)        x(2)
-----------------------------
  1    -0.50000     1.00000
  2    -0.80000     1.00000
  3    -0.90909     1.00000
  4    -0.95652     1.00000
  5    -0.97872     1.00000
  6    -0.98947     1.00000
  7    -0.99476     1.00000
  8    -0.99739     1.00000
  9    -0.99870     1.00000
 10    -0.99935     1.00000
 11    -0.99967     1.00000
 12    -0.99984     1.00000
 13    -0.99992     1.00000
 14    -0.99996     1.00000
 15    -0.99998     1.00000
-----------------------------
계속하려면 아무 키나 누르십시오 . . .
```

그림 10-8 반복법에 의한 근사벡터의 계산

10.4 Householder 방법

대칭행렬은 일련의 상사변환을 구성함으로써 Householder 방법에 따라 삼중대각행렬로 변환시킬 수 있다. 삼중대각행렬의 구조를 보면 주대각선과 주대각선 좌우의 요소들을 제외한 모든 성분이 0(零)임을 알 수 있다.

【정의 10-6】 n차 정방행렬 T가 다음과 같은 형태로 표시될 때 삼중대각행렬(tridiagonal matrix) 이라 부른다.

$$T=\begin{bmatrix} b_1 & c_1 & 0 & 0 \cdots & 0 & 0 & 0 \\ d_1 & b_2 & c_2 & 0 \cdots & 0 & 0 & 0 \\ 0 & d_2 & b_3 & c_3 \cdots & 0 & 0 & 0 \\ \vdots & \vdots & \vdots & \vdots \cdots & \vdots & \vdots & \vdots \\ 0 & 0 & 0 & 0 \cdots & d_{n-2} & b_{n-1} & c_{n-1} \\ 0 & 0 & 0 & 0 \cdots & 0 & d_{n-1} & b_n \end{bmatrix}$$

이제부터는 임의의 행렬 A를 삼중대각행렬로 변환하는 방법에 대하여 알아보기로 한다. 반복식 표현 때문에 원행렬 A는 $A^{(1)}$로 표기하기로 한다.

$$A^{(1)}=A=\begin{bmatrix} a_{11} & a_{12} & a_{13} \cdots & a_{1n} \\ a_{21} & a_{22} & a_{23} \cdots & a_{2n} \\ a_{31} & a_{32} & a_{33} \cdots & a_{3n} \\ \vdots & \vdots & \vdots \cdots & \vdots \\ a_{n1} & a_{n2} & a_{n3} \cdots & a_{nn} \end{bmatrix}$$

이다. 이제 변환행렬 P를 다음과 같이 정의하여 보자.

$$P=I-\frac{uu^T}{h}\ ,\ \text{여기서} \begin{cases} G=\sqrt{\sum_{i=2}^{n} a_{11}^2}\ sign(a_{21}) \\ u=(0, a_{21}+G, a_{31}, a_{41}, \dots, a_{n1})^T \\ h=G^2+Ga_{21} \end{cases}$$

앞서 정의한 행렬 P 로부터 $PA^{(1)}P$ 를 계산하면 불완전한 삼중대각행렬 $A^{(2)}$ 를 만들 수 있다. 즉

$$A^{(2)} = PA^{(1)}P = \begin{bmatrix} b_{11} & b_{12} & 0 & \cdots & 0 \\ b_{21} & b_{22} & b_{23} & \cdots & b_{2n} \\ 0 & b_{32} & b_{33} & \cdots & b_{3n} \\ \vdots & \vdots & \vdots & \cdots & \vdots \\ 0 & b_{n2} & b_{n3} & \cdots & b_{nn} \end{bmatrix}$$

일반적으로 다음의 반복식

$$A^{(m+1)} = PA^{(m)}P \ , \qquad m = 1,2,3,\dots$$

를 이용하여 행렬 A를 삼중대각행렬로 변환시킬 수 있다. 여기서 변환행렬 P 는 앞에서 정의한 것과 동일하다. 즉,

$$P = I - \frac{uu^T}{h} \ , \quad \begin{cases} G = \sqrt{\sum_{i=m+1}^{n} a_{im}^2} \ sign(a_{m+1,m}) \\ u = (0, 0, .., a_{m+1,m} + G \, , \, a_{m+2,m} \, , \, a_{m+3,m} \, , .., a_{nm})^T \\ h = G^2 + Ga_{m+1,m} \end{cases}$$

이며, u_{ij} 는 행렬 $A^{(m)}$의 (i, j)성분이다.

【예제 10-12】 다음 행렬 A를 삼중대각행렬로 변환하라.

$$A = \begin{bmatrix} 1 & 4 & 5 \\ 4 & -3 & 0 \\ 5 & 0 & 7 \end{bmatrix}$$

◀ 풀이 ▶ $G = (4^2 + 5^2)^{1/2} \times (+1) = 6.4031$, $u = (0, \, 4 + 6.4031 \, , 5)^T$ 이므로 h와 P는

$$h = 41 + 6.4031 \times 4 = 66.6124$$

$$P = I - \frac{uu^T}{h} = \begin{bmatrix} 1 & 0 & 0 \\ 0 & 1 & 0 \\ 0 & 0 & 1 \end{bmatrix} - \frac{1}{66.6124} \begin{bmatrix} 0 \\ 10.4031 \\ 5 \end{bmatrix} [0\ ,\ 10.4031\ ,\ 5]$$

$$= \begin{bmatrix} 1 & 0 & 0 \\ 0 & -0.6265 & -0.7809 \\ 0 & -0.7809 & 0.6265 \end{bmatrix}$$

이다. 계속하여

$$A^{(2)} = PA^{(1)}P = \begin{bmatrix} 1 & 0 & 0 \\ 0 & -0.6265 & -0.7809 \\ 0 & -0.7809 & 0.6265 \end{bmatrix} \begin{bmatrix} 1 & 4 & 5 \\ 4 & -3 & 0 \\ 5 & 0 & 7 \end{bmatrix} \begin{bmatrix} 1 & 0 & 0 \\ 0 & -0.6265 & -0.7809 \\ 0 & -0.7809 & 0.6265 \end{bmatrix}$$

$$= \begin{bmatrix} 1 & -6.40312 & 0 \\ -6.40312 & 3.09756 & -4.87805 \\ 0 & -4.87805 & 0.90244 \end{bmatrix}$$

이므로 삼중대각행렬로 변환이 되었음을 알 수 있다.

다음은 프로그램을 실행시켜 삼중대각행렬을 생성한 결과를 확인한 것이다.

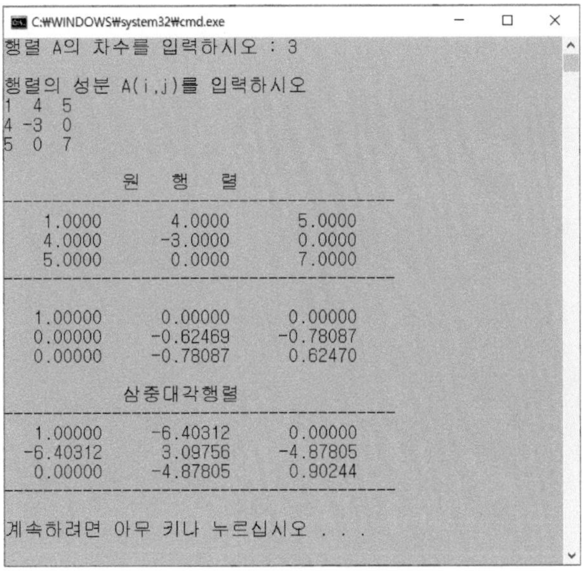

```
C:\WINDOWS\system32\cmd.exe
행렬 A의 차수를 입력하시오 : 3

행렬의 성분 A(i,j)를 입력하시오
1  4  5
4 -3  0
5  0  7
                원   행   렬
-------------------------------------------
     1.0000        4.0000        5.0000
     4.0000       -3.0000        0.0000
     5.0000        0.0000        7.0000
-------------------------------------------

    1.00000       0.00000       0.00000
    0.00000      -0.62469      -0.78087
    0.00000      -0.78087       0.62470
                삼중대각행렬
-------------------------------------------
    1.00000      -6.40312       0.00000
   -6.40312       3.09756      -4.87805
    0.00000      -4.87805       0.90244
-------------------------------------------

계속하려면 아무 키나 누르십시오 . . .
```

그림 10-9 삼중대각행렬 만들기

이제부터는 삼중대각행렬의 고윳값을 계산하는 방법에 대하여 다루어보기로 한다. n차 정방행렬 T는 대칭인 삼중대각행렬이며, T의 특성다항식을 $f_n(\lambda)$라고 하면

$$f_n(\lambda)=\begin{bmatrix} b_1-\lambda & c_1 & 0 & 0 \cdots & 0 & 0 & 0 \\ d_1 & b_2-\lambda & c_2 & 0 \cdots & 0 & 0 & 0 \\ 0 & d_2 & b_3-\lambda & c_3 \cdots & 0 & 0 & 0 \\ \vdots & \vdots & \vdots & \vdots \cdots & \vdots & \vdots & \vdots \\ 0 & 0 & 0 & 0 \cdots & d_{n-2} & b_{n-1}-\lambda & c_{n-1} \\ 0 & 0 & 0 & 0 \cdots & 0 & d_{n-1} & b_n-\lambda \end{bmatrix}$$

가 된다. 이제 차수가 1, 2인 경우부터 다루어보자.

$$f_1(\lambda)=b_1-\lambda$$

$$f_2(\lambda)=\begin{bmatrix} b_1-\lambda & c_1 \\ c_1 & b_2-\lambda \end{bmatrix}=(b_2-\lambda)f_1(\lambda)-c_1^2$$

차수가 3인 경우는 제3행에 관하여 Laplace 전개하면 된다.

$$\begin{aligned} f_3(\lambda)&=\begin{bmatrix} b_1-\lambda & c_1 & 0 \\ c_1 & b_2-\lambda & c_2 \\ 0 & c_2 & b_3-\lambda \end{bmatrix} \\ &=(b_1-\lambda)(b_2-\lambda)(b_3-\lambda)-[c_{12}(b_3-\lambda)+c_{12}(b_3-\lambda)] \\ &=(b_3-\lambda)f_2(\lambda)-c_2^2 f_1(\lambda) \end{aligned}$$

마찬가지로 차수가 4인 경우도 제4행에 관하여 전개하면

$$f_4(\lambda)=\begin{bmatrix} b_1-\lambda & c_1 & 0 & 0 \\ c_1 & b_2-\lambda & c_2 & 0 \\ 0 & c_2 & b_3-\lambda & c_3 \\ 0 & 0 & c_3 & b_4-\lambda \end{bmatrix}=(b_4-\lambda)f_3(\lambda)-c_3^2 f_2(\lambda)$$

가 된다. 이처럼 마지막 행에 관하여 Laplace 전개를 계속하면

$$f_k(\lambda) = (b_k - \lambda) f_{k-1}(\lambda) - c_{k-1}^2 f_{k-2}(\lambda) \qquad k = 2,3,\ldots,n$$

인 반복식을 얻을 수 있다. 단, 초기치는 $f_0(\lambda) = 1$ 이고, 고윳값은 $f_k(\lambda) = 0$ 을 만족하는 해(解)이다.

【예제 10-13】 다음 행렬 A의 고윳값을 구하여라.

$$A = \begin{bmatrix} 2 & -1 & 0 \\ -1 & 5 & 4 \\ 0 & 4 & 1 \end{bmatrix}$$

◖ 풀이 ◗ 반복식으로 특성다항식을 계산하여 보면

$$\begin{cases} f_0(\lambda) = 1, \quad \text{초기치} \\ f_1(\lambda) = 2 - \lambda \\ f_2(\lambda) = (5-\lambda)(2-\lambda) - (-1)2 = \lambda^2 - 7\lambda + 9 \\ f_3(\lambda) = (\lambda^2 - 7\lambda + 9)(1-\lambda) - 42(2-\lambda) = -\lambda^3 + 8\lambda - 23 \end{cases}$$

이므로 고윳값은 $f_3(\lambda) = -\lambda^3 + 8\lambda - 23 = 0$ 을 만족한다. 따라서 구하는 고윳값은 $\lambda = 7.602011\,,\ 1.949741\,,\ -1.551752$ 이다.

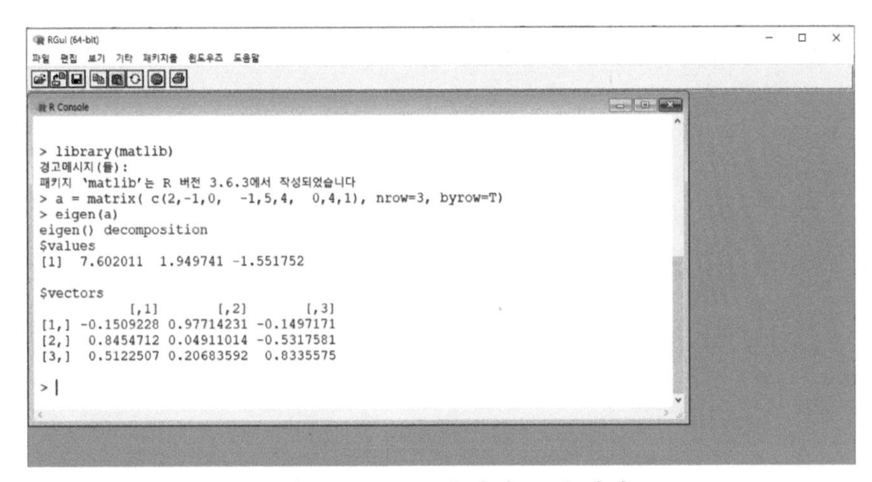

그림 10-10 고윳값과 고유벡터

10.5 Jacobi 방법

대칭행렬의 고윳값을 구하는 방법인 Jacobi 방법은 고윳값을 구하려는 행렬 A에 대하여 임의의 직교행렬 U를 $U^TAU=D$(대각행렬)가 되도록 결정한 후 행렬의 대각선 요소로부터 고윳값을 구하는 방법이다.

Jacobi 방법은 연속적으로 직교변환을 통하여 행렬 A를 대각행렬로 바꾸는 것이다.

【정리 10-8】 대칭행렬의 고윳값에 대응하는 고유벡터는 직교한다.

【정의 10-7】 i,j행과 i,j열을 회전시키는 $i-j$ 회전행렬 (rotation matrix) R_{ij}는 다음과 같이 정의한다.

$$R_{ij}=\begin{array}{c} \\ \\ \end{array}\begin{bmatrix} 1 & \cdots & 0 & \cdots & 0 & \cdots & 0 \\ \vdots & \cdots & \vdots & \cdots & \vdots & \cdots & \vdots \\ 0 & \cdots & \cos\theta & \cdots & -\sin\theta & \cdots & 0 \\ \vdots & \cdots & \vdots & \cdots & \vdots & \cdots & \vdots \\ 0 & \cdots & \sin\theta & \cdots & \cos\theta & \cdots & 0 \\ \vdots & \cdots & \vdots & \cdots & \vdots & \cdots & \vdots \\ 0 & \cdots & 0 & \cdots & 0 & \cdots & 1 \end{bmatrix}\begin{array}{l} \\ \\ i\text{행} \\ \\ j\text{행} \\ \\ \\ \end{array}$$

($\cos\theta$, $\sin\theta$가 있는 열이 각각 i열, j열)

【정리 10-9】 임의의 대칭행렬 A에 대하여 A의 고윳값을 주대각성분으로 갖는 대각행렬을 D라고 하면

$$U^TAU=U^{-1}AU=D$$

를 만족하는 직교행렬 U가 존재한다.

A와 D는 상사(similar)이므로 두 행렬의 고윳값은 동일하다. 만일 D가 고

윳값으로 이루어진 대각행렬이면

$$UD = UU^TAU = AU$$

가 성립하므로 U는 고유벡터로 이루어진 행렬이 된다. 특히 U행렬의 i 열은 고윳값 λ_i의 i 번째 고유벡터에 대응한다.

이제부터는 비대각성분이 모두 0(零)이 되게 만드는 과정을 다루어보자. 회전행렬(rotation matrix) $R_{ij}(\theta)$에서 i,j 행과 i,j 열로 구성된 직교행렬 U를

$$U = \begin{bmatrix} \cos\theta & -\sin\theta \\ \sin\theta & \cos\theta \end{bmatrix}$$

라고 하자.

이제 【정리 10-9】의 관계식을 사용하여 2차 정방행렬 A를 대각행렬로 변환하여보자.

$$U^TAU = \begin{bmatrix} \cos\theta & \sin\theta \\ -\sin\theta & \cos\theta \end{bmatrix} \begin{bmatrix} a_{11} & a_{12} \\ a_{21} & a_{22} \end{bmatrix} \begin{bmatrix} \cos\theta & -\sin\theta \\ \sin\theta & \cos\theta \end{bmatrix} = \begin{bmatrix} b_{11} & b_{12} \\ b_{21} & b_{22} \end{bmatrix} = B$$

라고 놓으면

$$b_{11} = a_{11}\cos^2\theta + a_{22}\sin^2\theta + 2a_{12}\sin(\theta)\cdot\cos(\theta)$$
$$b_{12} = b_{21} = a_{12}(\cos^2\theta - \sin^2\theta) + (a_{22} - a_{11})\cdot\sin(\theta)\cdot\cos(\theta)$$
$$b_{22} = a_{11}\sin^2\theta + a_{22}\cos^2\theta - 2a_{12}\sin(\theta)\cdot\cos(\theta)$$

인 관계식이 얻어진다. 만일 $b_{12} = b_{21} = 0$ 이면 비대각요소는 모두 0(零)이 되므로 행렬 B는 대각행렬이 된다. $b_{ij} = b_{ji} = 0$을 만족하는 θ (라디안)를 구하면

$$\theta = \begin{cases} \dfrac{1}{2} Tan^{-1}\left[\dfrac{2a_{12}}{a_{11} - a_{22}}\right], & a_{11} \neq a_{22} \\ \dfrac{\pi}{4}, & a_{11} = a_{22} \end{cases}$$

【예제 10-14】 행렬 A에 대하여 U^TAU가 대각행렬로 되는 직교행렬 U를 구하여라.

$$A=\begin{bmatrix}-1 & -3 & 0\\ -3 & -1 & 0\\ 0 & 0 & 1\end{bmatrix}$$

◀ 풀이 ▶ 행렬 A의 특성다항식은 $f(\lambda)=-(\lambda-1)(\lambda-2)(\lambda+4)$ 이므로 고윳값은 $\lambda=1,2,-4$이다. 이들 고윳값 각각에 대응하는 고유벡터를 구해보면

$$\begin{bmatrix}0\\0\\1\end{bmatrix}\quad\begin{bmatrix}-1\\1\\0\end{bmatrix}\quad\begin{bmatrix}1\\1\\0\end{bmatrix}$$

이다. 이러한 세 개의 벡터를 정규화하여 단위 고유벡터를 만들고, 이 단위벡터를 열로 하는 행렬을 만들면 구하는 직교행렬이 된다. 즉

$$U=\begin{bmatrix}0 & \frac{1}{\sqrt{2}} & \frac{1}{\sqrt{2}}\\ 0 & -\frac{1}{\sqrt{2}} & \frac{1}{\sqrt{2}}\\ 1 & 0 & 0\end{bmatrix}$$

이상의 결과를 일반화하여보자. 만일 A가 대칭행렬이고 행렬 B가

$$B=R_{ij}^T(\theta)\,A\,R_{ij}(\theta)$$

이면 B는 대칭행렬이 된다. 이 식을 전개하면

$$b_{ij}=b_{ji}=a_{ij}(\cos^2\theta-\sin^2\theta)+(a_{jj}-a_{ii})\cdot\sin(\theta)\cdot\cos(\theta)$$
$$b_{ii}=a_{ii}\cos^2\theta+a_{jj}\sin^2\theta+2a_{ij}\sin(\theta)\cdot\cos(\theta)$$
$$b_{jj}=a_{ii}\sin^2\theta+a_{jj}\cos^2\theta-2a_{ij}\sin(\theta)\cdot\cos(\theta)$$

만일 모든 i, j 에 대하여 $b_{ij} = b_{ji} = 0$이면 비대각요소(off diagonal elements)는 모두 0(零)이 되며, 따라서 행렬 B는 대각행렬이 된다. 여기서 $b_{ij} = b_{ji} = 0$을 만족하는 θ (라디안)를 구하면

$$\theta = \begin{cases} \frac{1}{2} Tan^{-1}\left[\frac{2a_{ij}}{a_{ii} - a_{jj}}\right], & a_{ii} \neq a_{jj} \\ \frac{\pi}{4}, & a_{ii} = a_{jj} \end{cases}$$

가 된다.

일반적으로 비대각요소는 0(零)이 아니므로 비대각요소 중에서 절댓값이 큰 것부터 차례로 소거하는 과정을 반복하면 대각행렬에 가까워지는 데, 이를 Jacobi 방법이라 한다.[16]

【예제 10-15】 다음 행렬에 Jacobi 방법을 사용하여 고윳값과 고유벡터를 구하여라.

$$A = \begin{bmatrix} 1 & 2 \\ 2 & 1 \end{bmatrix}$$

◀ 풀이 ▶ $a_{11} = a_{22}$이므로 $\theta = 45^o$ 이다. 따라서 직교행렬 U는

$$U = \frac{1}{\sqrt{2}}\begin{bmatrix} 1 & -1 \\ 1 & 1 \end{bmatrix}$$

이다. 따라서

$$U^T A U = \frac{1}{\sqrt{2}}\begin{bmatrix} 1 & 1 \\ -1 & 1 \end{bmatrix}\begin{bmatrix} 1 & 2 \\ 2 & 1 \end{bmatrix}\begin{bmatrix} 1 & -1 \\ 1 & 1 \end{bmatrix} = \frac{1}{2}\begin{bmatrix} 6 & 0 \\ 0 & -2 \end{bmatrix} = D$$

16) <<프로그램 10-5>>를 사용하여 고윳값을 구할 때의 주의할 점은 고윳값이 복소수(complex number)의 형태일 때는 무한루프를 만들면서 처리가 되지 않는다는 것이다. 프로그램 실행 결과에서의 주대각성분이 고윳값이다.

따라서 고윳값은 $\lambda = 3, -1$ 이다. U 행렬의 i 열은 고윳값 λ_i의 i 번째 고유벡터에 대응하므로 각각에 대응하는 고유벡터 $\mathbf{x}_1, \mathbf{x}_2$는 다음과 같다.

$$\mathbf{x}_1 = \frac{1}{\sqrt{2}}\begin{bmatrix} 1 \\ 1 \end{bmatrix} \qquad \mathbf{x}_2 = \frac{1}{\sqrt{2}}\begin{bmatrix} -1 \\ 1 \end{bmatrix}$$

♣ 연습문제 ♣

1. 다음 행렬의 특성방정식을 구하여라.

(1) $A=\begin{bmatrix}3 & 2\\2 & 0\end{bmatrix}$ (2) $A=\begin{bmatrix}2 & -2 & 3\\1 & 1 & 1\\1 & 3 & -1\end{bmatrix}$

2. 다음 행렬의 고윳값과 고유벡터를 구하여라.

(1) $A=\begin{bmatrix}2 & 7\\1 & 2\end{bmatrix}$ (2) $A=\begin{bmatrix}1 & 3\\4 & 0\end{bmatrix}$ (3) $A=\begin{bmatrix}2 & -2 & 3\\1 & 1 & 1\\1 & 3 & -1\end{bmatrix}$

3. 다음 행렬의 고윳값과 고유공간의 기저를 구하여라.

$$A=\begin{bmatrix}4 & 2 & 2\\2 & 4 & 2\\2 & 2 & 4\end{bmatrix}$$

4. 다음 행렬은 직교행렬임을 보여라

$$U=\begin{bmatrix}\frac{1}{\sqrt{5}} & -\frac{2}{\sqrt{5}}\\\frac{2}{\sqrt{5}} & \frac{1}{\sqrt{5}}\end{bmatrix}$$

5. 다음 두 개의 행렬은 상사행렬임을 보여라.

$$A = \begin{bmatrix} 1 & 1 \\ -1 & 4 \end{bmatrix} \qquad B = \begin{bmatrix} 2 & 1 \\ 1 & 3 \end{bmatrix}$$

6. 다음 행렬 A를 대각화하는 행렬 P를 구하고 $P^{-1}AP$를 계산하라.

(1) $A = \begin{bmatrix} 1 & 0 \\ 6 & -1 \end{bmatrix}$ (2) $A = \begin{bmatrix} 1 & 0 & 0 \\ 0 & 1 & 1 \\ 0 & 1 & 1 \end{bmatrix}$

7. 다음 행렬은 대각화가능이 아님을 보여라.

$$A = \begin{bmatrix} 3 & 0 & 0 \\ 0 & 2 & 0 \\ 0 & 1 & 2 \end{bmatrix}$$

8. 멱승법과 수정멱승법을 사용하여 다음 행렬의 최대고윳값과 최대고유벡터를 구하여라. 단, (1)번의 초기고유벡터는 $\mathbf{x}_0 = [1, 1]^T$ 이고, (2)번의 초기고유벡터는 $\mathbf{x}_0 = [1, 1, 0]^T$ 으로 한다.

(1) $A = \begin{bmatrix} 18 & 17 \\ 2 & 3 \end{bmatrix}$ (2) $A = \begin{bmatrix} 10 & 2 & 1 \\ 2 & 10 & 1 \\ 2 & 1 & 10 \end{bmatrix}$

9. 다음 대칭행렬을 3중 대각행렬로 변환하라.

$$A = \begin{bmatrix} 3 & 2 & 4 \\ 2 & 2 & 0 \\ 4 & 0 & 3 \end{bmatrix}$$

10. Householder의 방법으로 다음 행렬의 고윳값을 구하여라. 단, 값이 계산되는 중간 절차를 써라.

$$A=\begin{bmatrix} 3 & 2 & 4 \\ 1 & 2 & 0 \\ 4 & 0 & 3 \end{bmatrix}$$

11. 다음 행렬 A로부터 U^TAU가 대각행렬로 되는 직교행렬 U를 구하여라.

$$A=\begin{bmatrix} 3 & 2 & 1 \\ 1 & 2 & 0 \\ 4 & 0 & 3 \end{bmatrix}$$

12. Jacobi 방법을 사용하여 다음 행렬의 고윳값과 고유벡터를 구하여라.

$$A=\begin{bmatrix} 2 & -1 & 0 \\ -1 & 2 & -1 \\ 0 & -1 & 2 \end{bmatrix}$$

프로그램

<< 프로그램 10-1 : Bairstow 방법 >>

$f(x)=x^6-21x^5+175x^4-735x^3+1624.5x^2-1764x+720$ 을 2차 다항식의 곱으로 분해하기. (다항식의 계수를 초기화하였음)

```
double calc1(double a[30], double b[30], double c[30], double *root, double *r,
double *s, int n);
void calc2(double a[30], double r, double s);
void calc3(double a[30], double b[30], double c[30], double *r, double *s, int *n);
double a[30], b[30], c[30], fa[30], remin, root, r, s ;
int main( )
{
          double high, x[100] ; int  i, j, n, nn ;
//        double a[] = { 0, 1, 2, 3 } ;
//        double a[] = { 0, 1, 0, -1, 1 } ;
//        double a[] = { 0, 1, -6, 11,-6, 0 } ;
//        double a[] = { 0, 1, -4.5, 4.55, 2.675, -3.3, -1.4375 } ;
          double a[] = { 0, 1, -21, 175, -735, 1624.5, -1764, 720 } ;
     printf("주어진 함수는 몇차 다항식인가? 차수를 입력하시오 : ");
     scanf("%d", &n);
     printf("\n주어진 함수") ;
     printf("\n--------------------------------------\n") ;
     for(i=1; i<=n+1; i++)
           printf("+(%.2f)*x**%d ", a[i], n-i+1) ;
     printf("\n--------------------------------------\n") ;
     printf("\n") ;
     nn = n ;
     n=n+1;
     high = a[1];
     for(i=1; i<=n; i++)
         a[i]=a[i]/high;
n20: if( n<=2 ) goto n40 ;
     calc1(a, b, c, &root, &r, &s, n) ;
     x[n-1] = root ;
     calc2(a,r,s);
     if( n < 1  ) goto n40 ;
     calc3(a, b, c, &r, &s, &n);
     if(n==2) printf("x = %f \n",  x[nn]) ;
     goto n20 ;
n40: ;
```

```
}

double calc1(double a[30], double b[30], double c[30], double *root, double *r,
double *s, int n)
{
      double remin, dr, ds, det;
      int i, j, nn=0;
      remin=1;
      *root=remin;
      for(j=1 ; j<=30; j++)
      {
            b[1]=a[1];
            c[1]=b[1];
            for(i=2; i<=n; i++)
            {
                  b[i]=a[i]+ *root*b[i-1];
                  c[i]=b[i]+ *root*c[i-1];
            }
            if( c[n-1] == 0.0) goto n20;
            remin=b[n]/c[n-1];
            *root = *root- remin;
n20: if( fabs(remin) <= 1.e-10) goto n30;
      }
n30: if( fabs(*root) <= 1.e-10) *root=0 ;
      b[1]=a[1];
      c[1]=b[1];
      *r = 10 ;
      *s = 10 ;
      n10:j=0;
      b[2]=a[2]+b[1]* *r;
      c[2]=b[2]+c[1]* *r;
      for(i=3; i<=n; i++){
         b[i]=a[i]+*r*b[i-1]+*s*b[i-2];
         c[i]=b[i]+*r*c[i-1]+*s*c[i-2];
      }
      det=c[n-1]*c[n-3]-c[n-2]*c[n-2];
      dr=(b[n-1]*c[n-2]-b[n]*c[n-3])/det;
      ds=(b[n]*c[n-2]-b[n-1]*c[n-1])/det;
      *r=*r+dr;
      *s=*s+ds;
      j=j+1;
      fa[j]=*r;
      if( fabs(dr) <= 1.e-10  &&  fabs(ds) <= 1.e-10 ) goto n50;
      if( fabs(fa[j+1]-fa[j]) <= 1.e-10 ) goto n50;
      goto n10;
n50:
      if( fabs(*r) <= 0.000001) *r=0;
      if( fabs(*s) <= 0.000001) *s=0;
      return 0 ;
}
```

```
void calc2(double a[30], double r, double s)
{
    double  ei, b, c, disc, x, x1, x2, real, himage;
    ei=a[1];
    b=-r/a[1];
    c=-s/a[1];
    disc=b*b-4*ei*c;
    if( disc < 0 ) goto n30;
    else if( disc == 0) goto n20;
    else
        {
        x1=(-b+sqrt(disc))/(2*ei);
        x2=(-b-sqrt(disc))/(2*ei);
        printf("x1 = %f       ", x1);
        printf("x2 = %f\n", x2);
        goto n80;
        }
n20: x=-b/(2*ei);
     printf("x1 = %f       ", x); printf("x2 = %f\n", x);
     goto n80;
n30: himage=sqrt(-disc)/(2*ei);
     real=-b/(2*ei);
     printf("x1 = %f + i* %f       ", real,himage);
     printf("x2 = %f - i* %f\n", real,himage);
n80: ;
}

void calc3(double a[30], double b[30], double c[30], double *r, double *s, int *n)
{
    int i, nn;
    nn=*n;
    for(i=2; i<=nn; i++){
        b[i]= a[i]+ *r *b[i-1]+ *s *b[i-2];
        c[i]= b[i]+ *r *c[i-1]+ *s *c[i-2];
    }
    for(i=1; i<=nn; i++){
        a[i]=b[i];
        b[i]=0.;
    }
    *n=nn-2;
}
```

<< 프로그램 10-2 : 멱승법 >>

```
int main()
{
float a[10][10],b[10],x[10];
int i,j,n,loop;
    printf("행렬의 차수를 입력하시오. ");
    scanf("%d",&n);
    printf("행렬 A(i,j)의 성분을 입력하시오.\n");
    for(i=1;i<=n;i++)
        for(j=1;j<=n;j++)
            scanf("%f",&a[i][j]);
    printf("초기치 x(1),...,x(n) 을 입력하시오 : ");
    for(i=1;i<=n;i++)
        scanf("%f",&x[i]);
    printf("        x1              x2                  비율          \n") ;
    printf(" ---------------------------------------------------\n") ;
    for(loop=1;loop<=15;loop++){
        for(i=1;i<=n;i++){
            b[i]=0;
            for(j=1;j<=n;j++)
                b[i]+=a[i][j]*x[j];
        }
        for(i=1;i<=n;i++)
            x[i]=b[i];
        printf(" %3d     ",loop);
        for(i=1;i<=n;i++)
        printf("%12.4e  ",x[i]);
        printf("%12.4e \n",x[1]/x[2]);
    }
    printf(" ---------------------------------------------------\n");
}
```

<< 프로그램 10-3 : 역멱승법 >>

```
int main()
{
float a[10][10], b[10], x[10], big, ratio, temp;
int i, j, l, m, n, loop;
    printf("행렬의 차수를 입력하시오: ");
    scanf("%d",&n);
```

```
printf("\n행렬 A(i,j)의 성분을 입력하시오.\n");
for(i=1;i<=n;i++)
     for(j=1;j<=n;j++){
          scanf("%f",&a[i][j]);
     }
l=n*2;
for(i=1;i<=n;i++){
     for(j=n+1;j<=l;j++){
          a[i][j]=0;
          if(j==(n+i)) a[i][j]=1;
     }
}
for(m=1;m<=n;m++){
     for(i=1;i<=n;i++){
          if(m==i) goto multi;
          ratio=a[i][m]/a[m][m];
     multi : for(j=1;j<=l;j++)
                    a[i][j]-=ratio*a[m][j];
     }
}
for(i=1;i<=n;i++){
     for(j=n+1;j<=l;j++)
          a[i][j]/=a[i][i];
}
for(i=1;i<=n;i++)
for(j=n+1;j<=l;j++)
     a[i][j-n]=a[i][j];
printf("\n초기치 x(1),...,x(n)을 입력하시오.\n");
for(i=1;i<=n;i++)
     scanf("%f",&x[i]);
printf("\n");
printf("----------------------------\n");
printf("  i          x(1)         x(2)          \n");
printf("----------------------------\n");
for(loop=1;loop<=15;loop++){
     for(i=1;i<=n;i++){
          b[i]=0;
          for(j=1;j<=n;j++)
               b[i]+=a[i][j]*x[j];
     }
     for(i=1;i<=n;i++)
          x[i]=b[i];
     for(i=1;i<=n;i++)
     for(j=i;j<=n;j++)
```

```
            if(x[i]>x[j]) goto z;
            temp = x[i];
            x[i] = x[j];
            x[j] = temp;
    z : for(i=1;i<=n;i++)
            x[i]=x[i]/x[n];
        printf(" %2d",loop);
        for(i=1;i<=n;i++)
        printf("%12.5f",x[i]);
        printf("\n");
    }
    printf("----------------------------\n");
}
```

<< 프로그램 10-4 : Householder 방법 (삼중대각행렬 만들기) >>

```
int main()
{
float a[5][5],d[5][5],p[5][5],pa[5][5],u[5],ut[5],uut[5][5],s,g,h;
int i,j,k,m,n,sign;
    printf("행렬 A의 차수를 입력하시오 : ");
    scanf("%d",&n);
    for(i=1;i<=n;i++)
        for(j=1;j<=n;j++){
            d[i][j]=0;
            if(i==j) d[i][i]=1;
        }
    printf("\n행렬의 성분 A(i,j)를 입력하시오 \n");
    for(i=1;i<=n;i++)
        for(j=1;j<=n;j++)
            scanf("%f",&a[i][j]);
    printf("\n                원    행    렬\n");
    printf("----------------------------------------\n");
    for(i=1;i<=n;i++){
        for(j=1;j<=n;j++)
            printf("%10.4f    ",a[i][j]);
        printf("\n");
    }
    printf("----------------------------------------\n\n");
    for(m=1;m<=n-2;m++){
        s=0;
        for(i=m+1;i<=n;i++)
```

```
        s+=a[i][m]*a[i][m];
    sign=a[m+1][m]/abs(a[m+1][m]);
    g=sqrt(s)*sign;
    h=g*g+g*(a[m+1][m]);
    for(i=1;i<=m;i++)
        u[i]=0;
        u[m+1]=a[m+1][m]+g;
    for(i=m+2;i<=n;i++)
        u[i]=a[i][m];
    for(i=1;i<=n;i++)
        ut[i]=u[i];
    for(i=1;i<=n;i++)
        for(j=1;j<=n;j++)
            uut[i][j]=0;
    for(i=1;i<=n;i++)
        for(j=1;j<=n;j++)
            uut[i][j]+=u[i]*ut[j];

    for(i=1;i<=n;i++)
        for(j=1;j<=n;j++)
            p[i][j]=d[i][j]-uut[i][j]/h;
    for(i=1;i<=n;i++){
        for(j=1;j<=n;j++)
            printf("%10.5f     ",p[i][j]);
    printf("\n");
    }
    printf("\n");

    for(i=1;i<=n;i++)
        for(j=1;j<=n;j++){
            pa[i][j]=0;
            for(k=1;k<=n;k++)
            pa[i][j]+=p[i][k]*a[k][j];
        }
              for(i=1;i<=n;i++)
        for(j=1;j<=n;j++)
            a[i][j]=0;
    for(i=1;i<=n;i++)
        for(j=1;j<=n;j++)
            for(k=1;k<=n;k++)
            a[i][j]+=pa[i][k]*p[k][j];
    printf("                    삼중대각행렬\n");
    printf("---------------------------------------\n");
    for(i=1;i<=n;i++){
```

```
            for(j=1;j<=n;j++)
                printf("%10.5f    ",a[i][j]);
            printf("\n");
        }
        printf("----------------------------------------\n\n");
    }
}
```

```
householder <- function(A){
A <- matrix(c(1,4,5,  4,-3,0,  5,0,7), ncol=3);n <- ncol(A); #행렬의 차원

        alpha <- 0;
        RSQ <- 0;
        v <- c();
        u <- c();
        z <- c();

        for(k in 1:(n-2)){
                q <- 0;
                for(j in (k+1):n){ q <- q+(A[j,k])^2; }

                if(A[k+1,k]==0) { alpha <- -sqrt(q);}
                else { alpha <- -sqrt(q)*(A[k+1,k]/abs(A[k+1,k]))} ;

                RSQ <- alpha^2- alpha*A[k+1,k];

                v[k] <- 0;
                v[k+1] <- A[k+1,k]-alpha;
                for(j in (k+2):n){ v[j] <- A[j,k]; }

                for(j in k:n){
                        temp <- 0;
                        for(i in (k+1):n){ temp <- temp+A[j,i]*v[i] ; }
                        u[j] <- (1/RSQ)*temp;
                }

                PROD <-0;
                for(i in (k+1):n){ PROD <- PROD+v[i]*u[i];}
                for(j in k:n){ z[j] <- u[j]-(PROD/(2*RSQ))*v[j]; }

                for(l in (k+1):(n-1)){
                        for(j in (l+1):n){
                                A[j,l] <- A[j,l]-v[l]*z[j]-v[j]*z[l];
                                A[l,j] <- A[j,l];
```

```
                                        }
                                        A[l,l] <- A[l,l]-2*v[l]*z[l];
                                }

                                A[n,n] <- A[n,n]-2*v[n]*z[n];

                                for(j in (k+2):n){
                                        A[k,j] <- 0;
                                        A[j,k] <- 0;

                                }
                                A[k+1,k] <- A[k+1,k]-v[k+1]*z[k];
                                A[k,k+1] <- A[k+1,k];
                }
                return(A);
}
householder(A)
```

<< 프로그램 10-5 : Jacobi 방법 (고윳값의 계산) >>

```
int main()
{
float a[5][5], x[5][5], y[5][5], xt[5][5], big, s, c, theta, s1;
int i, j, k, ia, ib, n;
    printf("행렬의 차수를 입력하시오 : ");
    scanf("%d",&n);
    printf("\n행렬의 성분 x(i,j)를 입력하시오.\n");
    for(i=1;i<=n;i++)
        for(j=1;j<=n;j++)
            scanf("%f",&a[i][j]);
    printf("\n");
    printf("        Jacobi 변환행렬 \n");
    printf("------------------------------\n");
strt :  big=a[1][2];
    ia=1;
    ib=2;
    for(i=1;i<=n-1;i++)
        for(j=i+1;j<=n;j++)
            if( fabs(big) < fabs( a[i][j] )){
            big=a[i][j];
            ia=i;
```

```
            ib=j;
        }
    if(fabs(big)<1e-6) goto stp;
        i=ia;
        j=ib;
            if(a[i][i]==a[j][j]) theta=atan(1.);
            else theta=atan(2*a[i][j]/(a[i][i]-a[j][j]))/2;
        c=cos(theta);
        s=sin(theta);
    for(i=1;i<=n;i++)
        for(j=1;j<=n;j++){
            x[i][j]=0;
            xt[i][j]=0;
        }
    for(i=1;i<=n;i++)
        for(j=1;j<=n;j++){
            if(i==j) {
                      x[i][j]=1;
                     xt[i][j]=1;
            }
            x[ia][ia]=c;
            x[ia][ib]=s;
            x[ib][ia]=-s;
            x[ib][ib]=c;
            xt[ia][ia]=c;
            xt[ia][ib]=-s;
            xt[ib][ia]=s;
            xt[ib][ib]=c;
        }
    for(i=1;i<=n;i++)
        for(j=1;j<=n;j++){
            s1=0;
            for(k=1;k<=n;k++){
                s1+=x[i][k]*a[k][j];
                y[i][j]=s1;
            }
        }
    for(i=1;i<=n;i++)
        for(j=1;j<=n;j++){
            s1=0;
            for(k=1;k<=n;k++){
                s1+=y[i][k]*xt[k][j];
                a[i][j]=s1;
            }
```

```
        }
    goto strt;
stp: ;
    for(i=1;i<=n;i++){
        for(j=1;j<=n;j++)
            printf("%10.5f",a[i][j]);
        printf("\n");
    }
    printf("------------------------------\n\n");
}
```

<< 프로그램 10-6 : 전향계차 보간법 >>

```
int main()
{
float x[10], f[10][10], a, h, s, value=0;
int i, j, k, n;
    printf("\n자료의 개수 n 을 입력하시오 : ");
    scanf("%d",&n);
    printf("\nx  y의 값을 차례로 입력하시오 : \n");
    for(i=1;i<=n;i++)
        scanf("%f %f",&x[i],&f[i][0]);
    for(k=1;k<=n;k++){
        j=n-k;
        for(i=0;i<=j;i++)
            f[i][k]=f[i+1][k-1]-f[i][k-1];
    }
printf("\n                    Newton  전향계차표\n");
printf("============================================================\n");
printf(" i        x        y     제1계차    제2계차    제3계차    제4계차\n");
printf("============================================================\n");
    for(i=1;i<=n;i++){
        j=n-i;
        printf(" %d  %8.3f",i,x[i]);
            for(k=0;k<=j;k++)
                printf("%10.3f",f[i][k]);
        printf("\n");
    }
printf("============================================================\n\n");
}
```

부록

1. R 프로그램 설치

다음은 구글에서 R을 검색하는 첫 단계이다.

검색엔진을 구동시킨 결과는 다음 그림과 같으며, 여기서 R-4.1.2를 실행시키면 된다.

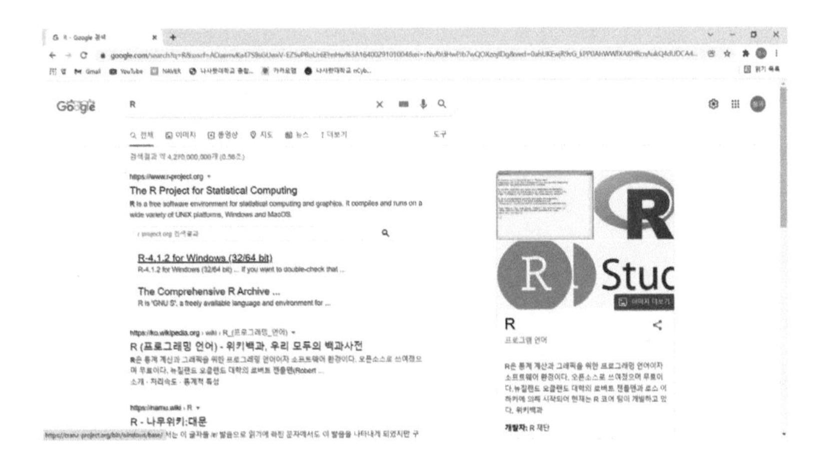

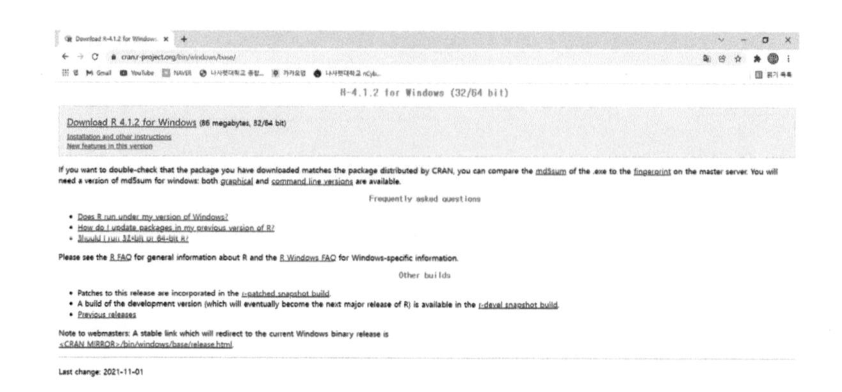

파일을 다운로드한 후, 실행시키면 언어 선택이 나오는데 『확인』 버튼을 누르면 오른쪽과 같은 화면이 나타난다.

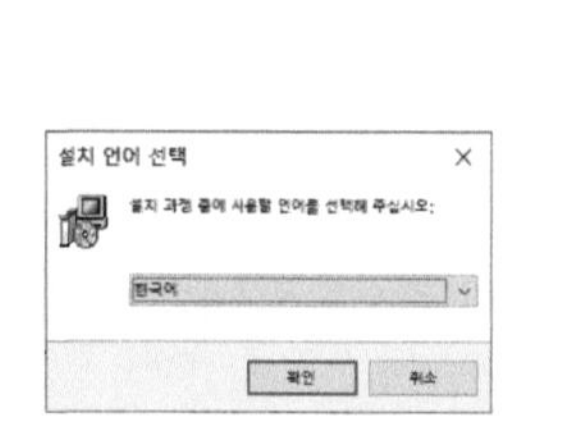

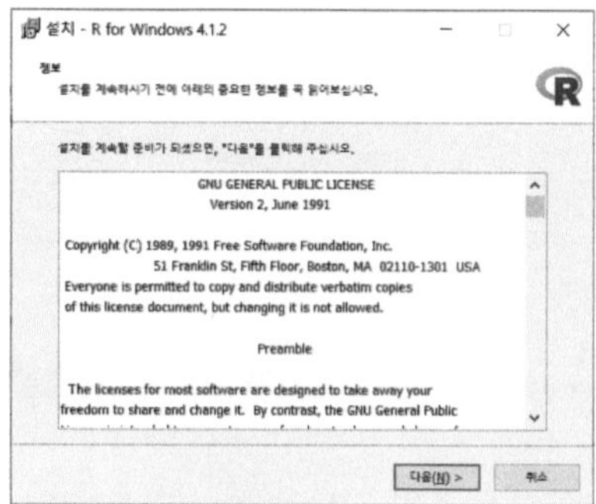

여기서 『다음』 버튼을 누르면 『설치 위치』 지정을 묻는 창이 나타난다.

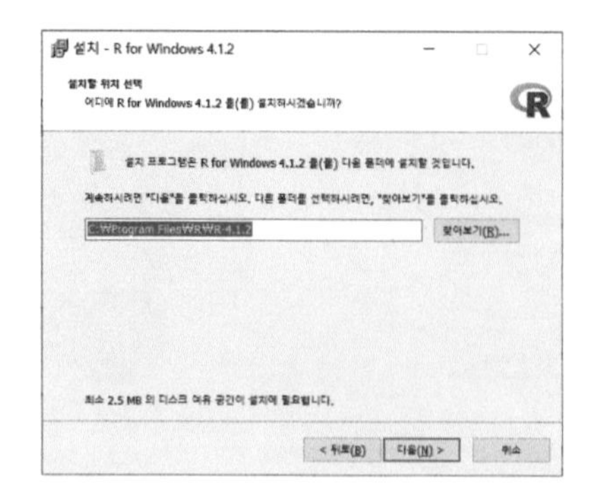

『다음』 버튼을 계속하여 누르면 설치가 시작되는 것을 확인할 수 있다.

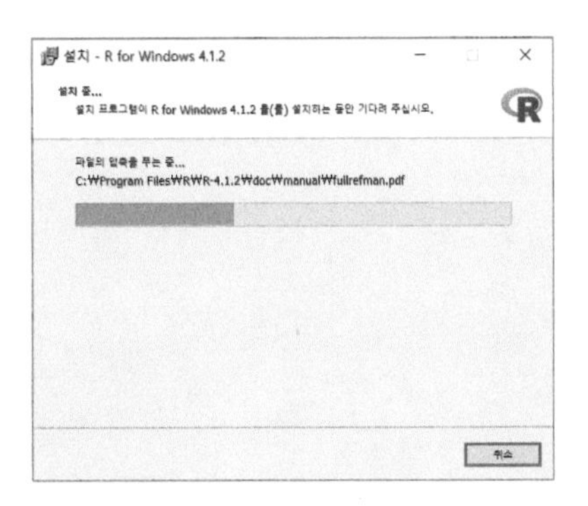

다음 그림은 압축을 풀고 설치가 완료되었음을 보여주고 있다. 앞의 절차에 따라 설치완료까지 걸리는 시간은 5분 이내로 매우 짧음을 알 수 있다.

설치완료된 R 프로그램을 실행시키면 다음과 같은 창이 나타난다.

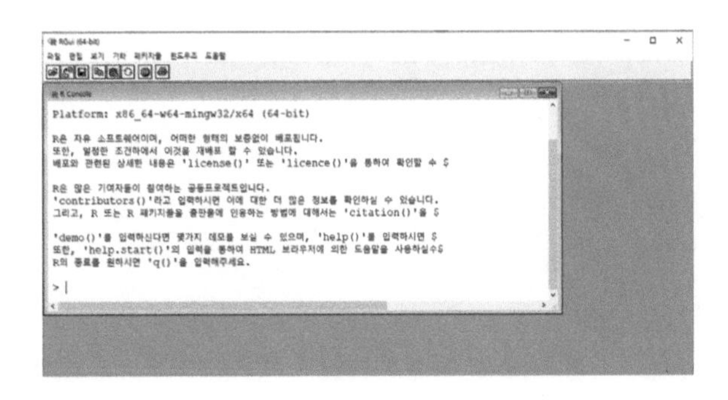

2. matlib 라이브러리 설치하기

matlib라는 패키지를 설차하는 절차를 알아보기로 한다. R 프로그램을 구동시키고 “install.packages()”라는 명령어를 입력하면 “cran 미러” 창이 나타난다.

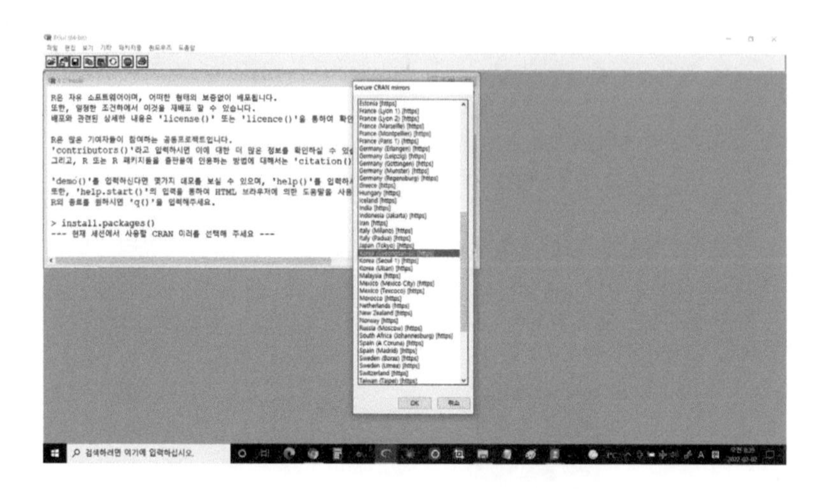

다음의 창에서 설치된 패키지 중의 “matlib”를 선택하면 압축 해제되면서 패키지가 설치된다.

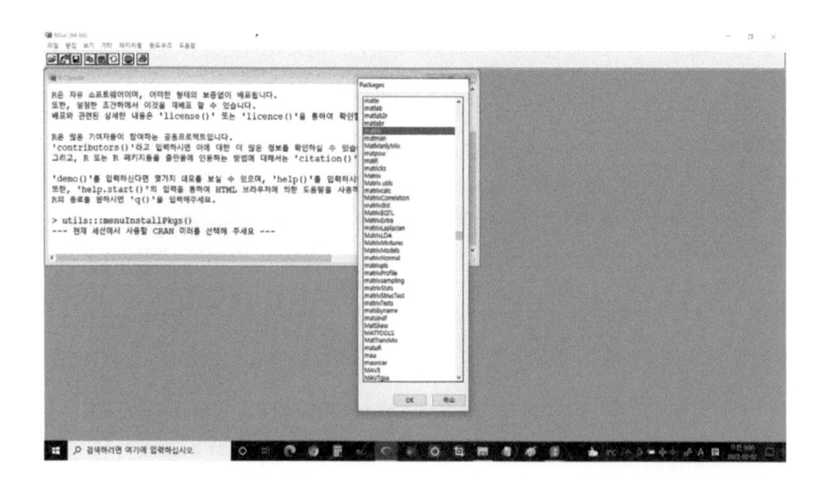

3. 간단한 R 명령어

3.1 연산자

1) 사칙연산자 : + - * /
2) 거듭제곱 : ** (또는 ^)
3) 몫 : %/%
4) 나머지 : %%

실행 예	프로그램 설명
1.5^3 7 %/% 3 7 %% 3	1.5의 세제곱 7÷3 의 몫 7÷3 의 나머지

3.2 변수

변수는 값을 보관하는 기능을 갖는다. 변수에 값을 보관할 때는 등호(또는 <-)를 사용하며, 변수 설정에서 주의할 점은 다음과 같다.

1) 변수는 반드시 영문자로 시작되어야 한다.
2) 변수는 대소문자를 구분하여 사용
3) 예약어(if , for 등)는 사용할 수 없음

실행 예	프로그램 설명
a <- 3 b = 7 %/% 3 k = c(1, 3, 5, 6)	변수 a에 3을 보관 7÷3 의 몫을 변수 b에 보관 변수 k에 1, 3, 5, 6을 보관

R 에서는 변수라는 용어 대신에 객체라는 용어를 사용하기도 한다. 참고로, c( )는 여러 개의 값을 벡터의 형태로 보관하는 기능을 한다.

3.3 반복수행

실행 예	프로그램 설명
1:7 seq(1,20, by=3)	1부터 7까지 출력하기 1부터 20까지 3 간격으로 출력

3.4 x의 합과 평균, 분산

실행 예	프로그램 설명
sum(x) mean(x) var(x)	합 평균 분산

3.5 내장함수

실행 예	프로그램 설명
abs()	절대값
max()	최대값
min()	최소값
median()	중앙값
sd()	표준편차
quantile()	사분위수
summary()	요약통계량
round()	반올림
floor()	무조건 내림

실행 예	프로그램 설명
ceiling()	무조건 올림
sqrt()	제곱근
exp()	지수함수
gamma()	감마함수
log()	자연로그
log10()	상용로그
pi	원주율
sin() , cos() , tan()	삼각함수
asin() , acos() , atan()	역삼각함수

3,6 cbind()와 rbind()

cbind()는 숫자를 옆으로 연결하는 기능을 갖는다. 반면에 rbind()는 숫자를 아래로 연결시킨다.

실행 예	프로그램 설명
a = c(1,3) b = c(5,-1) cbind(a,b)	객체 a에 1, 3을 저장 객체 b에 5, -1을 저장 a, b를 옆으로 연결
a = c(1,3) b = c(5,-1) ab = cbind(a,b)	객체 a에 1, 3을 저장 객체 b에 5, -1을 저장 a, b를 아래로 연결

3.7 문자열을 처리하기

실행 예	프로그램 설명
t = c("a", "b", "c", "d") t[2:3]	t에는 4개의 문자를 저장 객체 t에서 둘째, 셋째를 출력

3.8 행렬 만들기

실행 예	프로그램 설명
x = 1:9 matrix(x, nrow=3)	객체 x 는 1부터 9까지의 수 x의 행의 크기는 3

3.9 행렬연산 명령어

실행 예	프로그램 설명
%*%	행렬의 곱
%o%	벡터의 내적
solve()	역행렬
t()	전치행렬
nrow()	행의 수
ncol()	열의 수
rowSums()	행의 합
colSums()	열의 합
rowMeans()	행의 평균
colMeans()	열의 평균

3.10 데이터 출력하기

다음과 같은 데이터가 하드디스크에 d:\t.txt 로 저장되어 있다고 하자.

```
 x   y   z
61  13   4
75  21  18
80  19  14
66  25  19
```

실행 예	프로그램 설명
k1 = read.table("d:\\t.txt", header=T)	x, y, z까지 포함하여 불러옴
k2 = read.table("d:\\t.txt")	x, y, z는 생략하고 불러옴

실행 예	프로그램 설명
k1$z	k1에 저장된 자료 중에서 변수 z의 자료만 출력
subset(k1, select="x")	k1에 저장된 자료 중에서 변수 x의 자료만 출력

만일 k1에 저장된 자료 중에서 변수 x의 자료를 객체 p에 저장하고, 이 중에서 변수 x의 값 중에서 70 이상의 자료를 출력하는 프로그램은 다음과 같다.

```
p = subset(k1, select="x")
subset( p, subset=(x >= 70) )
```

3.11 데이터 저장하기

프로그램을 실행하여 얻은 결과를 파일로 저장할 때는 write.table( ) 명령문을 사용한다.

실행 예	프로그램 설명
write.table(p, "d:\\abc.txt")	객체 p를 d:\abc.txt 로 저장
write.table(k,"d:\\abc.txt",quote=F)	abc,txt에서 겹따옴표 없애기

프로그램을 실행하여 얻은 객체 p를 abc.txt라는 파일로 저장하려고 할 때, 저장되는 파일에서 데이터의 겹따옴표, 순서번호, 변수명을 없애려면 다음과 같은 명령문을 사용한다. (FALSE는 F로 써도 무방함.)

```
write.table(p, "d:\\abc.txt", quote=F, row.names=F, col.names=F)
```

3,12 다양한 자료처리 방법

본 교재 p.47의 자료를 d:\calss.txt 로 저장하였다. 저장된 파일을 화면출력한 것은 다음과 같다. 여기서 변수명은 이름(name), 키(ht), 몸무게(wt), 나이(age)로 설정하였다. 만일 파일이 없다면 메모장에서 다음과 같이 입력하면 된다. 여러 상황에서의 데이터 처리하는 방법을 다루어본다.

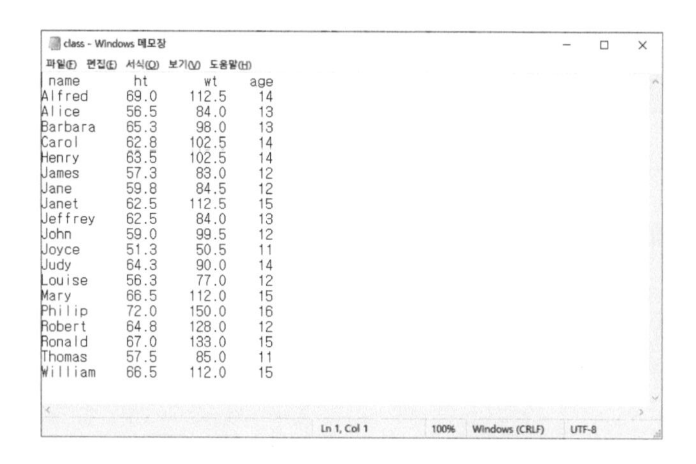

name	ht	wt	age
Alfred	69.0	112.5	14
Alice	56.5	84.0	13
Barbara	65.3	98.0	13
Carol	62.8	102.5	14
Henry	63.5	102.5	14
James	57.3	83.0	12
Jane	59.8	84.5	12
Janet	62.5	112.5	15
Jeffrey	62.5	84.0	13
John	59.0	99.5	12
Joyce	51.3	50.5	11
Judy	64.3	90.0	14
Louise	56.3	77.0	12
Mary	66.5	112.0	15
Philip	72.0	150.0	16
Robert	64.8	128.0	12
Ronald	67.0	133.0	15
Thomas	57.5	85.0	11
William	66.5	112.0	15

예제. class.txt 파일의 자료를 읽고, 이를 d에 저장하기[17]

```
d = read.table("d:/class.txt", header=T)
```

예제. 키와 몸무게 간의 산점도 그리기

```
plot(d$ht, d$wt)
```

예제. 키와 몸무게 간의 상관계수 구하기

```
cor(d$ht, d$wt)
```

예제. 키와 몸무게를 센티미터와 킬로그램으로 환산하기

```
d$height = d$ht * 2.54
d$weight = d$wt * 0.45
```

17) scan("d:/class.txt")로 불러오기도 한다.

예제. 몸무게가 45 킬로그램 이상은 변수명을 w로 하여 hvy, 45 킬로그램 미민은 wk로 저장하기

for(i in 1:19) if (d$weight[i] >= 45) d$w[i]="hvy" else d$w[i]="wk"

이상의 과정을 수행하면 다음과 같이 결과를 확인할 수 있다.

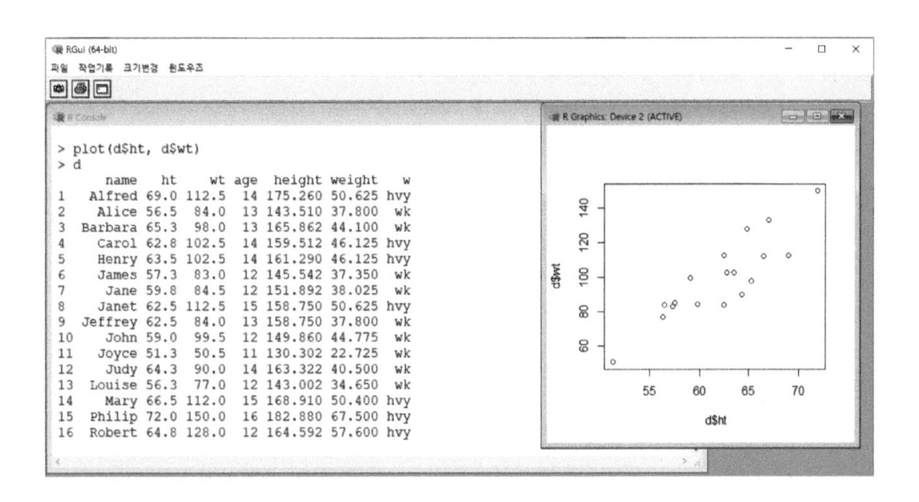

4. 그래프 그리기

4.1 plot( )

plot( )은 산점도를 그릴 때 사용한다.

예제. -10부터 10까지 x값을 1씩 증가시키면서 $y = x^2 + 1$의 그래프 그리기

```
x = -10:10
y = x^2 + 1
plot(x,y)
```

예제. 생성된 x, y 자료를 선으로 연결하는 프로그램은 다음과 같다.

```
plot(x,y,type="l")
```

참고로, type의 값은
b : 점과 선으로 그리기
c : 점선으로 그리기
o : 선을 점 위에 겹쳐 그리기
s : 계단식으로 그리기

이상의 명령어를 수행하면 다음과 같은 그래프가 만들어진다.

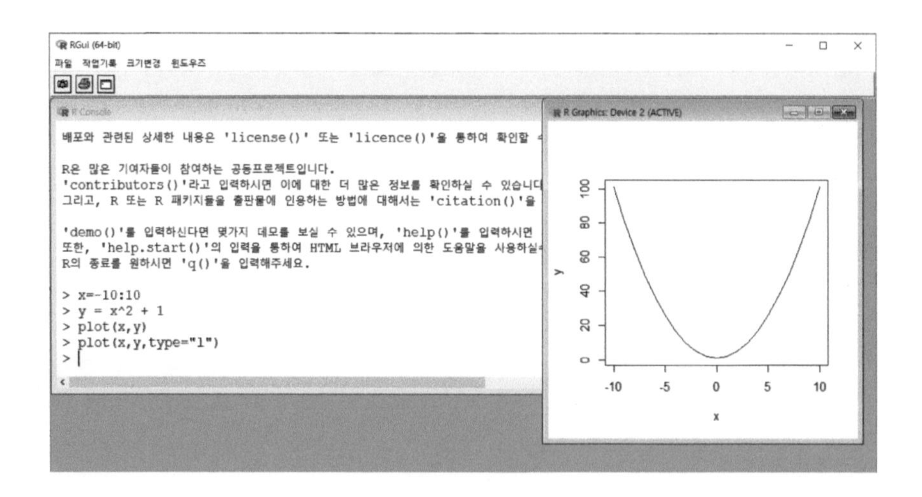

4.2 curve( )

curve( )는 곡선을 그릴 때 사용되는 명령어이다. 대부분의 함수는 curve( )를 사용하여 그래프를 그린다.

예제. 삼각함수의 그래프
curve(sin, -pi, pi)

예제. sin과 cos 그래프를 동시에 그리기. (add=T 라는 명령을 포함하면 됨)
curve(sin, -5,5, col="red")
curve(cos, -5,5, col="blue", add=T)
abline(h=0, v=0)

예제. 표준정규분포의 그래프 그리기. 표준정규분포는 다음과 같은 수식으로 표현된다.

$$f(x) = \frac{1}{\sqrt{2\pi}} e^{\frac{x^2}{2}}$$

```
curve( 1/sqrt(2*pi) * exp(-x*x/2) , -3,3)
# 또는 curve(dnorm(x,0,1), -3, 3)
```

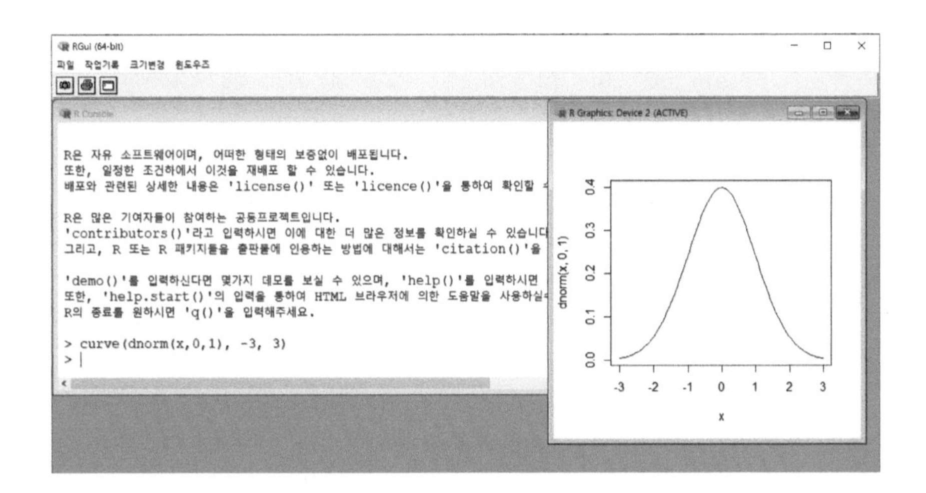

예제. 표준정규분포의 일정 부분의 색을 입히기.

```
curve(dnorm(x),-4,4)
z=seq(1,2,0.01)
lines(z,dnorm(z),type="h",col="grey")
```

예제. $\sqrt[3]{x^2}$ 의 그래프 그리기

```
curve(x^(2/3), -1,1)         # 틀리게 그린 그래프
curve((x^2)^(1/3), -2,2)  # 옳게 그린 그래프
```

4.3 그 밖의 그래프

다음과 같은 78개의 자료를 이용하여 여러 가지의 도수분포 그래프를 나타내보기로 한다. 자료는 d:\n78.txt로 저장하기로 한다.

35	14	66	60	42	53	56	68	25	54	44	54	47
35	40	24	30	56	47	65	30	41	34	68	18	53
47	74	60	67	17	55	11	51	56	55	14	39	66
62	75	62	60	58	28	61	41	57	58	30	58	16
25	81	66	96	34	58	76	14	37	20	37	68	31
47	38	59	33	62	76	66	44	57	45	37	94	47

예제. 자료를 불러와서 히스토그램 그리기

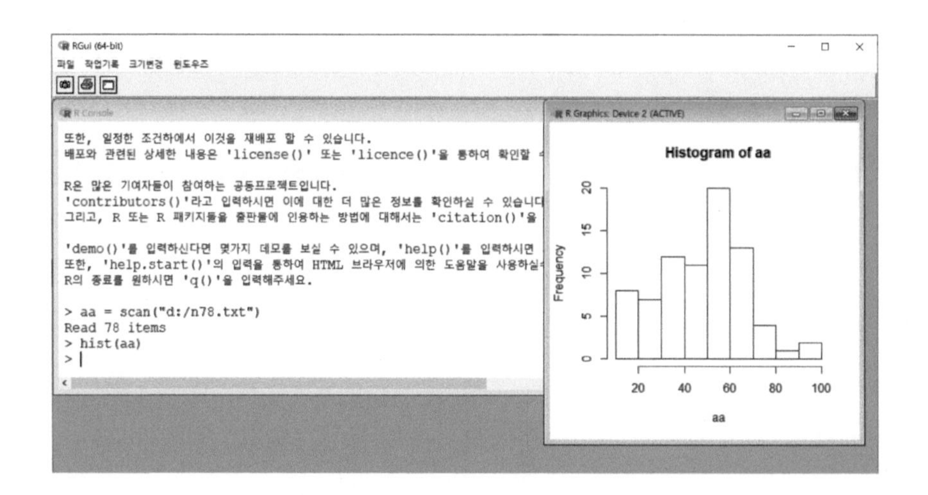

예제. 자료를 불러와서 원그래프 그리기

```
aa = scan("d:/n78.txt")
pie(aa)
```

참고문헌

1. 선형대수와 군, 이인석, 서울대학교출판부, 2008
2. 선형대수의 입문, 이장우, 경문사 , 1998
3. 선형대수학, 이상구, 이재화, 김경원, 빅북
4. 선형대수학 Express, 김대수, 생능출판, 2020
5. 수치해석, 김종호, 엄정국, 자유 아카데미, 1994
6. 수치해석, 엄정국, 21세기사, 2000
7. 응용이 보이는 선형대수학, 이건명, 한빛아카데미, 2020
8. 전산통계, 박성현, 허문열, 경문사 , 1983.
9. 통계학개론, 엄정국, 21세기사, 2012
10. 회귀분석, 박성현, 민영사, 2007
11. C Program 공작소, 엄정국, 21세기사, 2020
12. R을 활용한 미적분의 이해와 계산, 최기환, 자유아카데미, 2017
13. APPLIED NUMERICAL METHODS WITH SOFTWARE, Nakamura, S., Prentice - Hall International Editions , 1991.
14. CRC Standard Mathematical Tables , 27th Edition, Beyer , W. H., CRC Press , Inc., 1984.
15. Elementary Numerical Analysis, Conte, S. D. and de Boor, C., McGraw-Hill Kogakusha, Ltd., 1972.

찾아보기

C,R 확실 선형대수학

1판 1쇄 인쇄 2022년 06월 01일
1판 1쇄 발행 2022년 06월 05일
저 자 엄정국
발 행 인 이범만
발 행 처 **21세기사** (제406-2004-00015호)
경기도 파주시 산남로 72-16 (10882)
Tel. 031-942-7861 Fax. 031-942-7864
E-mail : 21cbook@naver.com
Home-page : www.21cbook.co.kr
ISBN 979-11-6833-041-2

정가 27,000원